智慧输变电技术

输配协同调度控制系统技术与功能应用

何明　路铁　王云丽 ◎ 著

西南交通大学出版社
·成　都·

内容提要

为方便广大电网调度从业人员掌握和应用输配协同调度控制系统，解决输配协同调度控制技术快速发展所面临的相关书籍空缺的问题，国网四川省电力公司组织编写了《输配协同调度控制系统技术与功能应用》。

本书共五章。第一章介绍了输配协同调度控制系统建设背景；第二章介绍了输配协同调度控制系统总体设计；第三章介绍了输配协同关键技术，第四章介绍了调控云发输变配"电网一张图"建设；第五章介绍了输配协同功能应用。

本书可供从事电网调度、方式、自动化的技术和管理人员使用，也可供高等院校的师生参考学习。

图书在版编目（CIP）数据

输配协同调度控制系统技术与功能应用 / 何明，路铁，王云丽著. —成都：西南交通大学出版社，2022.4

ISBN 978-7-5643-8650-4

Ⅰ. ①输… Ⅱ. ①何… ②路… ③王… Ⅲ. ①输配电－电力系统调度 Ⅳ. ①TM72

中国版本图书馆 CIP 数据核字（2022）第 058338 号

Shupei Xietong Diaodu Kongzhi Xitong Jishu yu Gongneng Yingyong

输配协同调度控制系统技术与功能应用

何明　路铁　王云丽　**著**

责任编辑 / 李芳芳

封面设计 / 吴　兵

西南交通大学出版社出版发行

（四川省成都市金牛区二环路北一段 111 号西南交通大学创新大厦 21 楼　610031）

发行部电话：028-87600564　028-87600533

网址：http://www.xnjdcbs.com

印刷：四川煤田地质制图印刷厂

成品尺寸　185 mm × 260 mm

印张　17.25　　字数　431 千

版次　2022 年 4 月第 1 版　　印次　2022 年 4 月第 1 次

书号　ISBN 978-7-5643-8650-4

定价　59.00 元

《输配协同调度控制系统技术与功能应用》

编 委 会

主要著者： 何　明　路　铁　王云丽

其他著者： 杨小磊　陈　强　邓明丽　常政威

熊志杰　温丽丽　王彦沣　俞　翔

倪　山　张大伟　苏义荣　张国芳

胡佳佳　赵保华　赵　静　丁知晓

范曦露　李蕾帆　郭　果　肖艳辉

邓志森　蔡　川　李立新　喻显茂

刘彦琴　郭　亮　汤　俊　席骊瑭

高虹霞　邬　钧　李延满　陈俊林

杨　楠　宋　戈　王　鹏　邱少引

宋　烨　刘　鑫　陈柏杉　王　彪

郑　韵　叶　倩　黄　霞　汪晓帆

刘凯豪　杨晓磊　李明生　牛小俊

吴　刚　梁　智　苏小平　刘俊南

袁明哲　杜　预　卿俊杰　吴　杰

张凌浩　张伟伟　李　航　向婷婷

李雪恺　邓雯雯　彭婷婷　谢　江

前言

PREFACE

在实现碳达峰、碳中和国家战略目标背景下，电网企业面临着推动构建以新能源为主体的新型电力系统的重任。风、光等新能源的大规模接入，电动汽车、分布式储能等柔性可控负荷的大量涌现，使得电网运行方式日趋复杂，输配网之间的耦合关系更加紧密。建设输配协同调度控制系统，实现各级输电网和配电网之间的协同运行，提高大电网方式下的经济型和可靠性，是应对现有电网运行方式下各种挑战的必要举措，是电力企业推动清洁能源和数字化转型发展的必然要求。

输配协同调度控制系统将调度自动化、配电自动化及配网抢修调度在统一开放的软硬件平台上集成，以电网为“骨架”，将用户、电网与电源有机结合，构建图-模-数一体化大电网模型，实现电力系统的统一调度、统一管理、统一分析。

本书内容涵盖了输配一体化调度控制系统所涉及的专业知识。第一章介绍了输配协同调度控制系统建设背景；第二章介绍了输配协同调度控制系统总体设计；第三章介绍了输配协同关键技术，第四章介绍了调控云发输变配“电网一张图”建设；第五章介绍了输配协同功能应用。本书内容丰富，相关知识顺应电网运行和发展的方向并紧扣工作实际，既可作为配电网调度从业人员的培训用书，亦可作为电力相关业务人员的参考工具书。

本书由国网四川省电力公司组织编写，在编写过程中得到了清华大学、中国电力科学研究院、全球能源互联网研究院、南瑞集团、北京清大高科系统控制有限公司的大力帮助和支持，也得到了国网成都、德阳、眉山、攀枝花、绵阳、天府新区、达州、宜宾、南充、内江、资阳、自贡供电公司的帮助和支持，在此一并表示感谢。

由于编写时间仓促，加之编者水平有限，书中难免存在不妥之处，恳请各位专家和读者批评指正，以期后续改进。

编　者

2021 年 12 月于成都

目录 CONTENTS

第一章 输配协同调度控制系统建设背景

一、输配网变革的新趋势

随着城市规模的扩大、人口的增多、经济快速的增长以及工业化水平的提升，使得地区电网规模不断扩大，运行方式日趋复杂，输配电网之间的联系和耦合程度日趋紧密，以风电为代表的可再生能源接入比例逐渐增加，系统在转向清洁化的同时，输配电网中的不确定性日益增强，可再生能源的消纳面临挑战。国家能源战略转型以及多种主动管控措施的发展，催使传统的无源配电网逐渐向有源的主动配电网转变，现有输配电网自动化系统独立运行的模式已不能适应未来地区电网调度运行业务发展的要求。为了更好地消纳风电、光伏等新能源发电方式，减少弃风、弃光率，传统的以输电网为重点的调度模式将向考虑各级输配电网之间协调关系的协同调度运行模式转变。本书主要以考虑输电网、配电网之间协同控制的理论及实现为研究对象，以输配关联区域电网尽可能多的消纳可再生能源为目标，从经济角度及可靠性角度对输配电网经济调度问题进行研究。

二、现行输配网调度运行技术

目前国内外针对输配电网协同分析开展了一定的研究，存在几种比较典型的做法：一是理论研究方面，调研分析输配一体化的适用场合及其优势，提出输配一体化系统的建设目标、技术特点和功能优化方案，将分布在输电网和配电网中的控制资源有效协同，保证整个输配电网的安全高效运行，包括安全评估、调度和控制等诸多方面功能之间的协调；二是系统实践方面，在原有调度自动化系统技术的基础上，提升配电网态势感知能力，目前主流的做法是基于 D5000 平台的输配一体化技术方案，主要从输配一体建模、调配应用运行框架、调配应用协同三个方面开展研究，提出了相关的关键技术。总体来看，目前针对输配电网协同分析的研究尚处于初级阶段，理论方面只是提出了输配协同的目标和框架，未深入分析其关键技术，实践方面也只是侧重于输配协同态势感知技术的研究，以及统一建模、应用框架和部分场景实践。

三、输配协同调度控制技术的必然需求

输电网调度与配电网调度在业务管理、日常监视以及设备操作层面虽然是分开的，但在运行分析层面两者需要进行信息的融合与协同，以支撑地区电网的安全高效运行。从业务需求上看，输配业务协同涵盖日前停电计划编制、实时运行风险评估以及故障处置等多个层面。首先，在日前的设备停电检修计划编制和方式编排上，输电网设备的检修停运需要评估其对配电网重要用户供电可靠性的影响，在配电网方式调整时，需要评估其调整后的运行方式是否满足输电网设备的输送能力；其次，在实时运行方面，需要综合输电网和配电网的相关信

息，通过对输电网预想故障集的滚动扫描，在线评估预想故障模式下设备过载、薄弱接线方式、重要用户供电可靠性以及负荷损失大小等地区电网的各类运行风险，给出风险量化评级，指导输电网和配电网进行风险的预防控制；接着，在故障处置方面，特别是发生大面积停电时，在故障初期需要将输电网设备故障信息快速推送给配电网，使配电网调度运行人员及时掌握故障情况，同时配电网需要将重要用户的失电情况反馈到输电网，以便输电网调度运行人员掌握故障波及范围，后续有针对性地开展故障恢复；在故障后期的恢复阶段，输电网在供电恢复策略优化搜索中需要考虑重要用户的优先恢复，同时结合输电网的最大供电能力告知配电网可恢复的负荷容量，以便配电网调度运行人员进行负荷的转供，此外配电网在负荷转供时也需要同时结合输电网线路、主变的输送能力进行安全校核，以避免配电网侧的负荷转供引起主网线路或主变的过载。

现行电网面临的挑战主要有以下几点：

（1）“双碳”目标挑战。“双碳”目标下，构建输配网发展新模式，要求输配网更安全、更智能、更高效、更开放、更低碳，为降低碳排放整体水平做出贡献。

（2）新型有源配电网带来的挑战。高渗透率分布式电源接入的有源配电网，使输、配两级电网之间的联系变得更加紧密，研究输、配两级电网之间的协调互动，形成输配一体化调度策略，可使输、配电网功率在一定程度上互为支撑，对于实现高渗透率分布式电源消纳，进而实现输配一体化运行调度管理具有重要的意义。

（3）源、网、荷、储协调互动调控挑战。源、网、荷、储资源广泛存在于能源互联各个环节，具有参与主体数量众多、分布分散且源荷双侧不确定性强等特点。唯有在调度层面把握和控制电源、电网、负荷和储能之间的互动，实现输配网资源的一体化协同控制，才能提高输配网的安全性和经济性。

（4）大电网安全运行挑战。在输配网建设中应以人工智能技术为基础，全面升级电网技术，这是现代电力事业发展的内在需求。在人工智能时代，输配网调度一体化的实现，应强化对大数据技术等的应用，建立大数据库，对电网运行状态进行实时监测，为输配网调度提供科学依据。

因此，立足输配网运行现状，在建立完善的自动化调度控制体系的基础上，通过输配协同自动电网调度平台的有效搭建，可满足日益增长的电力事业发展需求。

输配协同调度控制系统总体设计

第一节　输配协同调度控制系统建设理论

一、输配协同调度控制系统相关理论支撑

基于输配协同控制系统将同时处理输电网的数据和大量配网的数据信息，随着处理数据量的巨量增长，使用传统的实时数据库进行处理的技术已无法满足海量数据的处理需求，所以需要引入大云物移技术。

运用大云物移技术是为了适应输配一体化系统海量数据接入后的数据存储、处理与计算等环节，支撑系统高效处理海量数据，为系统的正常运行提供基本的支撑服务。大数据计算服务是基于云计算平台构建的数据存储与分析平台。作为一个海量结构化数据离线处理与分析的平台服务，融合了分布式存储与计算、分布式数据仓库以及云计算服务等先进技术和运营理念，重点突破大数据计算服务、机器学习算法库、图像识别、大数据分析及展现、流式计算、模块化指标输出等功能，以云计算服务的形式实现海量数据的分享与处理，可以满足从数据仓库建设到数据挖掘多种场景的需求。

1. 弹性计算虚拟服务器技术

云平台虚拟服务器实例是一个虚拟的计算环境，包含了 CPU、内存、操作系统、磁盘、带宽等最基础的服务器组件，是服务器提供给每个用户的操作实体。一个实例等同于一台虚拟机，用户对所创建的实例拥有管理员权限，可随时登录使用和管理。用户可在实例上进行基本操作，如挂载磁盘、创建快照、创建镜像、部署环境等。

2. 负载均衡 SLB 技术

负载均衡（Server Load Balancer，SLB）是指将访问流量根据转发策略分发到后端多台云服务器的流量分发控制服务。负载均衡服务通过设置虚拟服务地址，将位于同一地域的多台虚拟服务器实例虚拟成一个高性能、高可用的应用服务池；再根据应用指定的方式，将来自客户端的网络请求分发至云服务器池。负载均衡服务是虚拟服务器面向多机方案的一个配套服务，需要同虚拟服务器结合使用。负载均衡服务会检查云服务器池中虚拟服务器实例的健康状态，自动隔离异常状态的虚拟服务器实例，从而解决了单台虚拟服务器实例的单点问题，提高了应用的整体服务能力。在标准的负载均衡功能之外，负载均衡服务还具备 TCP 与 HTTP 抵抗 DDoS 攻击的特性，增强了应用服务的防护能力。

3. 分布式关系型数据库技术

关系型数据库是一种稳定可靠、可弹性伸缩的在线数据库服务。基于平台上的分布式文件系统和高性能存储，该数据库可以支持 MySQL、SQL Server、PostgreSQL 和 PPAS（Postgre Plus Advanced Server，一种高度兼容 Oracle 的数据库）引擎，且提供了容灾、备份、恢复、监控、迁移等方面的全套解决方案。此外它还拥有经过优化的读写分离、数据压缩、智能调优等高级功能。

4. 分布式存储技术

分布式存储是构建在云平台分布式系统之上的 NoSQL 数据存储服务，用来提供海量结构化数据的存储和实时访问。分布式存储以实例和表的形式组织数据，通过数据分片和负载均衡技术，达到规模的无缝扩展。分布式存储向应用程序屏蔽底层硬件平台的故障和错误，能自动从各类错误中快速恢复，提供非常高的服务可用性。分布式存储管理的数据全部存储在影片中，且具有多个备份，保证了快速的访问性能和极高的数据可靠性。

5. 大数据离线计算服务

大数据离线计算服务提供对海量数据的离线处理服务，可提供针对 TB/PB 级别数据、实时性要求不高数据的批量处理能力，主要应用于日志分析、机器学习、数据仓库、数据挖掘、商业智能等领域。

6. 流计算技术

流计算引擎是运行在云平台上的流式大数据分析平台，提供给用户在云上进行流式数据实时化分析的工具，对 SQL 兼容度高，用户可以轻松搭建自己的流式数据分析和计算服务，彻底规避掉底层流式处理逻辑的繁杂重复开发工作。

7. 高性能时间序列数据库技术

高性能时间序列数据库是一种高性能、低成本、稳定可靠的在线时序数据库服务；提供高效读写，高压缩比存储、时序数据插值及聚合计算，广泛应用于物联网（IoT）设备监控系统、企业能源管理系统（EMS）、生产安全监控系统、电力检测系统等行业场景。时序数据库提供百万级时序数据秒级写入，高压缩比低成本存储、预降精度、插值、多维聚合计算，查询结果可视化功能；解决由于设备采集点数量巨大及数据采集频率高等因素，造成的存储成本高、写入和查询分析效率低的问题。

8. 分析型数据库技术

分析型数据库提供单表千亿行级数据交互，无需建模即可实现秒级数据检索的海量数据库，扩展到 PB 级数据存储，为配网测点数据抽取转换后的海量数据分析提供强大的支持。

二、输配协同调度控制系统建设模式

配电自动化主站系统建设应本着经济实用的原则，充分利用现有资源，合理选择建设模式和投资规模，满足配电网调度运行需求。具体建设方式应依据调度自动化系统的建设情况选择，有如下三种实现模式：

（一）输配协同调度控制技术内涵

实现输配协同调度控制，首先需要建立输配电网统一模型，解决输配电网信息交互的壁垒。在该模型的基础上，重点研究输配协同的拓扑分析和潮流计算，实现从输电网到配电网全路径的搜索、运行状态的全网一致性分析和安全校核，为检修计划编制、风险评估和故障处置提供统一的计算服务支撑。最终，通过上述计算服务，按照各个业务需求对输配电网关键信息进行抽取、整合、分析和展示，实现输配协同的检修计划编制、风险评估和故障处置。

考虑到目前输电网和配电网自动化系统一般采用各自独立建设的模式，虽然部分省市采用一体化的系统建设模式，但在系统建设过程中仍采用了商用库分离、消息隔离与数据分流等技术手段，以最大限度减少两者之间的相互影响。综合考虑输配电网自动化系统运行可靠性、可维护性以及弹性扩展等特点，输配电网高级应用协同运行的实现方案宜采用动态耦合方式，即输电网和配电网自动化系统基于统一模型，通过信息交互总线（输配电网自动化系统独立建设模式）或消息总线（输配一体化模式）实现输配电网系统间计算服务的动态调用和分析结果的按需共享。这两种系统建设模式各有优缺点，在较长一段时间内将会共存，因此输配电网协同调度控制需要适应输配电网自动化系统不同的建设模式，才能有较大的推广应用价值。本书重点介绍输配电网调度协同控制的逻辑架构，并在此基础上对输配电网统一建模、拓扑分析、潮流计算、风险评估以及故障处置等方面的关键技术进行分析，为输配电网调控业务的协同运行及系统建设提供借鉴和参考。

输配协同调度控制逻辑架构如图 2-1 所示，图中上半部分为输电网侧，下半部分为配电网侧。如上所述，对输电网和配电网高级应用进行服务化封装，建立计算分析服务，两个系统的计算分析服务之间通过信息服务总线 / 消息总线进行计算服务的请求、定位和分析结果的发布。该架构的优点是通过对现有输电网和配电网自动化系统进行升级，即可实现各模块的即插即用，屏蔽了底层平台的差异化。需要说明的是，这里的输电网侧和配电网侧，既可对应输配电网两个独立的自动化系统，又可对应输配一体化系统下输配电网各自的高级应用。

输配电网高级应用的协同运行既可由输电网发起，也可由配电网发起。根据协同业务场景的不同，通过信息服务总线交互两个系统计算分析服务所需的必要信息（例如输配电网边界节点的设备状态），返回协同分析计算结果，最终基于各自的人机界面进行展示。计算分析服务返回的是分析结果的结论性信息，例如字符化的描述或结构化的数据，输配电网自动化系统只需要对上述结论性信息进行解析即可直接展示，而不需要各自建立对方系统的设备模型。

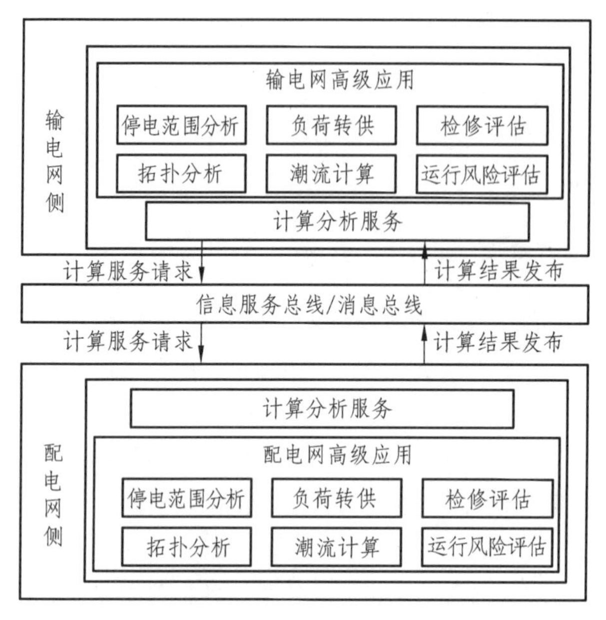

图 2-1 输配协同调度控制逻辑架构

（二）独立建设调配抢一体化系统

调配抢完全一体化的建设模式是基于统一支撑平台、按责任区和权限进行维护和应用，拥有相同人机界面的一体化系统。在业务应用方面，可划分为电网调度业务应用、配网调度业务应用及配网抢修调度业务应用；在系统架构上，三部分业务应用分别配置应用服务器和工作站，实现对各自业务应用的独立数据采集、分析、维护和应用；在基础应用方面，由平提供统一的网络拓扑分析、告警服务、人机界面和工作流等应用；在数据处理和存储方面，则统一由数据库服务器、数据处理服务器，实现各种业务数据的统一处理和存储。完全一体化的调配抢一体化模式是数据集中处理和存储，按照应用业务划分责任区和业务权限的一种模式，适合于调配抢一体化系统统一维护的地区。由于此类建设模式属于全新建设模式，因此建设后的系统具备电网调度全部业务功能；在配网调度方面，具备配电网接线图电子化功能、配电数据接入、配网运行监控、配网自动故障处理及配网拓扑应用等；抢修调度则具有抢修工单管理、停电分析、故障研判及基于 GIS 的可视化展示等；对外接口具备与 95598 系统、PMS 和电网 GIS 平台一体化通信功能。

（三）基于已有调度系统扩展

配抢一体化模式是配电自动化、抢修指挥业务由统一平台实现，调度自动化系统作为独立系统通过服务总线与配抢一体化系统耦合，实现基础电网数据交换，形成广义调配抢一体化系统。在基础应用方面，配抢一体化系统由平台提供统一的网络拓扑分析、告警服务、人机界面及工作流等应用；在系统架构方面，配抢一体化系统拥有统一的数据存储和平台服务，配网运行控制和抢修指挥分别配置应用服务器、工作站，实现对各自业务的分析、维护及应用。

（四）调配一体化模式

调配一体化模式是调度自动化、配电自动化业务应用基于统一平台实现，具备相同的管辖范围，配网抢修调度作为独立的系统通过服务总线与调配一体化系统耦合，获取自动化系统的实时运行方式及网络分析服务，三者形成广义一体化系统。在基础应用方面，调配一体化系统由平台统一提供数据处理服务、网络分析服务、告警服务和人机界面等应用；在系统架构方面，调配一体化系统拥有统一的数据存储和平台服务，配电自动化业务可根据需要配置独立的数据采集服务。

第二节　输配协同调度控制系统技术路线

一、系统总体架构设计

输配协同调度控制系统依据 IEC 61968/IEC 61970 国际标准，以“信息化、自动化、互动化、一体化”为特征，在统一支撑平台上实现智能调度自动化、配电自动化及输配联合应用。系统软件功能遵循模块化设计，可根据接入信息规模、业务实际需求等进行扩展或裁剪，支持根据业务管理模式及技术实现需求进行扩展配置。

系统全集应用功能总体结构如图 2-2 所示。将系统整体框架分为应用类、应用、功能、服务四个层次。应用类由一组业务需求性质相似或者相近的应用构成，用于完成某一类的业务工作。应用由一组互相紧密关联的功能模块组成，用于完成某一方面的业务工作。功能由一个或多个服务组成，用于完成一个特定业务需求。最小化的功能可以没有服务。服务是组成功能的最小颗粒的可被重用的程序。

二、系统硬件架构

输配协同调度系统分网段为主配网应用部署独立的应用服务器，各类应用服务器的配置均遵循冗余原则，保障系统运行的安全稳定。系统生产控制大区配置主配网前置采集服务器、数据库服务器、SCADA 服务器、DSCADA 服务器、主网网络分析服务器、配网网络分析服务器、AVC 服务器和调度计划服务器和通信代理服务器。管理信息大区配置 Web 发布服务器、数据库服务器和通信代理服务器。为满足配电网终端接入要求，增设安全接入区，安全接入区配置采集服务器及防火墙、安全接入网关等安防设备。生产控制大区和管理信息大区分别配置磁盘阵列作为数据存储设备，容量满足运行周期内电网数据、模型存储需求，存储容量不少于 40 TB。输配协同调度控制系统各安全大区之间配置正反向物理隔离装置。

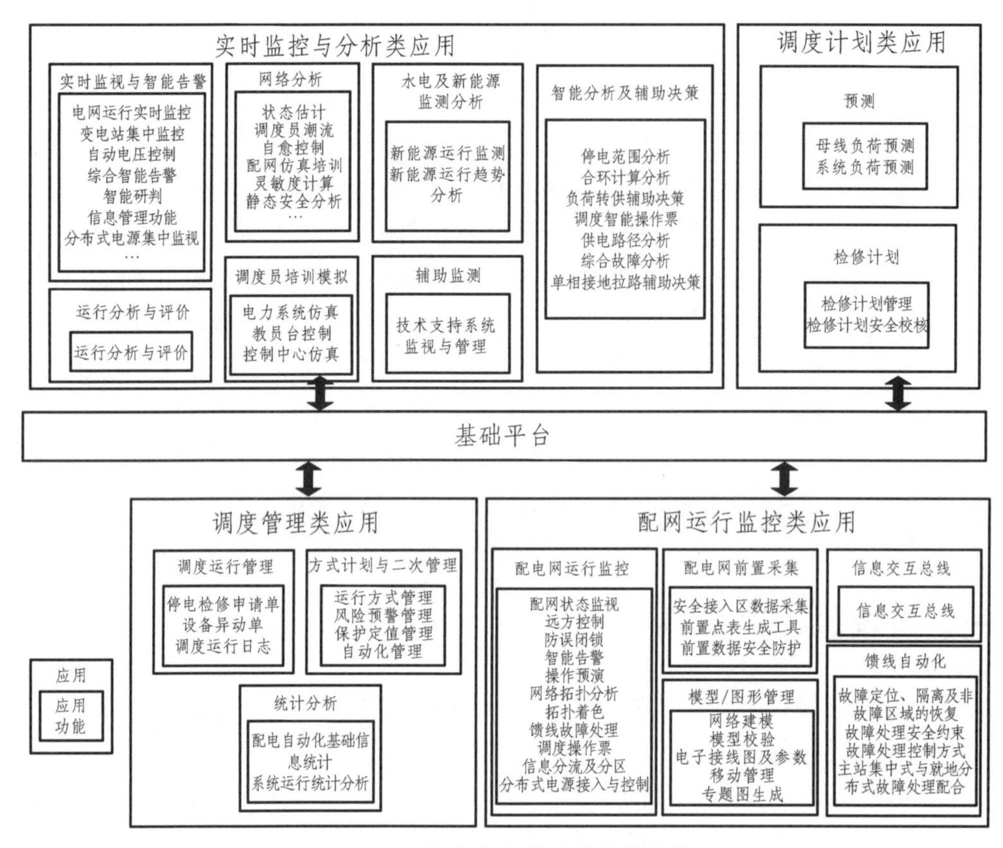

图 2-2　系统全集应用功能总体结构

三、系统软件架构

输配协同调度系统通过在统一支撑平台基础上部署主配应用类，以实现一套系统同时具备主网功能和配网功能，避免在系统管理层操作上的相互干扰。输配协同调度系统软件架构图如图 2-3 所示。

（一）基础平台

1. 系统管理

系统管理负责系统资源的监视、调度和优化，可实现对各类应用的统一管理，主要包括节点管理、应用管理、进程管理、网络管理、资源监视、时钟管理、备份/恢复管理等功能，并提供各类系统维护工具。

（1）系统节点管理使用在Ⅰ、Ⅱ、Ⅲ区，模块主要提供计算机节点的配置、运行状态监视和报警功能。

（2）系统应用管理对整个系统中的应用分布进行配置以及对应用状态进行管理。提供应用初始化配置、故障自动切换和手动切换、应用状态的监视和查询功能。

（3）进程管理的主要任务是管理和监视应用进程的运行情况，保证整个系统的正常运行，在进程故障时重启进程，实时报告进程运行的状态。

（4）平台网络管理软件对网络通信功能进行冗余设计，使网络通信即使在单一网络部件出现故障的情况下，仍能保持通信不间断运行，从而保证整个系统正常工作。

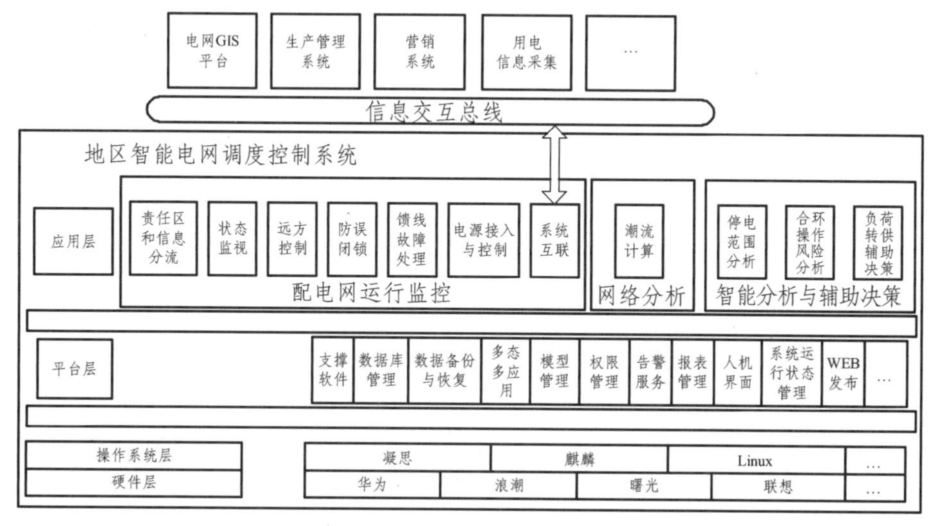

图 2-3 输配协同调度系统软件架构图

（5）资源管理负责监视和记录系统中各种资源，包括计算机的 CPU 负荷、内存使用情况、磁盘空间占用、网络负载情况等。

（6）时钟管理负责接收时钟同步装置的标准时间，监视整个系统的对时工况，保证全系统时钟的一致性。时钟同步装置需支持 GPS、北斗二代作为时钟源，对接收的时钟信号的正确性具有安全保护作用。

（7）系统备份/恢复管理提供服务器与工作站的系统软件、平台软件、应用软件、配置文件等的备份/恢复功能，通过可视化的界面和命令行工具实现。并提供异地备份和恢复的功能，可将系统软件和数据文件进行异地（如备调）存储备份。

2. 消息总线

基于事件的消息总线提供进程间（计算机间和内部）的信息传输支持，具有消息的注册/撤销、发送、接收、订阅、发布等功能，以接口函数的形式提供给各类应用；支持基于 UDP 和 TCP 的两种实现方式，具有组播、广播和点到点传输形式，支持一对多、一对一的信息交换场合。针对电力调度的需求，支持快速传递遥测数据、开关变位、事故信号、控制指令等各类实时数据和事件；支持对多态（实时态、反演态、研究态、测试态）的数据传输。

3. 服务总线

服务总线作为基础平台的重要内容之一，为系统的运行提供技术支撑。服务总线的目标是构建面向服务（SOA）的系统结构，为此服务总线不仅提供服务的接入和访问等基本功能，而且提供服务的查询和监控等管理功能。

服务总线以接口函数的形式为应用提供服务的注册、发布、请求、订阅、确认、响应等信息交互机制，同时提供服务的描述方法、服务代理和服务管理功能，以满足应用功能和数据在广域范围的使用和共享。

4. 公共服务

公共服务是基础平台为应用开发和集成提供的一组通用服务，这些服务随着系统功能设计的深化而不断增强。公共服务至少包括数据服务、图形服务、事件/告警服务、文件服务、权限服务、消息邮件服务和工作流服务等。

5. 采样服务

历史数据采样服务分为分钟级别的采样服务和秒级别的采样服务。分钟级别的采样服务是以每分钟为存储周期，秒级别的采样服务是以 1 s 和 5 s 为存储周期。

6. 图形服务

人机界面主要包括画面编辑、画面浏览、可视化展示等功能，同时提供应用界面开发和运行的支撑环境。

（1）画面编辑器提供基于间隔模板的厂站图、基于地图空间信息的潮流图、系统图、曲线、列表的绘制和编辑等功能。

（2）画面浏览器提供对整个系统的画面监视和操作功能，能够通过画面浏览器展示实时数据及设备状态，展示历史数据，进行事故追忆，切换应用，显示拓扑着色和进行人工操作等。

（3）可视化功能借助计算机图形化显示技术，如二维等高线、柱图、三维曲面、管道等，将电网运行的枯燥数据用动态、灵活且实物化的方式展示，通过将数据展示与应用综合分析相结合，使运行人员从紧张的环境中解脱出来，专注于电网宏观信息的把握以及动态稳定安全的控制。

（4）人机界面的开发支撑环境，向应用提供窗体、标准图形组件的开发接口和服务。人机界面提供灵活的窗口集成框架，应用界面通过窗口集成接口，实现应用界面与图形浏览的无缝集成。

7. 告警功能

告警处理用于引起调度员和运行人员注意的告警事件处理，包括电力系统运行状态发生变化、未来系统的预测、设备监视与控制、调度员的操作记录等发生的所有告警事件处理。根据不同的需要，告警应分为不同的类型，并提供推画面、音响、语音、打印、启动状态估计等多种告警方式。告警处理接收各类告警，把告警存入商用库，供告警检索查询工具或其他系统访问使用。

系统的告警服务作为一种公共服务为各应用提供相应的告警功能，由告警服务后台进程、告警定义界面、告警客户端、告警查询工具等部分组成。用户在告警定义界面进行告警方式的定义。告警服务后台进程常驻在各个应用服务器上，它处理各个应用程序发过来的告警，根据已经定义好的告警方式决定应采取的告警行为。告警客户端将告警服务后台进程通知的告警行为表现出来。告警查询界面是历史告警信息的检索工具。

8. 权限管理

权限服务是一组权限控制的公共组件和服务，具有用户角色识别和权限控制的功能，包括基于对象的控制（如菜单、应用、功能、属性、画面、数据和流程等）、基于物理位置的控制（如系统、服务器组和单台计算机）和基于角色的控制机制等。

权限管理为各类应用提供使用和维护权限的控制手段，是应用和数据实现安全访问管理的重要工具。权限管理通过功能、角色、用户、组等多种层次的权限主体，可实现多层次、多粒度的权限控制。通过系统管理员、安全管理员、应用管理员等不同类型的角色划分，实现了权限的三权分立、相互制约的功能。权限管理提供界面友好的权限管理工具，方便对用户的权限进行设置和管理。

9. 模型管理

基础模型管理针对实时监控与预警类应用、调度计划类应用、安全校核应用和调度管理应用四大应用类的横向模型维护和共享，实现电网模型数据的源端维护和全局共享。实现横向模型管理功能的前提是调度系统中设备的统一命名。

模型管理的对象包括：面向电气设备连接关系（物理模型）和面向拓扑连接关系（计算模型）的电网一次模型，包括保护和安全自动装置在内的电网二次模型，各类分析计算共用的预想故障集、稳定断面限额，以及调度计划所需的经济模型和调度管理所需的管理模型信息等。

10. 责任区与信息分流

责任区与信息分流具有完善的责任区和信息分流功能，满足调度、集控的不同监控需求，且适应各监控席位的责任分工。其主要包括责任区的设置和管理，根据责任区进行相应的信息分流处理和操作等功能。

（二）实时监测与分析类应用

1. 实时监测

1）实时监控与告警

输配协同调度控制系统实时监控与智能告警功能可实现对输配电网实时运行信息的监视和设备控制，主要包括数据处理、系统监视、数据记录及操作控制等。

2）变电站集中监控

输配协同调度控制系统变电站集中监控功能可实现面向无人值班变电站的集中监视与控制的基本功能，主要实现数据处理、责任区与信息分流、间隔建模与显示、光字牌、操作与控制、防误闭锁及操作预演等功能。

3）自动电压控制

输配协同调度控制系统自动电压控制功能（AVC）的基本原则是无功的“分层分区，就地平衡”，它基于所采集的电网实时运行数据，在确保安全稳定运行的前提下，对发电机无功、有载调压变压器分接头（OLTC）、可投切无功补偿装置、静止无功发生器（SVC）等无功电压设备进行在线优化闭环控制，保证电网电压质量合格，实现无功分层分区平衡，降低网损。同时基于有源配电网无功电压控制技术，实现输配网电压协同控制功能。

4）综合智能告警

输配协同调度控制系统综合智能告警功能实现告警信息在线综合处理、显示与推理，支持汇集和处理各类告警信息，对海量告警信息进行分类管理和综合/压缩，对不同需求形成不同的告警显示方案，利用形象直观的方式提供全面综合的告警提示。

5）负荷批量控制

输配协同调度控制系统负荷批量控制功能通过对负荷批量控制功能提升，可有效提升对负荷的控制能力，提升输配网运行的安全性、可靠性、经济性和有效性，具有明显的经济和社会效益。在现有 D5000 统一基础平台上对负荷批量控制维护管理、智能选线、控制执行、用户权限管理、多态、操作统计以及控制信息转发等功能进行优化提升和改造。

2. 网络分析

1）输配协同状态估计

输配协同状态估计根据输配电网模型参数、设备连接关系和一组有冗余的量测值、开关状态，求解描述电网稳态运行情况的状态量——母线电压幅值和相角的估计值，并求解出量测的估计值，检测和辨识量测中的不良数据，为其他应用功能提供一套完整、准确的电网实时运行方式数据。

2）输配协同调度员潮流

输配协同调度员潮流的主要功能是根据使用人员的要求，在电网模型上设置电网设备的状态和运行数据，然后进行潮流计算，供使用人员研究输配电网潮流的分布变化。

3. 馈线自动化

馈线自动化功能以 SCADA 为基础，主要完成的是馈线故障处理功能，包括故障分析、故障定位、故障隔离、非故障区域负荷转供等环节。本系统的馈线故障处理功能还具备离线、在线和仿真三种运行状态，支持故障的交互和自动两种处理方式，以及区域着色、历史查询等功能。

故障处理依据配电网的网架结构和设备运行的实时信息，结合故障信号，进行故障的定位、隔离和非故障失电区域的恢复供电。所生成的故障处理方案能够直接给出具体的操作开关、刀闸和它们符合调度规程的操作顺序，具有与实际调度过程相一致的可操作性。

4. 智能分析与辅助决策

1）停电范围分析

停电范围分析能够根据网络拓扑搜索发现停电设备及范围，包括厂站、变压器、线路、线路分段和重要用户，且能够统计损失负荷情况，可用于操作前、检修计划安排和故障发生后的停电范围检查。同时可结合可视化及综合智能告警功能，直观展示停电范围信息。尤其是面对复杂电网结构时，调度运行人员难于及时发现故障影响的停电范围，该模块具备和故障分析的联动功能，利用局部快速拓扑，分析网络结构，直观给出受影响的停电范围分析结果，同时快速统计出设备信息，并可给出主网、配网停电范围。

2）供电风险分析

供电风险分析功能对实时或特定方式断面进行监视与分析，属于安全Ⅰ区，具备五个子功能，分别是电网运行风险监视子功能、重要用户监视子功能、事故风险分析子功能、检修风险分析子功能及风险定级子功能。电网运行风险监视子功能主要是监视实时断面存在的特殊运行方式；重要用户监视子功能主要是监视定义的重要用户、大用户、保电用户、高危用户负载情况；事故风险分析子功能主要是实时针对预定义的故障集计算各种风险指标；检修风险分析子功能主要仿真分析检修计划实施后系统的运行方式；风险定级子功能是根据风险指标值将系统的风险划分为多个级别，进而为主网、配网故障风险分析的风险提示提供依据。各子功能的输出信息可以为调度相关人员进行操作、故障处理等提供必要的提醒和辅助依据。

3）合环操作风险分析

合环操作风险分析能够正确预计操作中每一步骤的潮流分布，确认其不超过各元件的允许范围。能够在特定运行方式下对合环路径进行拓扑搜索和校验，计算合环稳态电流和冲击电流，并对“$N-1$”状态下的环路进行遮端容量扫描和安全分析。

4）负荷转供辅助决策

主配协同负荷转供功能，主要实现当主网设备越限、停电或检修时，通过主网操作无法转移下游全部负荷，需要协同分析配网运行状态，明确无法恢复负荷及配网转移目标设备，由配网给出相应负荷转供方案，并基于主配协同潮流计算结果，对转供后电网运行状态进行安全校核，实现主配协同的负荷转供辅助决策。

5）单项接地辅助决策

单相接地辅助决策功能模块根据用户设定的监控目标和母线实时运行情况，结合现场母线告警信号，判断母线是否存在单相接地故障。针对配电出线单相接地故障，根据损失负荷最小、保障重要负荷等原则，给出拉路顺序建议，并能与遥控关联进行拉路操作，监视操作后电压情况，判断单相接地是否消除，从而分析判定单相接地的线路。

6）网络重构

配电网网络重构在满足配网安全约束的前提下，通过开关操作改变配电线路的运行方式，消除支路过载和电压越限，平衡馈线负荷，降低线损。并可以根据实时态或研究态的运行断面，结合多种手段，对不同情况下的配网运行方式进行模拟故障分析、负荷转移分析、网损分析、负荷均衡率分析、系统可靠性分析等。

5. 水电及新能源监测分析

水电及新能源监测分析是以风能实时监测、辐照度监测和新能源发电出力等数据为基础，结合发电计划等综合运行管理数据，实现新能源发电运行情况监视及越限预警、资源分布计算、发电能力评估、统计对比分析等功能。

（三）调度计划类应用

1. 负荷预测

负荷预测软件统一在智能调度技术支持系统上进行部署，所有工作站采用 C/S 模式进行操作。系统由服务器端与客户端两部分组成，服务器端的功能是集中存储数据，接受用户请求，系统中所有的分析预测运算与信息管理功能都在服务器端完成；客户端是用户接入本系统的工具，用户通过对客户端的操纵实现软件提供的各种功能，比如预测、数据管理等基于数据分析和电力系统理论的业务流程。输配协同调度控制系统负荷预测功能实现地区、母线、线路、台区四级负荷预测。

2. 母线负荷预测

电网母线负荷预测是分析和预测电网各节点电力需求的系统功能，应能提供多种分析预测方法，深入分析母线负荷变化与气象及运行方式等影响因素间的关系，预测未来一定时段的母线负荷，其预测范围应涵盖调度管辖范围内的所有负荷。

3. 检修计划

检修计划应用应能够支持对年、月、周、日等检修计划的管理，并对提交的各类检修申请、电网方式调整进行可行性校核，应支持检修计划的导入和导出功能。

（四）配电网运行监控应用

配电网运行监控功能以满足配电网调度运行的基本需求为主，综合利用多种通信方式，实现对配电系统的监测与控制。其主要功能包括配电网责任区和信息分流、状态监视、远方控制、防误闭锁、智能告警、馈线故障处理、电源接入与控制等。

1. 远方控制

远方控制功能是满足电网运行实时监控功能模块中远方控制与调节有关控制种类（除检同期控制）、操作方式和安全措施方面的功能规范，实现人工置数、标识牌操作、闭锁和解锁操作、远方控制与调节功能，且有相应的权限控制。

2. 防误闭锁

防误闭锁是实现安全可靠的多层次、多类型远方控制自动防误闭锁功能，并根据当前操作满足的防误闭锁条件给出针对该闭锁防误类型的提示信息。

3. 馈线故障处理

馈线自动化是指利用自动化装置或系统，监视配电线路或馈线的运行状况，及时发现线路故障，迅速诊断出故障区域并将其隔离，且快速恢复对非故障区域的供电。馈线自动化主要采用就地、集中两种方式实现。配电主干环路主要采用集中控制的方式，通过主站系统协调，借助通信信息实现控制；支线、辐射供电多采用就地控制方式，局部范围实现快速控制。近些年来，随着自动化程度的提升，还增加了主站集中式与就地分布式协调配合的控制方式。

4. 综合故障研判

综合故障研判通过配电终端采集的线路电流、分支电流、有 TTU 的台区运行数据计算设备异常信息，并实现向供电服务指挥系统的推送。结合开关的变位将开关类设备的操作记录以及可能引起停电的设备明细发给供电服务指挥系统（包含故障停电、计划停电和临时停电），其中台区侧如果有 TTU 应该直接将 TTU 的数据进行综合研判，进一步确定停电设备的明细；对于采集不到开关变位的线路，应结合主网和线路上故障指示器、TTU 设备的故障信号做逻辑研判，比如分支线路有分界开关，但是分界开关信号未接入系统，分支故障时故障指示器有故障信号，但主网未跳闸，这时应该也能推送分支线路的设备明细给供电服务指挥系统。其中台区侧如果有 TTU 应直接将 TTU 的数据进行综合研判，进一步确定停电设备的明细。

（五）调配一体化应用

1. 调配一体化拓扑分析

调配一体化拓扑分析可以根据电网结线连接关系和断路器/刀闸的分/合状态，形成状态估计计算中使用的母线-支路计算模型。

2. 调配一体化潮流计算技术

调配一体化潮流计算根据配电网络指定运行状态下的拓扑结构、变电站母线电压（即馈线出口电压）、负荷类设备的运行功率等数据，计算节点电压，以及支路电流、功率分布，计算结果为其他应用功能的进一步分析做支撑。

3. 调配一体化合环计算技术

调配一体化合环计算能够对输配协同合环操作进行计算分析并得出结论。内容包括合环路径拓扑搜索和校验、合环稳态电流和冲击电流的计算等，并能结合计算分析的结果对该合环操作进行风险评估。

4. 调配一体化负荷转供技术

调配一体化负荷转供根据目标设备分析其影响负荷，并将受影响负荷安全转至新电源点，提出包括转供路径、转供容量在内的负荷转供操作方案。

四、系统安全防护

随着计算机技术、网络通信技术的不断发展，自动化系统运行所面临的网络安全挑战也愈发严峻，包括黑客入侵、旁路控制、完整性破坏、越权操作、无意或故意行为、拦截篡改、非法用户、信息泄露、网络欺骗、身份伪装、拒绝服务攻击及窃听等网络安全威胁。鉴于输配协同调度控制系统涉及地区输配电网运行稳定、关系国民经济发展和人民生活，输配协同调度控制系统在设计时应充分考虑系统安全防护技术。

（一）输配协同调度控制系统安全防护原则

结合输配协同调度控制系统的特性和现今网络环境下面临的网络安全挑战，系统安全防护体系设计主要遵循以下几个原则：

1. 建立体系不断发展

逐步建立输配协同调度控制系统安全防护体系，主要包括基础设施安全、体系结构安全、系统本体安全、可信安全免疫、全面安全管理等，形成多维栅格状架构，且随着技术进步而不断动态发展完善。

2. 分区分级保护重点

根据输配协同调度控制系统业务特性和业务模块的重要程度，遵循国家信息安全等级保护制度要求，准确划分安全等级，合理划分安全区域，重点保护系统输配网生产控制核心业务的安全。

3. 网络专用多道防线

输配协同调度控制系统采用的局域网络（LAN）和广域网络（WAN），与外部因特网和企业管理信息网络之间进行物理层面的安全隔离；在与本级其他系统相连的横向边界，以及上下级电力监控系统相连的纵向边界，部署高强度的网络安全防护设施。与此同时，对数据通信的七层协议采用相应的安全措施，形成立体的多道安全防线。

4. 全面融入安全生产

输配协同调度控制系统将安全防护技术全面融入数据采集、传输、控制等各个环节和业务模块。

（二）输配协同调度控制系统安全防护体系

调度控制系统安全防护存在多种描述方式，输配协同调度控制系统在设计研发时从安全防护技术、应急备用措施及全面安全管理三个维度建立了系统安全防护体系的立体结构。三个维度相互支撑、相互融合、动态关联，并不断迭代进化，形成动态的三维立体结构，如图2-4所示。

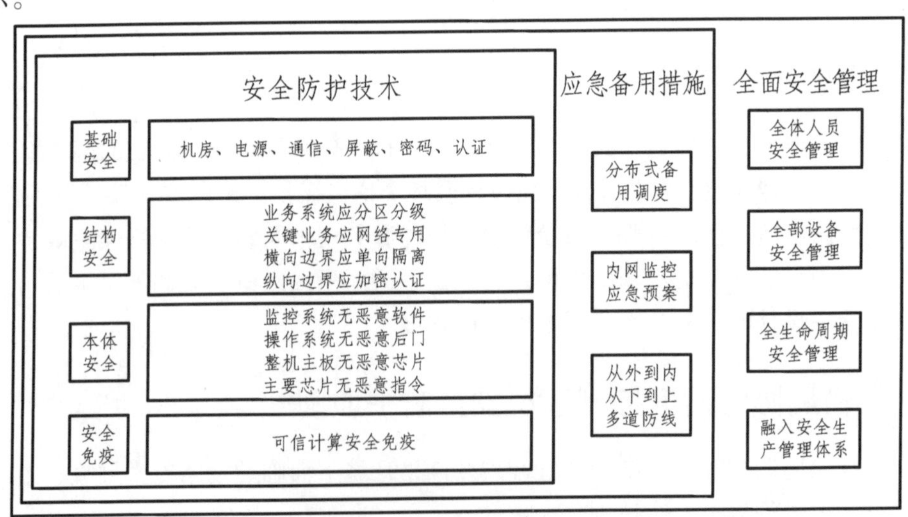

图 2-4 输配协同调度控制系统网络安全防护体系示意图

其中，安全防护技术维度主要包括基础设施安全、体系结构安全、系统本体安全、可信安全免疫等；应急备用措施维度主要包括冗余设备、应急响应、多道防线等；全面安全管理维度主要包括全体人员安全管理、全体设备安全管理、系统全生命周期安全管理、融入安全生产管理体系。

网络安全防护体系除了在输配协同调度控制系统研发设计阶段制定基本框架外，后续安装调试、系统改造、运行管理、退役报废等各个阶段均应严格遵循，且应随着计算机技术、网络通信技术、安全防护技术、电力控制技术的发展而不断发展完善。

1. 输配协同调度控制系统安全防护技术

1）基础设施安全

输配协同调度控制系统机房和生产场地应设在具有防震、防风和防雨等能力的建筑内，采取有效防水、防潮、防火、防静电、防雷击、防盗窃、防破坏措施；机房场地应避免设在建筑物的高层或地下室，或用水设备的下层或隔壁。

在机房供电线路上配置稳压器和过电压防护设备，设置冗余或并行的电力电缆线路为计算机系统供电，建立备用供电系统，提供短期的备用电力供应，满足设备在断电情况下的正常运行要求。

2）系统结构安全

结构安全是输配协同调度控制系统网络安全防护体系的基础框架，也是所有其他安全防护措施的重要基础。输配系统调度控制系统结构安全采用“安全分区、网络专用、横向隔离、纵向认证”的基本防护策略，总体框架示意图如图 2-5 所示。

输配协同调度控制系统划分为生产控制大区和管理信息大区。生产控制大区分为控制区（安全Ⅰ区）和非控制区（安全Ⅱ区）；输配协同调度控制系统生产控制大区的业务系统在与终端的纵向连接中，使用无线通信网、外部公用数据网的虚拟专用网络方式（VPN）等设立了安全接入区，如图 2-6 所示。

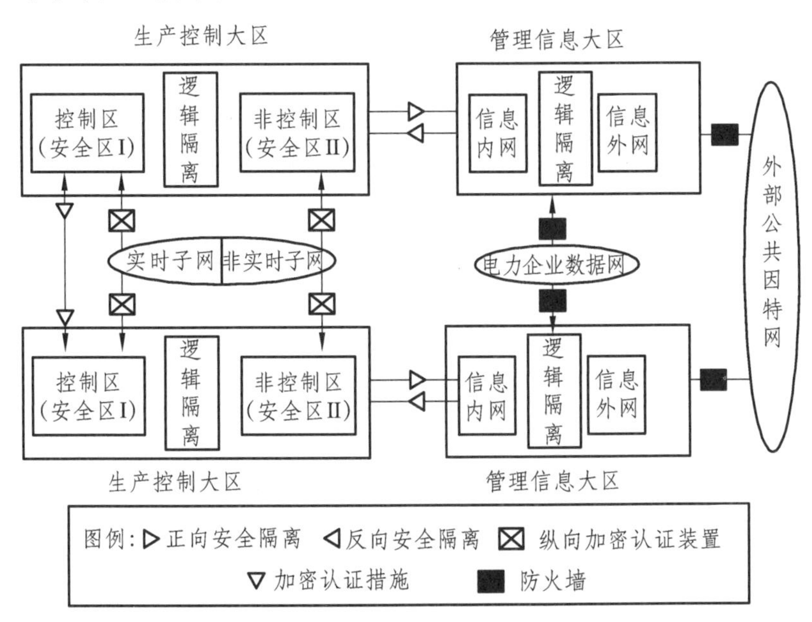

图 2-5　输配协同调度控制系统结构安全总体框架示意图

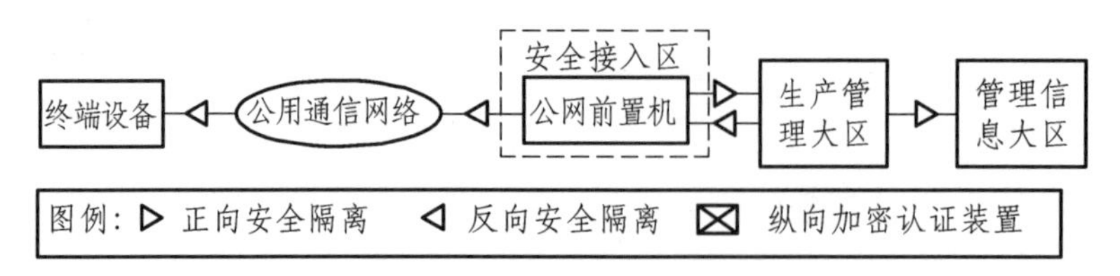

图 2-6　安全接入区防护示意结构

3）系统本体安全

输配协同调度控制系统各个模块均实现了自身安全，主要包括电力监控系统软件安全、操作系统和基础软件安全、计算机和网络设备安全、监控设备安全和核心处理芯片安全，以上各模块均采用通过国家有关机构安全监测认证的安全、可靠、可控的软硬件产品。

4）可信安全免疫

在构成输配协同调度控制系统网络安全防护体系的各个模块内部，采用基于网络可信计算的安全免疫防护技术，形成对病毒木马等恶意代码的自动免疫。

2. 安全接入区技术应用

输配协同调度控制系统具有针对配电网、分布式电源二次系统广泛采用无线通信网、电力企业其他数据网（非调度专用网络）、外部公用数据的虚拟专用网络（VPN）进行通信的特点，并在生产控制大区与各类监控装置之间单独设置安全接入区。其整体硬件架构如图 2-7 所示。

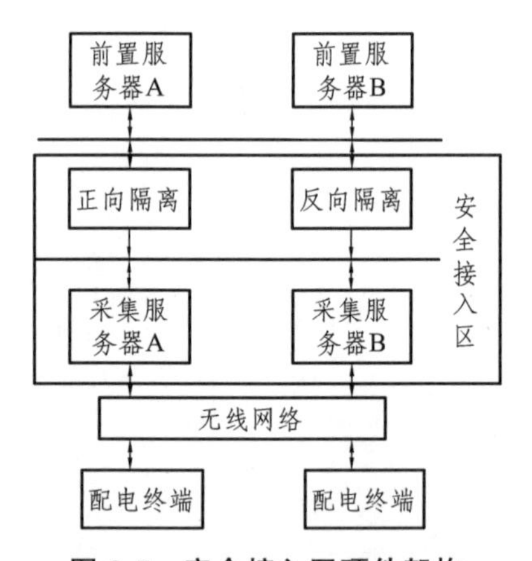

图 2-7　安全接入区硬件架构

经安全接入区的配电终端上行报文处理流程如图 2-8 所示，安全接入区通信服务器的通信进程收到终端报文后正常写入报文缓冲区，文件生成进程负责将上行报文缓冲区中的数据写入临时的文本文件；反向隔离装置自动将文本文件传到生产控制大区指定的路径下；生产控制大区前置服务器文件解析进程，解析上行报文的临时文件，将报文信息存放到指定的报文缓冲区中；最后由规约处理模块将报文转化成主站系统内部的数据格式，实现终端上行数据的实时采集。

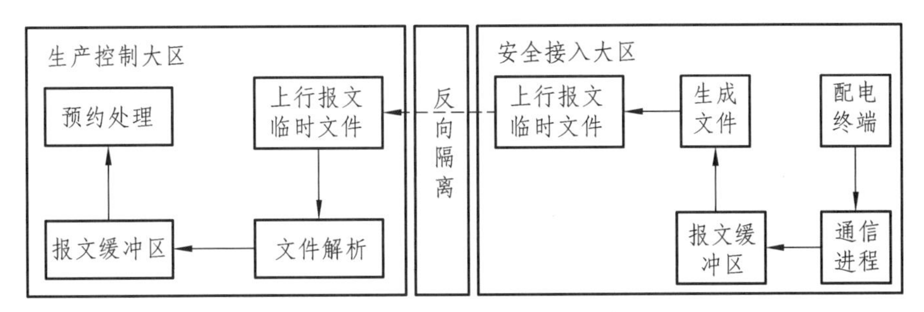

图 2-8　配电终端上行报文处理流程

基于安全接入区的配电主站下行报文由生产控制大区的前置服务器发出，经正向物理隔离装置传送到生产控制大区的通信服务器，由通信服务器下发给现场的配电终端装置。下行报文处理具体流程如图 2-9 所示，生产控制大区前置规约程序将规约报文仍写入下行报文缓冲区，下行报文发送进程从报文缓冲区读取数据，通过正向隔离装置发出。安全接入区通信服务器的下行报文接收进程负责接收生产控制大区下发的规约报文，并写入对应通道的报文缓冲区，通信进程从报文缓冲区读取数据经 TCP 链接发给现场的终端装置。

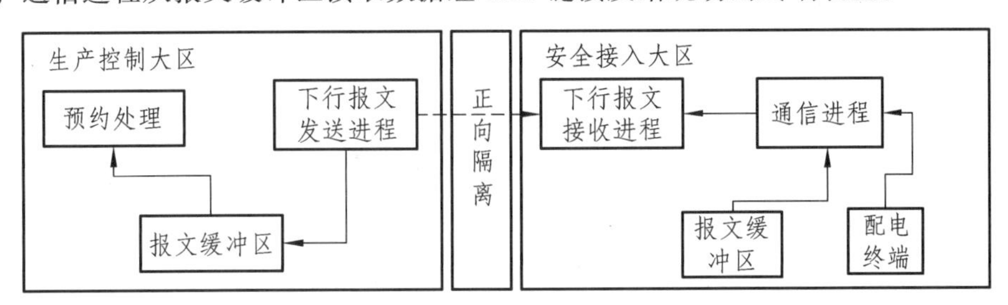

图 2-9　配电主站下行报文处理流程

第三节　输配协同控制系统工程设计

一、工程设计原则

输配协同调度控制系统根据所面向的电网规模分为中型、大型两类主站。以某省为例，对于类似某地区调管范围内电网实时数据采集量超过 150 万点的采用大型主站；其他地区电网测点采集量不足 150 万点的均采用中型主站建设模式。大型主站针对城市配电网海量数据特点，在规划设计时主配网应用应考虑部署于服务器，且配网采集应考虑分组设计，配网 SCADA 应用也应当采用布式 SCADA 技术。输配协同调度控制系统在规划设计时均应考虑“地县一体、输配一体”的建设模式。地县一体建设模式即在地调设立主系统实现地区电网运行数据的集中采集与集中处理，在县调仅部署远程工作站。输配一体建设模式需基于同一套数据库实现面向地区电网的输配网统一建模。输配协同调度控制系统在规划设计时应当尽可能保持主备调系统型号、规模及功能配置的统一。

输配协同调度控制系统在规划设计时，需考虑机房、运维室、电源室等配套场所是否满足系统设计运行年限内的运行要求。

二、软硬件设计标准

（一）硬件设计标准

（1）硬件设备应满足 8 年及以上时间的全寿命周期管理要求，服务器及网络设备冗余化配置，采用安全的操作系统及数据库。

（2）系统生产控制大区应配置前置采集服务器、数据库服务器、SCADA 服务器、网络分析服务器、AVC 服务器、调度计划服务器、通信代理服务器，可根据需求配置 AGC 服务器和 DTS 服务器。管理信息大区应配置 Web 发布服务器、数据库服务器、通信代理服务器。遵循 DL/T 5003 标准要求，主要功能服务器负载率不宜超过 30%。

（3）采用广域分布式采集模式建设的县调子系统应配置前置采集服务器；采用远程终端模式建设的县调子系统原则上不配置服务器设备。

（4）生产控制大区和管理信息大区应配置相互独立的磁盘阵列存储设备，容量满足运行周期内电网数据和模型存储需求，存储容量不少于 40 TB。县调子系统原则上不配置磁盘阵列存储设备。

（5）地区电网调度控制系统的配电网调度控制应用功能的，宜配置相对独立的采集服务器和应用服务器。

（二）软件设计标准

（1）考虑输配协同调度控制系统运行安全性及稳定性要求，在系统规划设计时需选择自主、安全、可控的应用软件。

（2）输配协同调度控制系统应采用开放、易扩展的统一支撑平台，为各类应用的开发、运行和管理提供通用的技术支撑及统一的数据交换、数据管理、模型管理、图形管理等服务。10 kV 及以上电网应实现统一建模。

（3）实现实时监控与分析、调度计划、调度管理三大类核心应用，可根据实际需求选择配置安全校核相关应用。应用功能基本要求如下：

（4）配电网调度控制类，应包括模型/图形管理、调度监控、拓扑分析、主动故障研判、馈线自动化、网络分析等调度控制应用，以及调度运行管理、方式计划等调度管理应用。

协同分析——输配协同关键技术

第一节　输配网模型构建技术

一、输配网模型定义及描述

广义的模型信息主要包括电网模型、图形、实时运行数据（简称图、模、数一体化）。输配网在系统中均以通用 CIM（Common Information Model）信息模型文件实现模型信息共享，以 SVG（Scalable Vector Graphics）可缩放矢量图形文件实现图形信息共享，以 E 文件实现实时运行数据信息共享。

（一）输网物理模型描述

以输网模型为主网的物理连接模型，包含区域、基准电压、厂站、电压等级、间隔、断路器、刀闸、母线段、同步发电机、线路、交流线段、负荷、变压器、变压器绕组、变压器分接头类型、并联补偿器、串联补偿器、非设备遥测、非设备遥信、保护信号、遥测、遥信等 26 类对象。

各类对象包含的属性项及相关要求如下，其中各参数均采用有名值记录，如电压、有功、无功的单位分别为：kV、MW、MVar。为便于模型的验证测试，模型中应包括基本量测数据（如线路潮流、母线电压、机组出力等 SCADA 实测数据）和基本参数（如线路、变压器的阻抗、电抗等）。

（二）配电网物理模型描述

配网模型主要是指描述配网的物理连接模型，包含馈线、配网站房、断路器、负荷开关、刀闸、接地刀闸、母线段、发电机、分布式电源、储能设备、交流线段、负荷、变压器、变压器绕组、串联补偿器、地刀、故障指示器等主要类。

参考 IEC61970/61968 标准，配电网建模主要包括容器类对象、设备类对象的建模，模型应明确描述设备与容器的层级关系和电气设备与电气设备间的拓扑关系，对象类型及其对象属性可按照配电网应用需求进行扩充，其中，设备电压、电流、有功、无功、容量类属性的量纲分别为：kV、A、MW、MVar、MVA。

（三）输配网物理存储与逻辑视图

输网设备表与配网设备表的层次关系如图 3-1 所示，表间的层次关系是通过表中的外键字段实现的。如在厂站表中设立 subarea_id 外键字段存储上级区域表对应记录的 id。

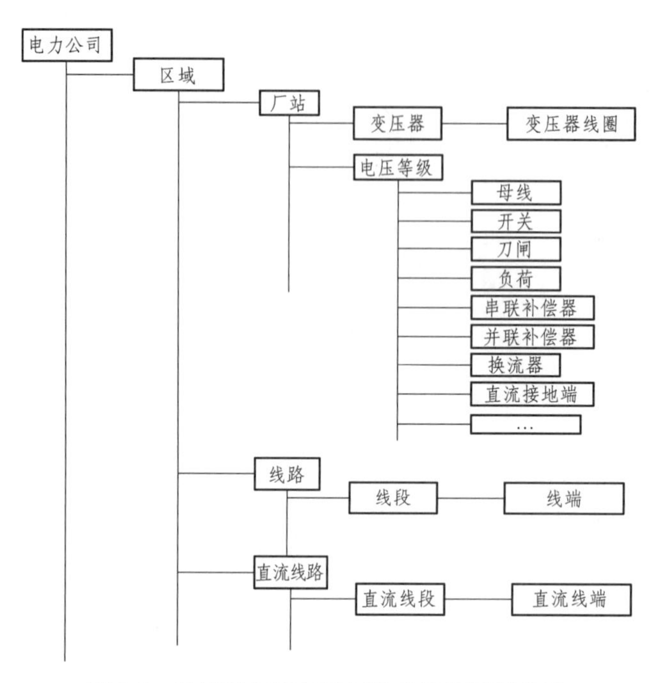

图 3-1 输网设备表与配网设备表的层级关系

上述的层次结构可存储主网、配网、直流、交流的模型数据，映射出的输、配网对象模型视图如图 3-2 所示。

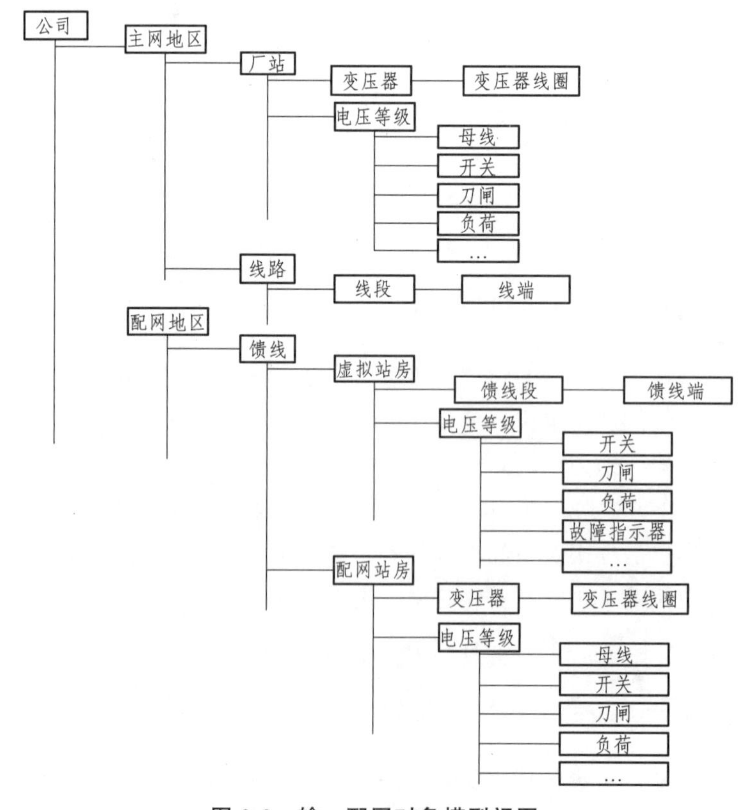

图 3-2 输、配网对象模型视图

二、输配网模型差异化构建

输网模型遵循 IEC61970 标准，配电模型遵循 IEC 61970/IEC 61968 标准。表 3-1 以 CIM11 版本为例给出了输配网模型的差异，主要包含 5 类对象：容器类、导电设备类、拓扑类、量测类、字典类。

表 3-1　主配网模型类差异表

对象类型	输网模型	配电网模型
容器类	地理区、子地理区、厂站、电压等级	地理区、子地理区、馈线、厂站
主要导电设备类	开关、刀闸、线路、变压器、电容、电抗、负荷、机组等	开关、刀闸、馈线段、变压器、电容、电抗、负荷等
拓扑类	端点、连接点、拓扑岛	端点、连接点、拓扑岛
量测类	状态量、模拟量、累积量以及对应的值类	状态量、模拟量、累积量
字典类	量测类型、单位、基准电压电力系统资源类型	量测类型、单位、基准电压、电力系统资源类型

输、配网模型中设备拓扑情况也存在较大差异。输网拓扑是网状建设、网状运行；配网模型以馈线为主，包含少量电源厂站的信息，配网拓扑是辐射型或环网建设、开环方式运行，馈线包含的设备从进线开关到联络开关或末端负荷呈现树形结构。

输网间的模型合并较为复杂，需要考虑各类设备作为边界设备。输配网模型合并相对简单，对于输、配网模型的模型合并，馈线与电源厂站间的边界设备为进线开关；对于联络馈线间的模型合并，馈线与馈线之间的边界设备为联络开关。

（一）输网模型构建典型模式

输网模型管理如图 3-3 所示，辖区内模型采用图库一体化方式自行建模，辖区外模型采用等值模型或通过上、下级间的模型交换获取精确模型。模型管理的整个过程以图、模文件交换为基础，通过模型拆分/合并，实现多级调度的模型一体化管理，即“源端维护，全网共享”，形成全网的模型文件、相关的图形文件、前置点表文件等，入测试库验证无误后，形成最新离线库模型，在模型同步环节投入在线库。

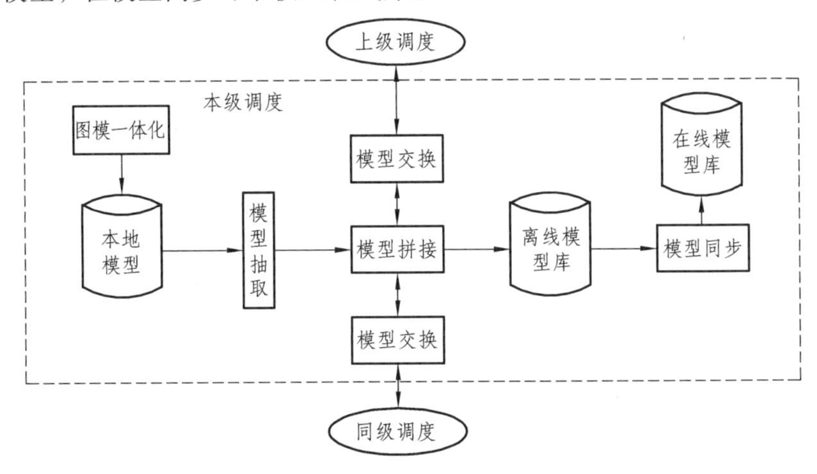

图 3-3　输网模型管理示意图

（二）配网模型构建典型模式

配网模型支持灵活的构建方式，可以选择系统自带的一体化建模工作建立配网模型，也可以从 PMS（GIS）等外部系统导入。无论以何种方式建模，均支持主配网模型拼接，从而构建完整的地区电网模型。

1. 配网模型自行构建

配网模型自行构建示意图如图 3-4 所示。在调度控制系统内，配网模型采用图库一体化方式建模，通过与本地的高压模型进行主配网拼接，并进入离线库，经审核确认后投入在线系统。

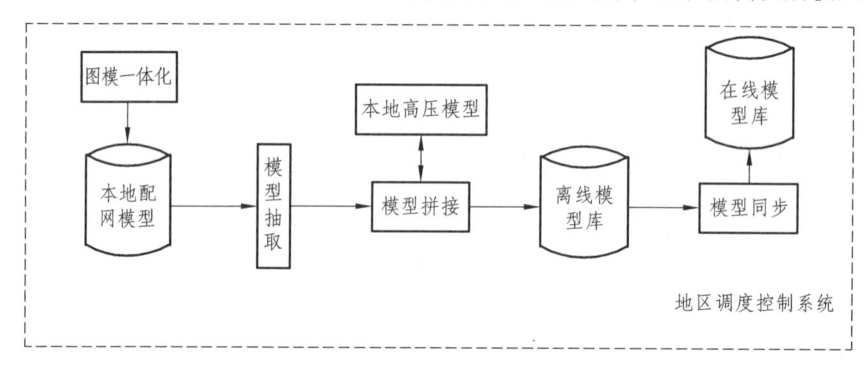

图 3-4 配网模型自行构建示意图

自行构建图模的优点主要体现在严格按照调度方式图进行维护方面，图模准确性和可用性能满足配调的要求。缺点主要有两个：一是配网新投异动频繁，人工维护量巨大；二是与源端唯一、处处共享的原则相违背。就公网线路而言，目前全国大部分网省已逐渐放弃在自动化系统中自建模型的方式。

2. 网模型外部导入

配网模型的来源是 GIS（Geography Information System）地理信息系统以及 PMS（Production Management System）生产管理系统，GIS 系统负责配网建模并可导出遵循 IEC61970/IEC61968 标准的图、模文件以及 PMS 系统维护设备参数信息，调度控制系统通过接入 PMS/GIS 系统的图、模、参数信息，建立内部系统的电网模型。

如图 3-5 所示为配网模型外部导入示意图，在配网模型管理流程中，需要从本地获取高电压等级的主网模型，从 GIS 系统或 PMS 系统得到中压配网模型，通过模型拼接进入离线库，经审核确认后投入在线系统。

3. 配网模型构建方式

1）配网公线建模

对于配网公线建模，目前大部分地市采用外部系统导入方式，此处的外部源端系统即为 PMS2.0（GIS）系统，图模真实性和可用性需在外部源端系统中加以保证；少部分地市采用系统自建方式，但是为了支撑配网相关应用（如用采数据接入、配电终端数据接入、停电信息精准到户等），对于核心设备人工将 PMS2.0（GIS）系统模型与调度控制系统的模型进行匹配（将 RDF_ID 写入调度控制系统对应的设备表中）。

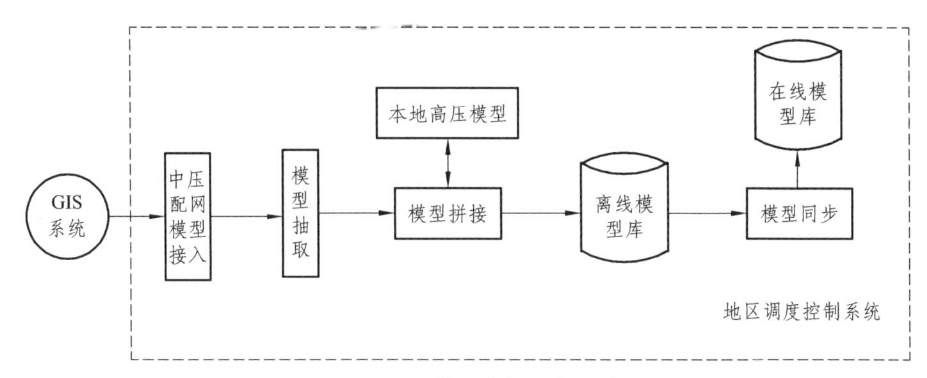

图 3-5　配网模型外部导入示意图

2）配网专线建模

对于配网专线建模，目前大部分地市采用系统自建方式，少部分地市采用外部系统导入方式。专网线路由于不属于供电公司资产，PMS 系统中在正常情况下不会录入专网线路的图模（会影响考核），而营销系统只关心专网的台账，不关心专网的模型，调度系统自建专网模型也就成为主流。对于某地市公司，其配网专线规模约 2000 条，人工建模工作量巨大，故其协同营销，抽取营销 GIS 的专网数据进行改造，生成 XML 和 SVG，最终导入系统中。

3）分布式电源建模

对于小水电建模，目前采用系统自建方式，在主网创建水电站模型，通过人工拼接方式将水电站与配网上网点进行节点号拼接。

对于光伏建模，同样采用系统自建方式，主要对配网变压器表进行维护。配网变压器表增加光伏相关字段，人工维护并同步至调控云。

第二节　自动成图技术

由于配网新投异动频繁、绘图工作量巨大，故采用自动成图功能实现配电网专题图成图工作。该功能基于调度控制系统中的配网模型，利用自动成图技术，以模块化、流程化设计贯穿于图形业务管理环节中，确保配网专题图图形最终效果可为专业管理提供基础支撑。

自动成图功能融入配网图模业务流程中，包含自动成图服务端和自动成图客户端两部分，整体业务流程如图 3-6 所示。

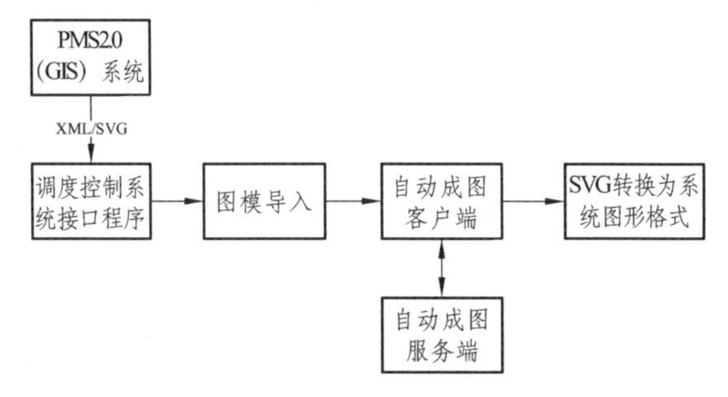

图 3-6　业务流程示意图

一、自动成图整体架构

（一）硬件架构

自动成图功能作为调度控制系统的一个独立功能，在硬件上至少需要一台自动成图服务器和一台自动成图工作站，在系统现有硬件架构中，通过复用或新增硬件的形式构建。目前主要有两种部署方式：一是在地区电网调度控制系统一区部署；二是在省调调控云统一部署。整体硬件架构分别如图 3-7、3-8 所示。

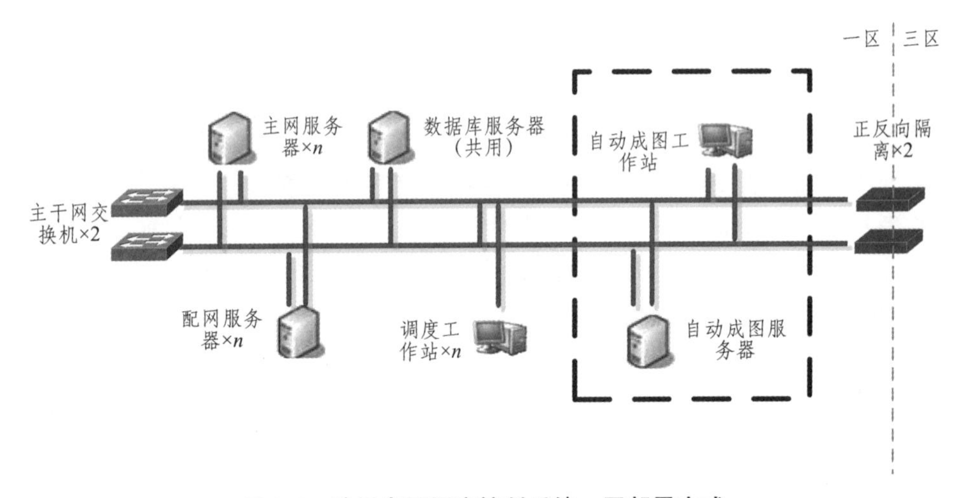

图 3-7　地区电网调度控制系统一区部署方式

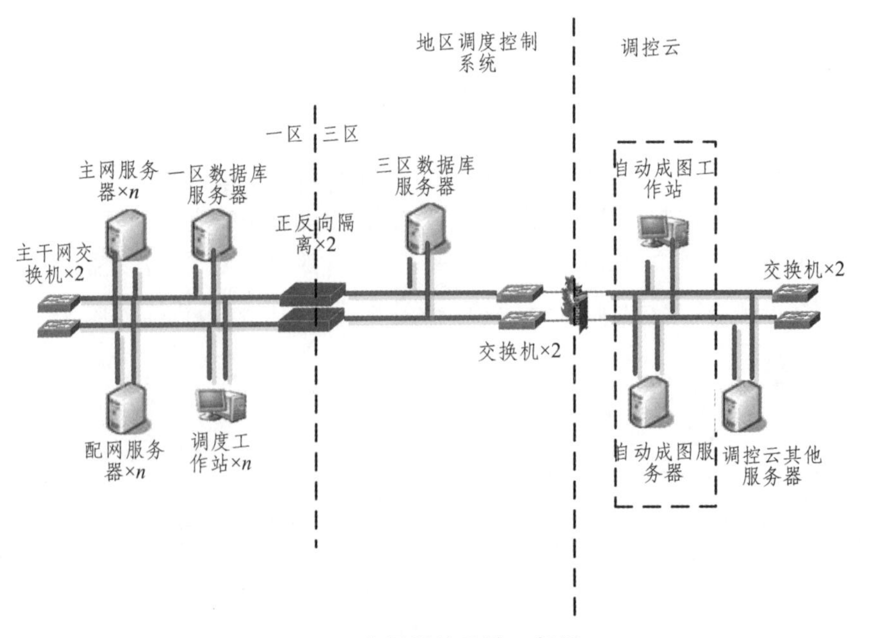

图 3-8　省调调控云统一部署

（二）技术架构

自动成图功能技术架构上分数据层、服务层和应用层，如图 3-9 所示。存储层是包括从 D5000/OPEN3000 接入的基础模型数据、生成的配网专题图数据，以及其他自动成图所需要的配置数据、元数据等。服务层包括模型接入服务、模型校验服务、图形服务、布局算法服务等基础服务。应用层是自动成图客户端，主要包含图形编辑自动成图交互、图形浏览、图形编辑、图形保存、模型校验、成图配置、图形导出 SVG、图形推送等模块。

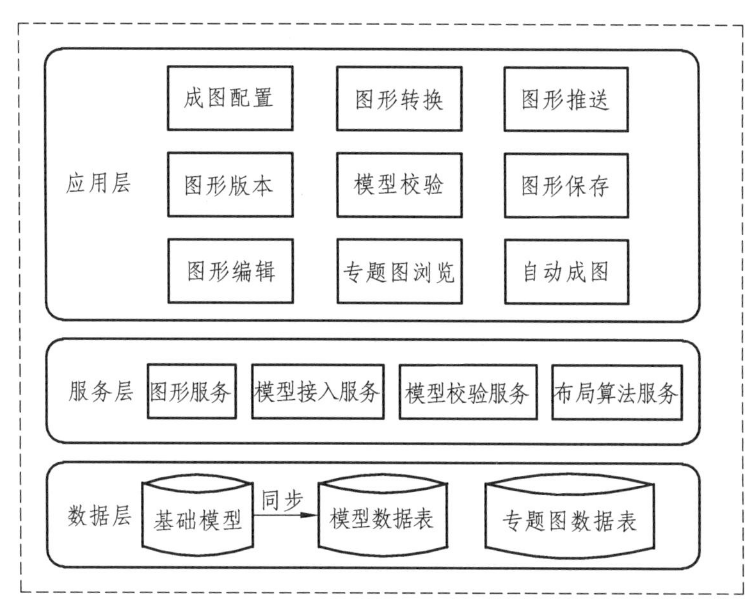

图 3-9　自动成图技术架构

二、自动成图类型

按照国调《配电网调度图形模型规范》中对配网接线图样式的划分，接线图样式分为站房图、单线图、环网图和系统图；原则上要求采用横平竖直的正交布局方式，线路与设备不能有交叉重叠，优先保证主干线的布局；单线图为调度控制业务的必备图形，站房图、环网图、系统图为调度控制业务的辅助图形。

结合各网省自身的业务需求，可将配网专题图分为单线详图、单线简图、站室图、线路联络图、变电站联络图、保供联络图、区域系统图、全网系统图、线路索引图等类型，此处针对某省现场情况，主要对单线详图、单线简图、站所图、环网图进行重点介绍。

（一）配网单线详图

1. 单线详图

单线详图是以单条配电线路（大馈线）为单位，采用一定布局算法自动生成从变电站出线到配电变压器、线路联络开关之间的线路相关所有设备，不含地理方位的横平竖直示意单线图形。单线详图示例如图 3-10 所示。

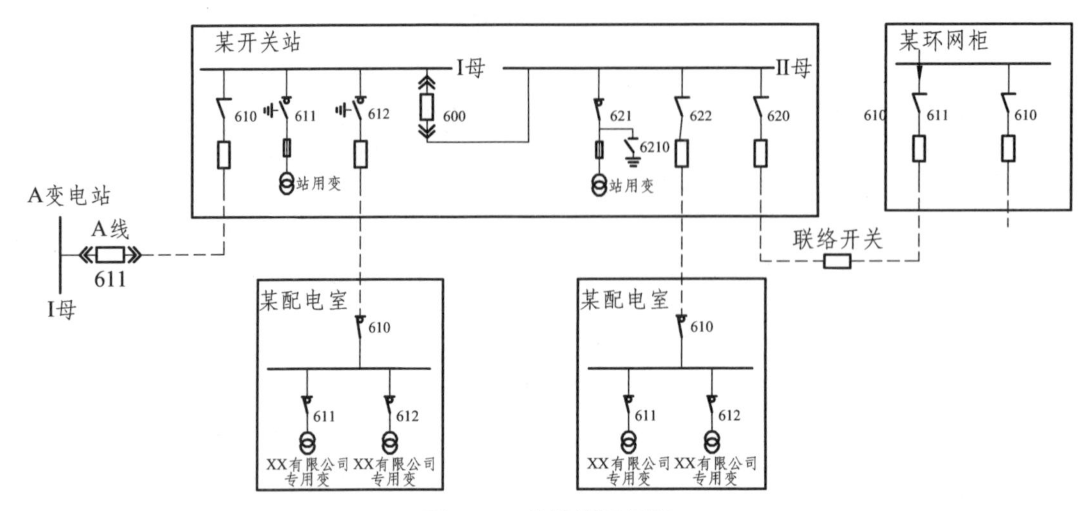

图 3-10　单线详图示例

2. 成图内容

成图内容包括变电站、环网柜、开关站、配电室、分支箱、母线、站内-负荷开关、站内-断路器、站内-隔离开关、配电变压器、架空线、电缆、柱上变压器、柱上-断路器、配电自动化主站系统图模校验及成图建设方案柱上-负荷开关、柱上跌落式熔断器、柱上-隔离开关等。

3. 图形布局要求

（1）采用横平竖直的正交布局方式，尽量少交叉少弯折，兼顾紧凑布局。

（2）配电站房展示内部完整接线，可添加点设备成图配置。

（3）设备与标注之间不碰撞重叠。

（二）配网单线简图

单线简图是指以单条馈线为单位，描述从变电站出线到线路末端或线路联络开关之间的所有调度管辖设备。

组成元素：变电站、环网柜、开关站、配电室、箱式变、电缆分支箱、负荷开关、断路器、刀闸、跌落式熔断器、组合开关、架空线、电缆、配电变压器、故障指示器及其杆塔设备等。单线简图示意图效果如图 3-11 所示。

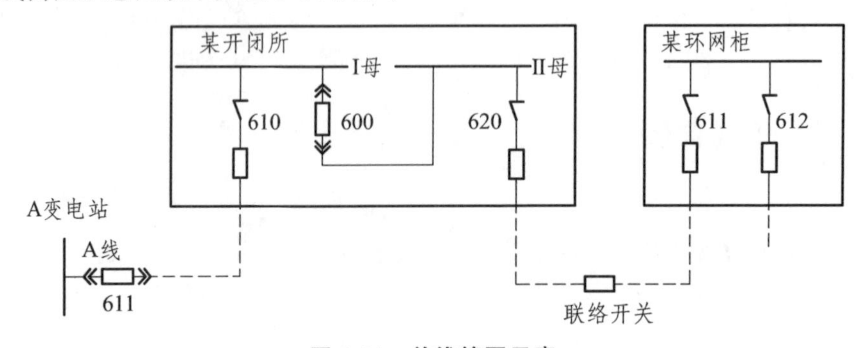

图 3-11　单线简图示意

（三）配网站所图

站所图是以开关站、环网柜、配电室、箱式变、电缆分支箱、高压用户等站房为单位，描述站房内部接线和其间隔出线的联络关系，清晰反映站房内部的接线，直观展示站房供电范围的示意专题图形。站房图以间隔出线的电缆为边界，并在站房内完成绘制。

组成元素：站内开断类设备、母线、电压互感器、站内变压器、中压电缆等。

站房图示意效果图如图 3-12 所示。

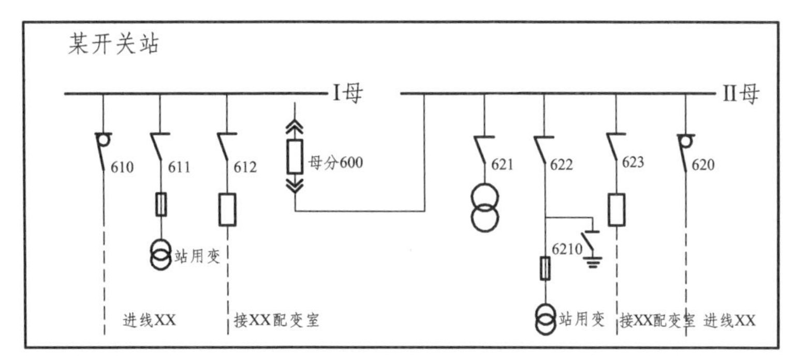

图 3-12　站房图示意

（四）配网环网图

环网图也称为线路联络图，如图 3-13 所示。

环网简图：由两条或多条有联络关系的馈线主干部分组成，用于展示馈线环网主干的联络情况，仅包含所联络相关馈线主干线路上的调度管辖设备。

组成元素：变电站、环网柜、开关站、配电室、分支箱、母线、负荷开关、断路器、刀闸、组合开关、架空线、电缆等多条馈线主干线上的设备。

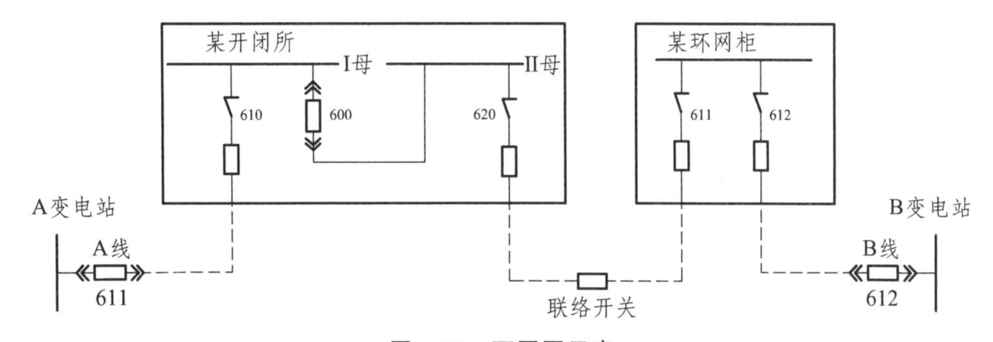

图 3-13　环网图示意

第三节　图模流程管控

一、图模流程管控方案

为持续提升配网运行质效，需要对配网设备新投、异动流程中的图模新投异动管理流程进行改造。通过深入分析新投异动、计划审批、接入验收、缺陷处理等环节存在的问题，发现可通过图模数据整治标准化、资料审核流程化、风险管控过程化和信息提报自动化，实现图模数据在配网生产管理、计划检修管理、新投异动管理、调度运行风险管控等环节的闭环流转，达到源端数据高效融合，提升资源利用率。

（一）基本技术路径

改造 OMS 新投异动图模审核功能，优化 PMS 系统、GIS 系统、主配一体化系统、OMS 系统接口方式，将运检、调控、供服等业务有效串联，实现图模源端数据在 PMS 建立、OMS 审核发布、主配一体化验收过程中的自动化流转。通过交互方式的优化，剔除无效数据，减少重复性数据分析与处理操作，实现业务系统（PMS、GIS、D5000 系统）与调控管理系统的紧耦合，全面提升基础数据质量，实现配网生产和调度管理的高效结合，提升配网运行质效，为营配调基础数据治理和贯通应用提供有力保障。

（二）流程管控方案

1. 技术改造

拓展 PMS 系统图模 XML 文件传输内容，创新实现模型文件带参数导出。改造 OMS 系统新投异动模块，创新实现源端数据和设备参数的线上审核。优化业务系统间的接口方式，将审核通过的图模文件发布至主站系统，确保 PMS、GIS、OMS、D5000 系统中数据真正实现“源端维护，信息共享”。

2. 管理改造

（1）将资料收集时间、图模建立提前，不再维护 CAD 图形，不再重复填报 OMS 系统上的设备参数。

（2）制定配电网基础数据整治管理规定、配电线路图模标准化验收卡、基础数据典型问题处理手册、PMS 专题图成图、导图操作手册等作为管理和技术制度支撑，有序推进图模基础数据整治提升工作。

（3）组织调度、运检、营销、供服等部门及专业，从配网基础数据的真实性、规范性和图形美观性三方面入手，建立起配网图模基础数据标准化整治机制。

（4）制定图模数据接入验收规范文件，严格落实图模基础数据运维、图模导入、联合调试、接入验收等环节的工作要求。

3. 流程方案

在新的管控流程下，配电运维单位应至少提前 15 天完成现场勘察设计以及设备异动资料收集。运检管理专责应在 10 天之内，根据新投异动资料，完成 PMS、GIS 系统图模台账信息维护，并将维护完成的图模通过接口自动发送至 OMS 系统。OMS 系统自动对比设备库以及 XML 模型文件，判断增删改变更设备后，自动生成新投异动单。运检管理专责无需二次核对检查，直接根据生成的新投异动单判断 PMS 图模运维的正确性。通过检查后，利用 GIS 系统成图工具，动态生成异动前后图形，作为附件上传 OMS 系统，进入审批流程。相关专业在 OMS 系统上审核 PMS 系统源端图模及参数，审核通过后，发布至主站系统。主站系统无需比对新投异动单，自动完成图模导入相关工作，完成联调试验后，交由调度验收。在验收通过后，进行红转黑操作，主站系统发送归档消息至 OMS 系统，新投异动工作结束。

配网基础数据整治流程图如图 3-14 所示。

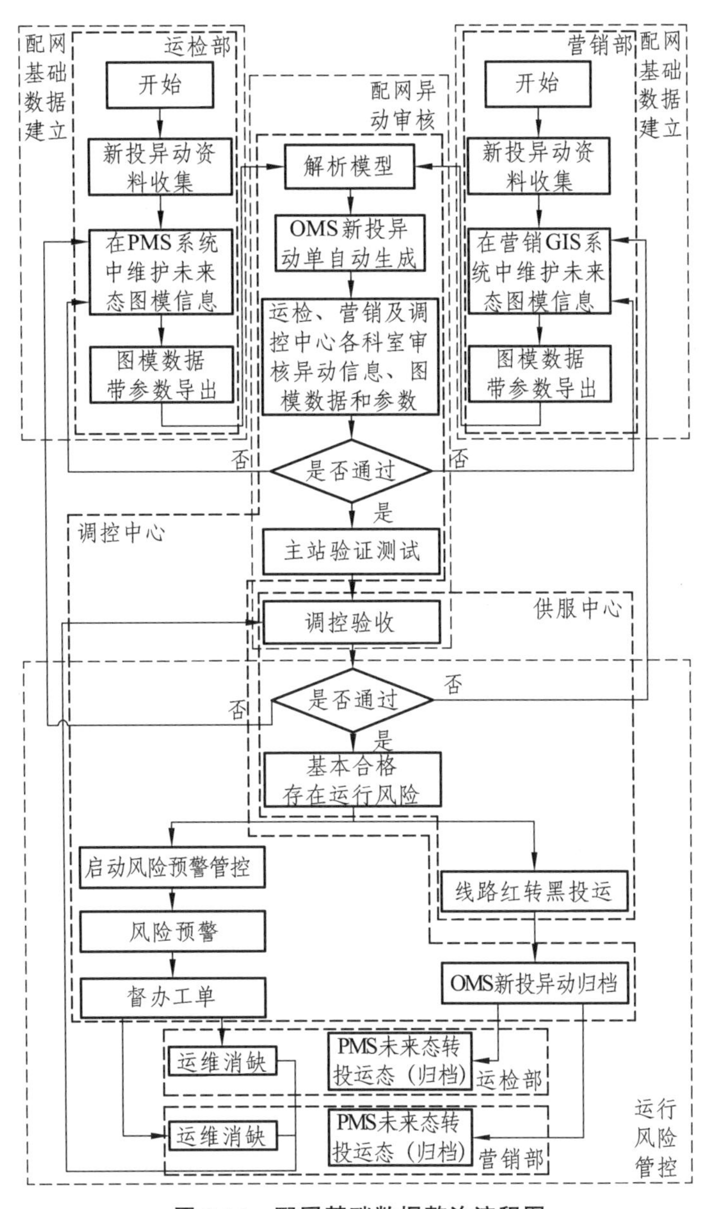

图 3-14 配网基础数据整治流程图

运检部和营销部还需根据基础数据整治技术文档以及调度验收、调控应用反馈的缺陷问题，做好存量数据的整治工作。配网存量基础数据整治流程图如图 3-15 所示。

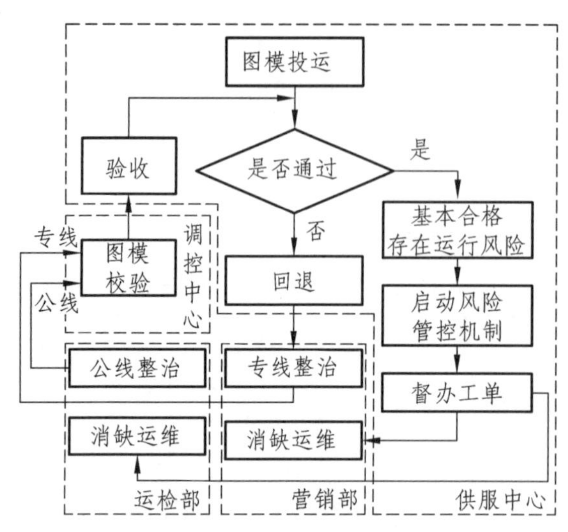

图 3-15 配网存量基础数据整治流程图

4. 运行风险管控

当新投异动图模工作存在异常或缺陷问题时，若影响一次投运，调度则不通过验收，并延期与异动关联的检修申请。如果涉及二次问题，不影响一次投运，可以暂缓处理时，由配调人员在 OMS 系统中启动风险辨识、预警、异常整治流程。

配网图模风险主要为图实不一致，如一次投运、图模未修改或一次投运、图模已修改、二次未投运或三遥数据不准确问题等，如表 3-2 所示。

表 3-2 配网图模风险库

风险类别	事由	风险分析	风险等级评估	处置策略或预控措施	责任单位	责任人	督办单位	督办人
图实不一致	新投异动未改图	误调控	☆☆	原则上新投异动未改图，不得送电	配网调控班		供服中心	
				若因系统原因造成新投异动图形未改，属地相关专业在 1 个工作日内将准确的线下图纸交于供服	配电运检班		运检部	
				按照风险管控机制，向相关单位发送风险预警以及督办工单	配网调控班		调控中心 供服中心 运检部	
	故障处置后异动	误调控	☆☆	属地相关专业在三个工作日内补办新投异动。供服在收到新投异动后，发起新投异动流程	配电运检班		调控中心 供服中心 运检部	
……	……	……	……	……	……	……	……	……

配调负责配电网图模管控风险评估，与调控中心、运检部、营销部共同编制“配电网图模管控风险预警通知单”。若预警要求因故未执行到位，系统自动向运维检修部、营销部、县公司等相关部门或单位发送问题处理督办工单，如表 3-3 所示，限期相关单位整改，确保运行风险及时消除。

表 3-3 配电网风险问题督办工单

工单序号	督办事项	督办单位	督办人	责任单位	责任人	交办时间	限办时间	完成情况
1	……							
2	……							
3	……							

（三）图模流程管控组织结构及运行机制

1. 图模管控流程组织保障

成立以分管生产、营销的副总经理任组长的基础数据整治领导小组，负责决策工作中的重大事项，评定工作成果。成立由运检、调度、营销专业技术骨干组成的基础数据整治工作小组，负责日常业务管理以及具体工作实施，确保组织体系团结稳定、指挥高效和执行有力。

各整治工作小组职责划分情况如下：

（1）运维检修部：负责制订、下达和管控配网建设计划，负责组织、管理相关责任单位完成配网公网线路基础数据整治、接入调试以及新投异动相关工作。运检班组按照新投异动管理要求，确保增量数据在 PMS、GIS 系统更新的及时性和准确性，并根据基础数据整治技术文档以及调度验收、调控应用反馈的缺陷问题，做好公网线路存量数据的整治工作。

（2）营销部：负责组织、管理相关责任单位配网专网线路基础数据整治以及新投异动相关工作。营销班组按照新投异动管理要求，确保增量数据在 SG186、GIS 系统更新的及时性和准确性，并根据基础数据整治技术文档以及调度验收、调控应用反馈的缺陷问题，做好专网存量数据的整治工作。

（3）调控中心：负责公网线路、专网线路基础数据接入工作，负责组织、管理相关责任单位做好配网功能深化应用。自动化班组做好配网图模导入、终端接入调试的配合工作。

（4）供电服务指挥中心：负责对系统新投异动变更情况以及台账、实时数据准确性，图实一致性进行验收，通过配网高级功能应用成效验证基础数据质量，做好配网异常数据整改闭环管理。

2. 图模管控绩效考评

从公司层面高度重视配电网图模管控工作，将图模基础数据整治工作纳入公司考核指标，如图 3-16 所示。对每个指标进行责任单位和权重的分解，明确牵头部门、配合部门及单位，将工作细化落实至相应的岗位。基础数据整治工作小组根据工作任务，对各专业工作开展情况进行日通报、周提醒和月汇总，每季度末形成指标流程评估报告，领导小组根据工作完成情况进行评分，并与绩效工资挂钩，充分调动起管理专责、基础班组的工作积极性。

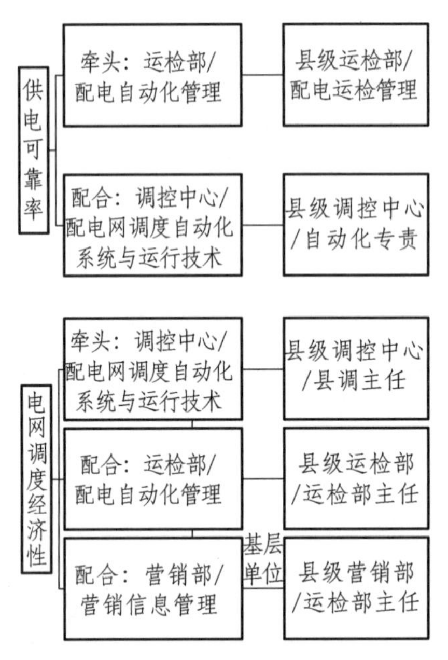

图 3-16 基础数据整治工作指标责任分解

二、图模流程管控评估与完善

（一）图模流程管控评估

图模管控流程再造能够解决配网图模管理链条长、专业协同性差等问题，建立有序的配网图模建设、运行维护的过程化管控。根据监测，运用新型图模管控模式，能够全面提升配网运行管理水平，提质增效对比如表 3-4 所示。

表 3-4 新型图模管控模式运用前后电网工作效率对比

序号	工作效率提升指标	运用前	运用后
1	根据新投异动维护 CAD 图时间	6 小时	0 分钟
2	在 OMS 系统填报设备参数时间	1 小时	0 分钟
3	提报人员填写新投异动申请时间	3 小时	0 分钟
4	运检管理专责校核申请时间	20 分钟	0 分钟
5	方式管理专责审批申请时间	20 分钟	5 分钟
6	自动化运维结合申请校核图模信息时间	30 分钟	0 分钟
6	工作结束后，调度员归档操作时间	2 分钟	0 分钟

（二）图模流程管控完善

（1）建立科学防控机制，实现管控过程化管理。

图模运行情况不断完善制定新的管理制度，建立专业的维护团队，施行标准化有序管理，为配网调控提供决策支撑，切实指导调控运行工作。

制定配电网基础数据整治管理规定、配电网图模维护基本要求等管理规定，明确配网图模工作“谁来做，做什么”，解决配网图模需要多部门、多单位协调配合处理的困扰。理顺图模管控流程，通过设立考核指标，划分工作界面以及岗位职责，形成完善的监督以及评价机制，将监督管理与业务实施有机结合，确保关键问题有效解决。

制定配电线路图模标准化验收卡、图模导入用户使用手册及常见问题处理手册等技术标准，做好技术培训，明确基础数据运维“怎么做”的问题，解决配网工作对运维人员综合素质要求较高，需要具备跨专业知识储备以及技术能力的问题。通过形成标准化的问题处理库，确保基层一线人员解决问题有迹可循，有理可依，减少沟通问询、管理部署的环节，提升工作效率，确保工作质效。

（2）提升系统实用化水平，减轻基层工作量。

优化 GIS 系统、OMS 系统实用化水平，定制用户需求，灵活、动态地生成各类表单，减轻基层单位审核资料提报的人工工作量。如优化 GIS 专题图成图工具，动态生成异动前后图形，减轻基层单位图模运维人员绘制 CAD 图形的工作量；自动校核 PMS 模型增删改信息，全自动生成新投异动单，减轻基层申请提报人员以及自动化调试人员人工校核的工作量；实现 PMS 模型带参数导出至 OMS、D5000 系统，减轻基层重复填报参数的工作量。

第四节　用电信息采集系统数据在线贯通

一、系统技术路线

为强化配网调度运行感知手段，大幅降低盲调比例，贯通用电信息采集系统与配网调度技术支持系统，将台区负荷、停电事件信息通过用电信息采集系统接入配网调度技术支持系统，结合完整的配网调度图形模型，动态分析中压配网开断设备及变压器的实时运行状态，保证图实一致，有效解决盲调问题。

（一）获取营销负荷数据

（1）营销档案信息通过 SG186 系统同步至营销基础数据平台。该平台提供访问数据库的只读账号，省调通过调控云读取营销基础数据平台的相关档案信息。

（2）停复电信息和负荷数据从用电信息采集系统推送至其统一接口平台。停复电信息采用 kafka 消息总线的方式，负荷数据采用 webservice 服务查询的方式，从用电信息采集系统统一接口平台中获取相关数据传至调控云平台。

（3）调控云（数据交互平台）生成地调主配一体系统能解析的停复电信息文件和负荷数据文件，并通过反向隔离装置传至省调 I 区横向网关机，再通过调度数据网分发至各地调。

（4）全川配电变压器 43 余万台，停复电信息为实时获取，负荷数据频度为 15 min，每小时获取一次（即每小时获取 4 个时刻的负荷数据）。

配变信息传输至调度系统的具体流程图如图 3-17 所示。

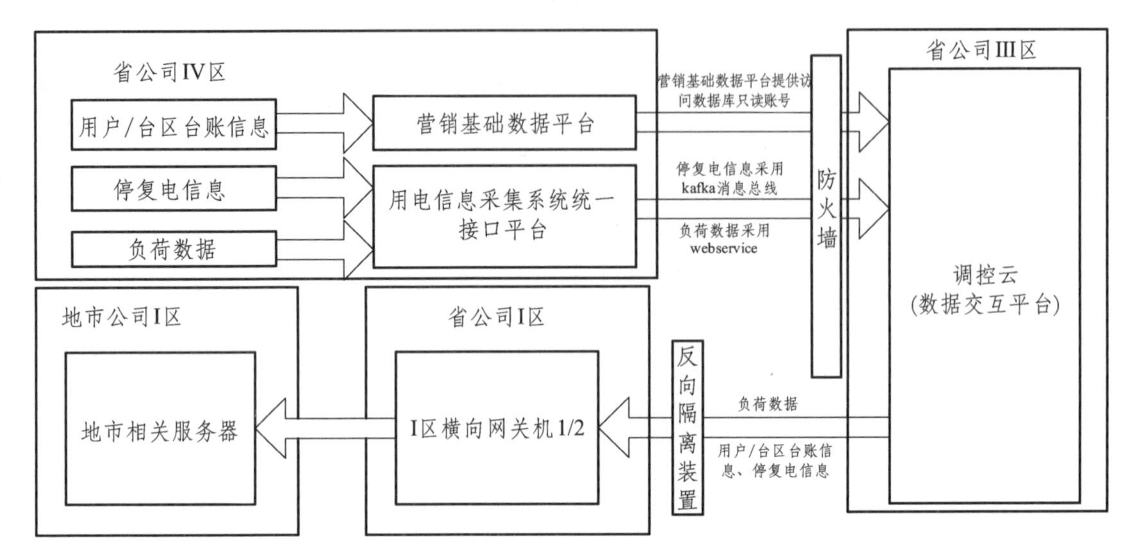

图 3-17　配变信息传输至调度系统流程图

（二）获取配变模型数据

按照“源端维护、全局共享”原则，基于营配调贯通成果，在地调主配网一体化系统中完成调管范围内的配变图形和模型的建立，并将各地调配变模型同步至调控云平台，具体同步流程如图 3-18 所示。

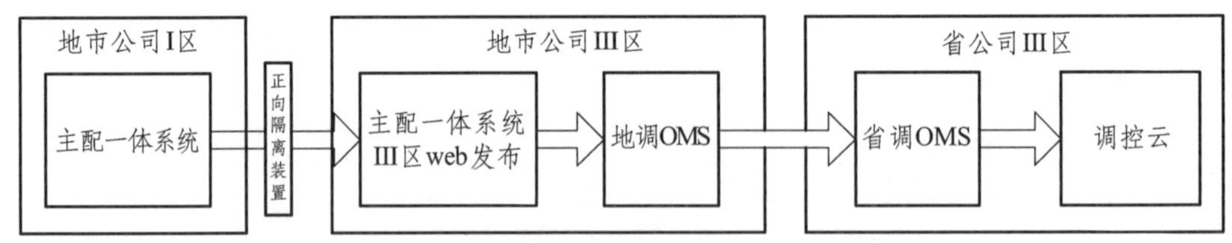

图 3-18　主配一体系统配网模型同步至调控云流程图

（三）梳理营配信息对应关系

存量数据梳理：基于营配调贯通成果，省调协同营销部梳理“电能表-台区-配变”的对应关系，并在调控云平台中完成营销配变模型与主配一体系统配变模型的映射关系表，实现主配网一体化系统的配变模型与用电采集系统的配变模型及信息互联。

增量数据同步：当配电变压器发生新投异动后会在 SG186 系统和 PMS2.0 发生台账的相关异动，SG186 会将异动结果实时同步至营销基础数据平台，主配一体系统会将 PMS2.0 的异动结果重新导入。此时，通过调控云平台到营销基础数据平台读取到的当前的配变模型，与主配一体系统同步至调控云平台的配变模型形成新的对应关系，从而实现增量配变在调控云平台中的信息互联。

（四）开展配变数据接入工作

按照制定的技术路线，将营销用采系统采集配变的有功、无功、电流、电压等准实时数据及停（上）电信息经省公司汇集后接入地调主配网一体化系统中，提升配网状态信息感知能力。

（五）探索研究高级应用功能

对于已接入配变信息的单位，基于拓扑关系、数据信息开展故障研判等高级功能的探索研究，提升调控业务和优质服务水平。

二、系统应用现状

2019 年，完成地区 *A*、*B*（南瑞 D5000）、地区 *C*（南瑞 open3000）、地区 *D*（科东 D5000）四家地市营销用采系统配变负荷数据、停复电信息接入配网调度技术支持系统，2020 年，全川推广，接入配变 48.25 万台，负荷数据频度为 15 min，每小时获取一次，停复电信息 3 min 内下发地市解析，平均数据有效感知率为 70%左右。

第五节　配电自动化系统数据在线贯通

一、配电自动化系统数据在线贯通整体架构

（一）硬件架构

根据地市公司是否建有独立配电自动化主站的情况，采用两种不同方式将配网数据接入地区调度控制系统。建有独立配电自动化主站的地市，EMS 系统和 DMS 系统在生产控制大区交互，系统之间通过正反向隔离进行安全防护；未建设独立配电自动化主站的地市，EMS 系统和 DMS 系统（省级 DMS 系统）在管理信息大区交互，系统之间通过防护墙进行安全防护。

两种交互方式的硬件架构分别如图 3-19 和 3-20 所示，其中，接口服务器可以单独配置，也可与其他服务器共用。

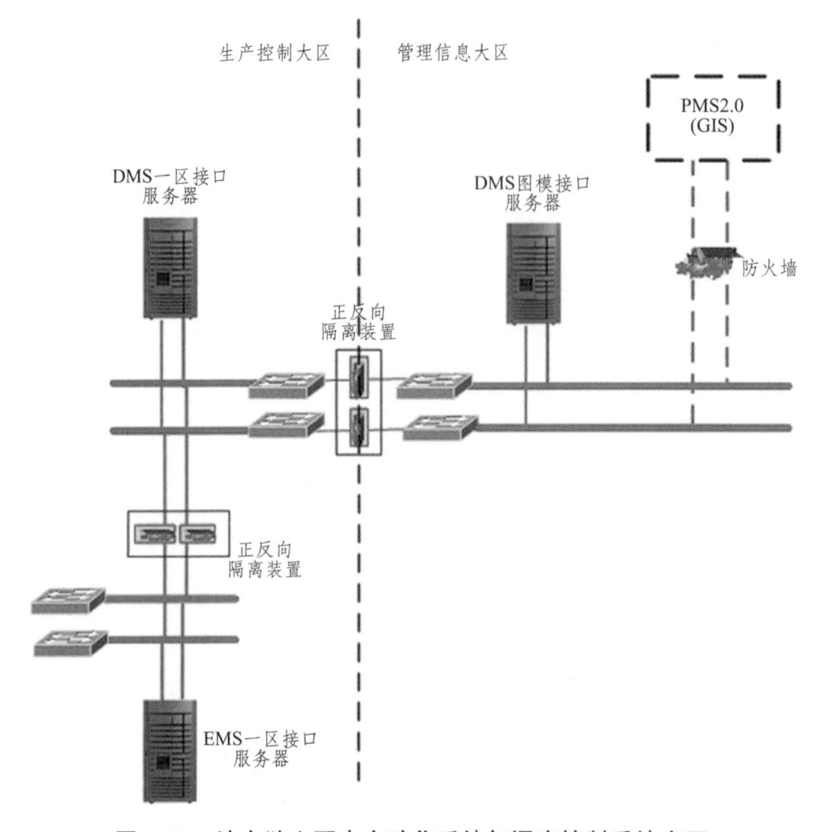

图 3-19　地市独立配电自动化系统与调度控制系统交互

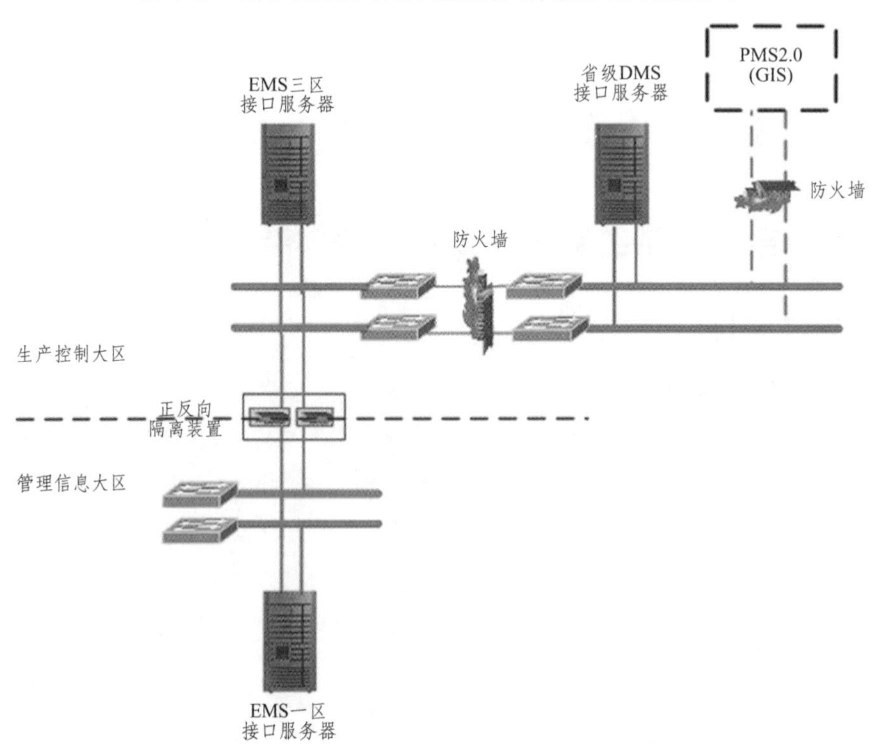

图 3-20　省级配电自动化系统与地区调度控制系统交互

（二）软件架构

配电自动化信息在线贯通涉及的业务数据主要有三种：一是配网图模数据，二是配电自动化断面数据，三是配电自动化遥信数据。在配电自动化主站侧部署数据生成及推送程序，在电网调度控制系统侧部署数据解析及处理程序。两系统间的数据传输均采用E文件格式。具体软件架构如图3-21所示。

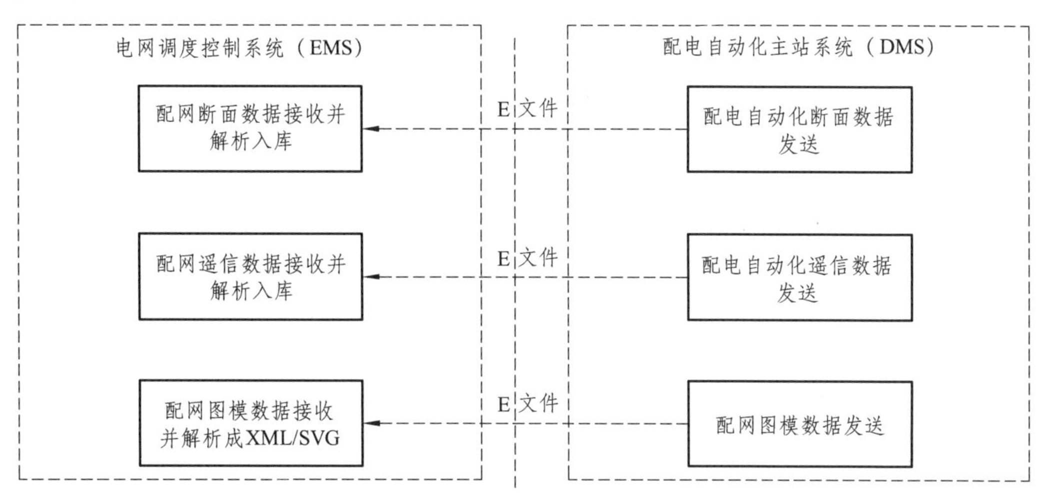

图3-21 配电自动化信息在线贯通软件架构

（三）业务流程架构

1. 地市独立配电自动化主站与调度控制系统在线贯通

（1）配网图模数据同步：配网图模源头是PMS2.0（GIS）系统，配电自动化系统接收到PMS2.0的配网图模后，通过反隔实时传输到配电自动化系统一区，之后再通过反隔传输至调度控制系统一区。

（2）配电自动化断面数据同步：无线二遥终端通过配电自动化系统四区接入，三遥终端通过配电自动化系统一区接入，配电自动化系统一区将汇集后的配网断面数据定时导出，穿反向隔离装置传输至调度控制系统。

（3）配电自动化遥信同步：无线二遥终端通过配电自动化系统四区接入、三遥终端通过配电自动化系统一区接入，配电自动化系统一区将汇集之后的配网遥信变位数据实时导出，穿反向隔离装置传输至调度控制系统。

业务流程示意图如图3-22所示。

2. 省级配电自动化主站与调度控制系统在线贯通

（1）配网图模数据同步：配网图模源头是PMS2.0（GIS）系统，省级配电自动化大四区主站在接收到PMS2.0配网图模后，将配网图模推送至调度控制系统三区，再通过反隔传输至一区。

（2）配电自动化断面数据同步：省级配电自动化主站将采集的配网二遥数据定时导出，传输至调度控制系统三区，再通过反隔传输至一区。

（3）配电自动化遥信数据同步：省级配电自动化主站将采集的配网二遥数据实时导出，传输至调度控制系统三区，再通过反隔传输至一区。

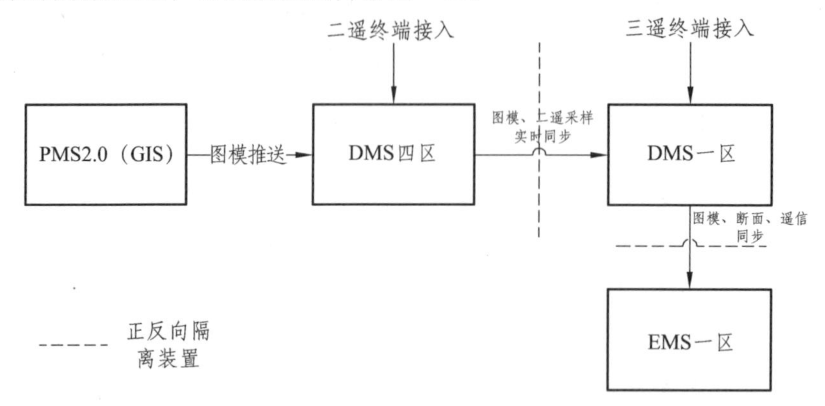

图 3-22　中地市独立配电自动化业务流程示意图

业务流程示意图如图 3-23 所示。

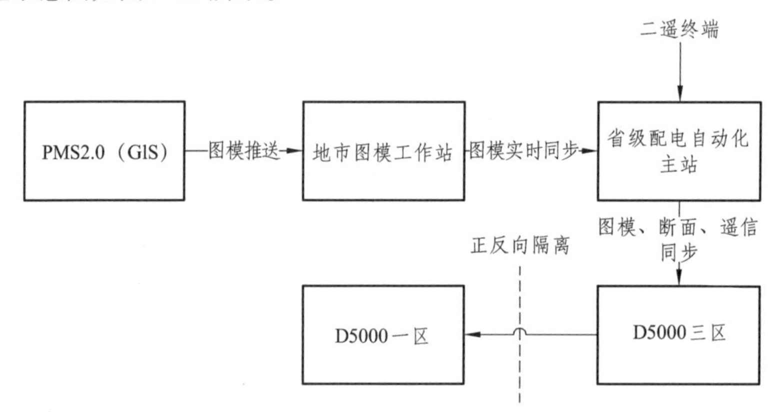

图 3-23　省级配电自动化-业务流程示意图

二、配电自动化信息在线贯通功能实现

（一）配网图模数据

PMS 2.0（GIS）系统将完成维护的配网图模实时同步至 DMS 系统的总线部分，DMS 系统总线部分收到图模后分别发送至 EMS 系统和 DMS 系统主站部分。下面就配网图模的源端维护、PMS 2.0（GIS）系统与 DMS 系统图模接口、DMS 系统与 EMS 系统的配网图模接口三部分进行详细介绍。

1. 配网图模的源端维护

配网图模数据源端在 PMS 2.0（GIS）系统中的维护如图 3-24 所示，PMS 系统中的主要流程简述如下：

（1）在 PMS 系统中启动配网设备变更流程，图形绘制人员根据设备变更单维护 PMS 图形，生成新的配网专题图。

（2）在 PMS 端对专题图进行布局调整，优化布局效果，并通过图模校验工具进行数据校验。

（3）将校验后的图模通过实时接口同步至配电自动化系统。

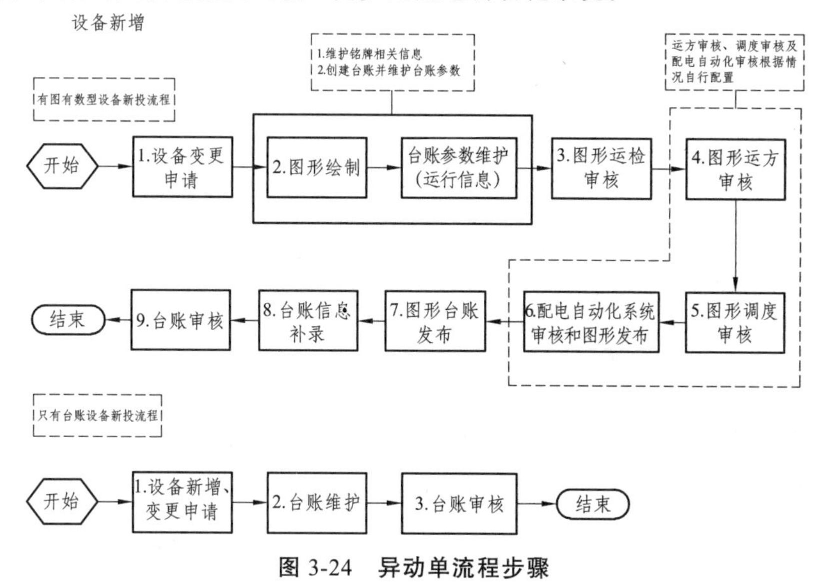

图 3-24　异动单流程步骤

2. PMS 2.0（GIS）系统与 DMS 系统图模接口

PMS 2.0（GIS）系统与 DMS 系统之间采用电网企业服务总线（简称 ESB）路线进行集成，该路线架构图如图 3-25 所示。

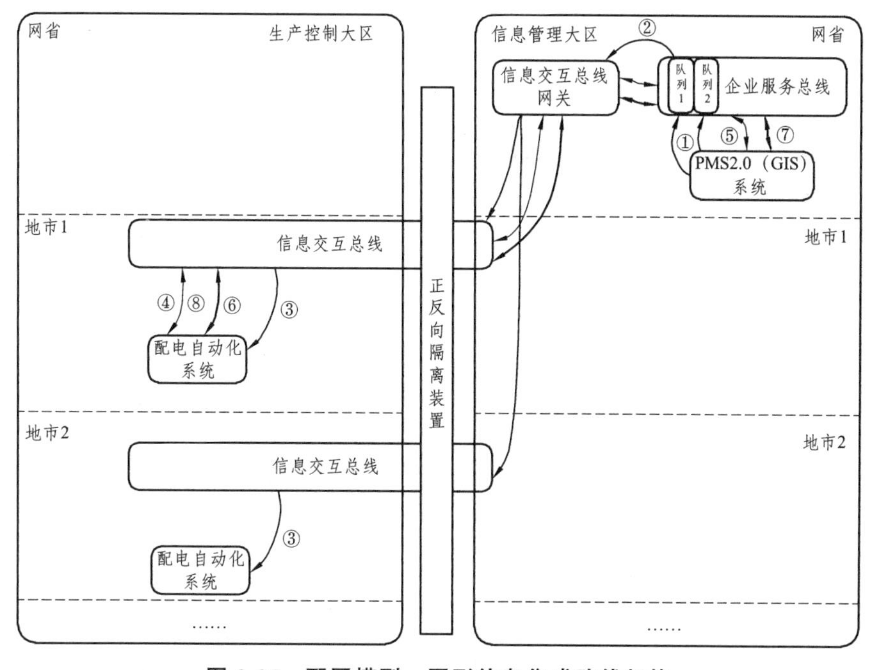

图 3-25　配网模型、图形信息集成路线架构

（1）企业服务总线部署在网省级信息管理大区安全Ⅲ区，负责接入信息管理大区各业务系统，并以 Web Service/JMS 的方式与信息交换总线网关进行交互。

（2）信息交互总线网关是信息流转的中转站。部署在网省级信息管理大区，将网省部署的企业服务总线与地市部署的信息交换总线串联衔接，所有从地市级总线发出的消息和数据在网关汇总后转发给网省的企业服务总线。信息交换总线网关主要承担下列任务：

① 支持 JMS、Web Service 接口，能通过这两种方式与企业服务总线进行交互。

② 可分析消息流向，将消息分发到不同地市的信息交换总线。

③ 信息交换总线。

部署在地市（独立主站或图模工作站小系统），负责将配网图模接入配电自动化系统，支持穿透信息安全物理隔离装置，并以 Web Service/JMS 的方式与信息交互总线网关进行交互。

PMS（GIS）系统与 DMS 系统间配网图模接口采用 JMS 方式进行信息交互，详细流程如图 3-26 所示。

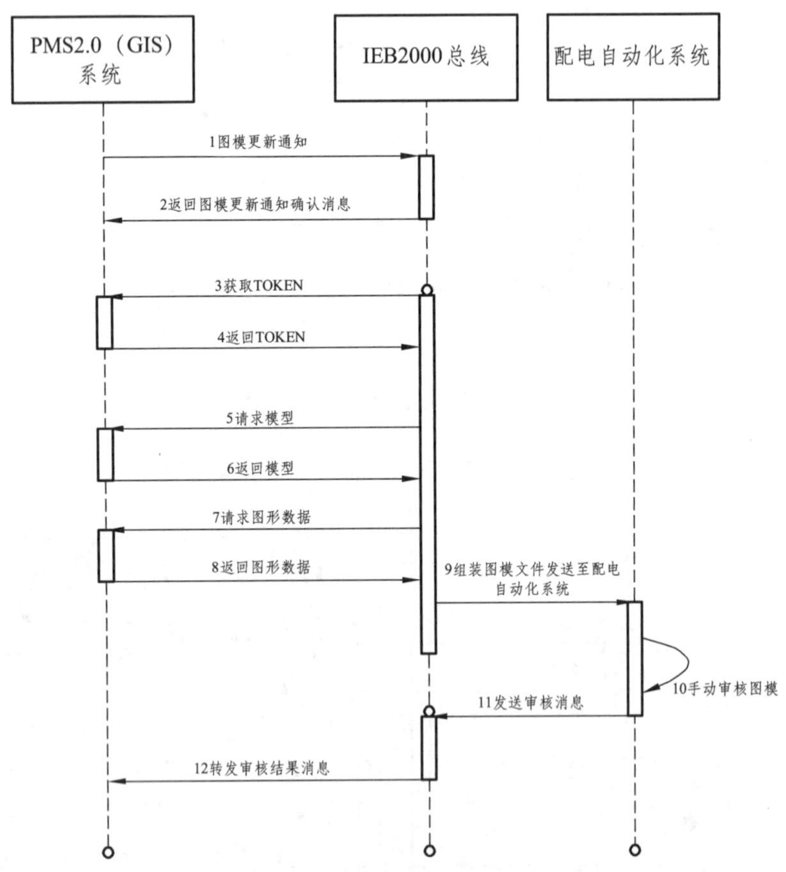

图 3-26　PMS 接入配电自动化主站详细流程示意图

① 发出图模通知消息：PMS 2.0 发出图模变成通知到省公司 ESB 的 JMS 的消息队列上。

② 接收图模通知消息：总线接口程序 Adapter 监听 JMS 消息队列，获取图模变更通知后进行存储，并立即返回给 PMS 2.0，确认收到图模通知的消息。

③ 获取访问权限 TOKEN：接口程序根据配置的用户名和密码，访问 GIS 获取 TOKEN。

④ 获取 GIS 图模：接口程序解析存储的图模更新通知消息，组装报文，调用 GIS 图模服务，获取图模数据，并存储至数据库。

⑤ 发送图模数据：接口程序将图模文件进行压缩和 base64 编码后进行穿区传输。

⑥ 一区代理程序转发图模文件：一区启动 SftpCimSvg 代理程序，程序将穿区过来的图模文件进行解码解密操作，并 Sftp 传送到配电自动化主站系统，若传送成功，则代理程序生成传送成功的回复消息；若传送失败，则生成传送失败的回复消息。

⑦ 三区接口程序处理一区回复消息：接口程序在收到回复消息后进行处理，若是成功，则置位图模发送成功，转到⑧；若是失败的回复消息，则重新发送图模文件，转到⑤。

⑧ 主站处理图模文件：主站收到图模文件后，会手动进行图模导入操作，若是配电自动化主站导入成功或者失败，则生成审核结果消息放在本地文件夹等待 SftpCimSvg 代理程序来取。

⑨ 一区代理程序穿区发送给三区接口程序：三区接口程序收到审核结果消息后转发给 PMS2.0 系统。

（3）DMS 系统与 EMS 系统的配网图模接口。

配电自动化系统的信息交互总线部分收到 PMS2.0（GIS）推送过来的配网图模文件后，将图模组装成 E 格式的文件，穿过反向隔离传输至 EMS 系统一区（如果为地市 DMS 系统，则从 DMS 系统一区通过反隔传输至 EMS 系统一区；如果为省 DMS 系统，则传输至 EMS 系统三区，再通过反向隔离传输至 EMS 系统一区）。在 EMS 系统一区将 E 格式的文件通过反解析后得到 XML/SVG 格式的配网图模文件，之后自动化人员即可进行配网图模导入工作。

（二）配电自动化断面数据及遥信变位数据

配电自动化主站整体采用“$N+1$”方式进行建设，建设有独立配电自动化主站的单位，数据交互在地市配电自动化系统生产控制大区与地区调度控制系统的生产控制大区之间进行。未建设独立配电自动化主站的单位，数据交互在省级配电自动化大Ⅳ区主站与地区调度控制系统Ⅲ区之间进行。

1. 配电自动化断面数据贯通

1）配电自动化主站侧

配电终端通过加密 IEC101/104 规约将采集的量测数据上送至配电自动化主站，在配电自动化主站中部署断面数据导出程序，定期将配电终端采集的数据导出并发送至地区调度控制系统，数据格式为 E 格式文件。为避免非实测数据同步后影响地区调度控制系统的正常使用，在配电自动化系统源端进行筛选过滤，只同步在线终端的量测数据。

2）地区调度控制系统侧

地区调度控制系统实时监听配电自动化主站传输过来的配电自动化断面数据，将接收到的接口文件进行解析，通过 RDF_ID 字段将两系统的设备模型匹配。匹配上的设备模型主要做两个操作：一是程序更新该设备在实时库中的量测数据，用户可在图形浏览器和 dbi 工具中实时查看；二是可以定义主动采样，将实时数据存入历史库中，便于后续数据分析。

2. 配电自动化遥信变位数据贯通

1）配电自动化系统侧

配电终端通过加密 IEC101/104 规约将采集的开关变位数据实时上送至配电自动化主站，配电自动化主站中部署遥信变位导出程序，实时捕捉配网遥信变位数据，并同步至地区调度控制系统，数据格式为 E 格式文件。

2）地区调度控制系统侧

地区调度控制系统实时监听配电自动化主站传输过来的配电自动化遥信变位数据，将接收到的接口文件进行解析，同样通过 RDF_ID 字段将两系统的设备模型匹配。匹配上的设备模型主要进行两个操作：一是将遥信变位数据转换为消息，发送至告警服务，用户可在实时告警窗实时查看，可在历史告警窗进行历史告警查询；二是将遥信变位写入实时库，用户可在图形浏览器和 dbi 工具中进行查看。

第六节　配网运行状态精准估计

一、功能概述

主配网一体化状态估计是主配网一体化高级分析软件的重要基础功能。为网络分析、无功优化等其他高级功能提供基础潮流模型。本节针对配电系统的实时量测冗余度低且只有部分电流量测的问题，提出了匹配电流技术来求解状态估计。推导了最优估计意义下的匹配电流方程及其系统化的求解方法。匹配电流技术适用于含实时电流量测的情况，符合配电网现状。

二、技术路线

（一）配电网典型量测配置

考虑一个典型的配电量测配置系统，如图 3-27 所示，其中有 N 个负荷节点，r 节点为根节点。

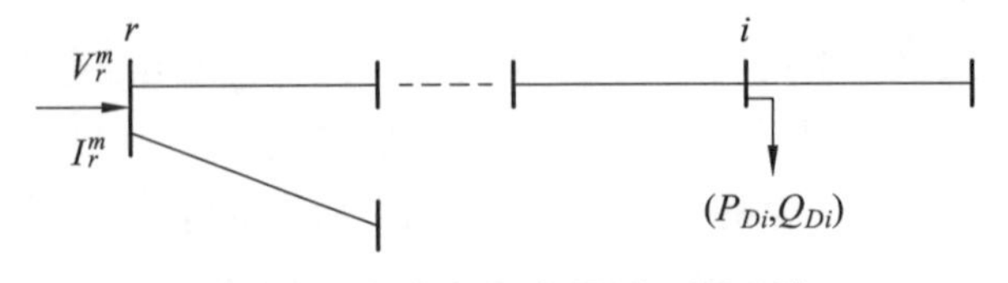

图 3-27　辐射状配电量测配置系统

1. 实时量测

根节点有三相电流 $\left(I_r^m\right)_{\text{abc}}$ 和三相电压幅值量测 $\left(V_r^m\right)_{\text{abc}}$。部分重要的负荷节点存在实时的功率量测。$N_M$ 个负荷节点有实时的三相有功功率量测 $\left\{\left(P_{Di}^m\right)_{\text{abc}} \middle| i \in C_M\right\}$ 和实时的三相无功功率

量测 $\left\{\left(Q_{Di}^{m}\right)_{\text{abc}}\middle| i\in C_M\right\}$，其中，$C_M$ 为有实时有功和无功功率量测的节点集。

2. 伪量测

计量系统每 15 min 左右采集一次台区的三相负荷功率量测，由于存在时间同步性问题，这些量测与实时量测不匹配，只能作为伪量测，记为：有功伪量测 $\left\{\left(P_{Dk}^{pm}\right)_{\text{abc}}\middle| k\in C-C_M\right\}$ 和无功伪量测 $\left\{\left(Q_{Dk}^{pm}\right)_{\text{abc}}\middle| k\in C-C_M\right\}$。其中，$C-C_M$ 为配置了伪量测的节点集。

以上给出的量测配置是目前配电网自动化水平不高的情况下非常典型的情况。实时量测不足于保证系统可观测，即使加上负荷伪量测后，其冗余度仍非常低。为此，在本书方法中假定实时量测是精确无误差的。可以假设在 15 min 时间间隔内负荷的功率因数保持几乎不变。所以，负荷的有功与无功功率的比值 $\lambda_k = P_{Dk}^{pm}/Q_{Dk}^{pm}$ 的精度与实时量测的精度相匹配。因此，在状态估计中 λ 也可看作是精确无误差的，相当于为系统增加了一个实时量测。

3. 用采历史数据

为了适应配网量测配置的实际情况，提出一种考虑用采历史数据的配电网状态估计方法，步骤如下：

（1）设置采样周期，从用户电量采集系统中获取配电网各台区在设定历史日期中每个采样周期的历史用采量测数据，通过插值法计算当前时刻配电网中无实时量测采集的台区的用采量测估计值；

对配电网中无实时量测采集的每个台区，通过插值法计算当前时刻该台区用采量测估计值；所述用采量测估计值包括有功估计值和无功估计值；

对每个台区，计算表达式分别如下：

$$P_{s-t} = P_{m-tn} + \frac{(P_{m-tn1} - P_{m-tn})}{M_{\text{step}}} \times (t - t_n) \tag{3-1}$$

$$Q_{s-t} = \frac{P_{s-t}}{P_{m-tn}} \times Q_{m-tn} \tag{3-2}$$

其中，t 表示当前时刻；P_{s-t} 表示 t 时刻该台区用采量测有功估计值；Q_{s-t} 表示 t 时刻该台区用采量测无功估计值；M_{step} 表示采样周期；P_{m-tn} 表示在得到的历史用采量测数据中在历史日期的 t 时刻前最接近 t 时刻的该台区用采量测有功数据；Q_{m-tn} 表示在得到的历史用采量测数据中在历史日期的 t 时刻前最接近 t 时刻的该台区用采量测无功数据；P_{m-tn1} 表示得到的历史用采量测数据中，在历史日期的 t 时刻后最接近 t 时刻的该台区用采量测有功数据；t_n 表示 t 时刻前最接近 t 时刻的采样时刻。

（2）根据配电网实时拓扑结构，获取当前时刻配电网每条馈线供电的台区列表，计算当前时刻每条馈线供电的台区列表中无实时量测采集台区的用采量测修正估计值。

获取当前时刻配电网馈线的拓扑结构；按照实时开关状态，获取当前时刻配电网每条馈线供电的台区列表；计算每条馈线供电的台区列表中具备实时量测采集的台区对应的实时量测总量；所述实施量测总量包括实时有功量测总量和实时无功量测总量。

对每条馈线，计算表达式分别如式（3-3）和（3-4）所示：

$$SP_{rm-t}=\sum_{k=1}^{n}P_{rm-t-k} \tag{3-3}$$

$$SQ_{rm-t}=\sum_{k=1}^{n}Q_{rm-t-k} \tag{3-4}$$

其中，SP_{rm-t} 表示 t 时刻该馈线具备实时量测采集的台区对应的实时有功量测总量；P_{rm-t-k} 表示 t 时刻该馈线供电的台区列表中第 k 个具备实时量测采集的台区的实时有功量测值；SQ_{rm-t} 表示 t 时刻该馈线具备实时量测台区对应的实时无功量测总量；Q_{rm-t-k} 表示 t 时刻该馈线供电的台区列表中第 k 个具备实时量测采集的台区的实时无功量测值；n 表示当前时刻该馈线供电的台区列表中具备实时量测采集的台区数量；

（3）计算每条馈线供电的台区列表中所有无实时量测采集的台区对应的用采量测总量估计值；对每条馈线，计算表达式分别如式（3-5）和（3-6）所示：

$$SP_{sm-t}=\sum_{i=1}^{z}P_{s-t-i} \tag{3-5}$$

$$SQ_{sm-t}=\sum_{i=1}^{z}Q_{s-t-i} \tag{3-6}$$

其中，SP_{sm-t} 表示 t 时刻该馈线无实时量测采集台区对应的用采有功量测总量估计值；P_{s-t-i} 表示 t 时刻该馈线供电的台区列表中第 i 个无实时量测采集台区的用采有功量测估计值；SQ_{sm-t} 表示 t 时刻该馈线无实时量测采集的台区对应用采无功量测总量估计值；Q_{s-t-i} 表示 t 时刻该馈线供电的台区列表中第 i 个无实时量测采集台区的用采无功量测估计值；z 表示当前时刻该馈线供电的台区列表中不具备实时量测的台区数量。

（4）分别计算当前时刻每条馈线供电的台区列表中无实时量测采集台区的用采量测有功估计修正值和用采量测无功估计修正值。

对任一馈线上每个无实时量测采集的台区，计算表达式分别如式（3-7）和（3-8）所示：

$$P_{rs-t}=(P_{rl-t}-SP_{rm-t})\times\frac{P_{s-t}}{SP_{sm-t}} \tag{3-7}$$

$$Q_{rs-t}=(Q_{rl-t}-SQ_{rm-t})\times\frac{Q_{s-t}}{SQ_{sm-t}} \tag{3-8}$$

其中，P_{rs-t} 表示 t 时刻该无实时量测采集台区的用采量测有功估计修正值；P_{rl-t} 表示 t 时刻该台区所在馈线的根节点的实时量测有功数据；Q_{rs-t} 表示 t 时刻该无实时量测采集台区的用采量测无功估计修正值；Q_{rl-t} 表示 t 时刻该台区所在馈线的根节点的实时量测无功数据。

通过上述方法可以更加精确地获取与配网实时量测相匹配的用采伪量测数据并应用到配网状态估计中。为了适应配电网三相不平衡的问题，本书的方法均采用三相模型，但为简化表达，后续公式均采用单相模型。

（二）匹配电流

将主配网状态估计问题转换为匹配潮流的计算问题，其匹配潮流方程如下：

$$\begin{cases} P_{Dk}^{pm}+\alpha_k\Delta P_\Sigma+PL_k(V,\theta)=0 \\ Q_{Dk}^{pm}+\beta_k\Delta Q_\Sigma+QL_k(V,\theta)=0 \end{cases} \tag{3-9}$$

$$\begin{cases} P_{Di}^{m}+PL_i(V,\theta)=0 \\ Q_{Di}^{m}+QL_i(V,\theta)=0 \end{cases} \tag{3-10}$$

$$\begin{cases} \Delta P_\Sigma=P_r^m-\sum\limits_{i\in C_M}P_{Di}^m-\sum\limits_{k\in C-C_M}P_{Dk}^{pm}-P_{\text{loss}}(V,\theta) \\ \Delta Q_\Sigma=Q_r^m-\sum\limits_{i\in C_M}Q_{Di}^m-\sum\limits_{k\in C-C_M}Q_{Dk}^{pm}-Q_{\text{loss}}(V,\theta) \end{cases} \tag{3-11}$$

式中，$i\in C_M$ 为 N_M 个有实时有功和无功功率量测负荷节点编号；PL_k 和 QL_k 流出节点 k 的支路潮流总和；$P_{\text{loss}}(V,\theta)$、$Q_{\text{loss}}(V,\theta)$ 为配电网络总的有功和无功功率网损；ΔP_Σ、ΔQ_Σ 为边界功率失配量，α、β 为边界功率失配量分配系数，简称为分配系数 $\sum\limits_{k\in C-C_M}\alpha_k=1$，$\sum\limits_{k\in C-C_M}\beta_k=1$；给定一组 α、β 可以求得唯一的潮流分布。对于三相模型，公式（3-9）~（3-11）有（$6N+6$）个未知数，包括 $V,\theta,\Delta P_\Sigma,\Delta Q_\Sigma$，方程数为（$6N+6$）个，满足方程的定解条件。

对于本书提出的量测配置，匹配潮流方程不再适用。为此，本书提出匹配电流方程为：

$$\begin{cases} P_{Dk}^{pm}+\alpha_k\Delta P_\Sigma+PI_k(V,\theta)=0 \\ \lambda_k P_{Dk}^{pm}+\lambda_k\alpha_k\Delta P_\Sigma+QI_k(V,\theta)=0 \end{cases} \tag{3-12}$$

$$\begin{cases} P_{Di}^{m}+PL_i(V,\theta)=0 \\ Q_{Di}^{m}+QL_i(V,\theta)=0 \end{cases} \tag{3-13}$$

$$\begin{cases} \Delta P_\Sigma=I_r^mV_r^m\cos\delta-\sum\limits_{i\in C_M}P_{Di}^m-\sum\limits_{k\in C-C_M}P_{Dk}^{pm}-P_{\text{loss}}(V,\theta) \\ \delta=\arctan\left(\dfrac{\sum\limits_{k\in C-C_M}\lambda_k\Delta P_{Dk}^{pm}+\sum\limits_{i\in C_M}Q_{Di}^m+\sum\limits_{k\in C-C_M}\lambda_k Q_{Dk}^{pm}+Q_{\text{loss}}(V,\theta)}{\Delta P_\Sigma+\sum\limits_{i\in C_M}P_{Di}^m+\sum P_{Dk}^{pm}+P_{\text{loss}}(V,\theta)}\right) \end{cases} \tag{3-14}$$

其中，δ 为根节点电流与电压的相角差；I_r^m 和 V_r^m 分别为根节点的电流和电压实时量测；α 为边界功率失配量分配系数，$\sum\limits_{k\in C-C_M}\alpha_k=1$。

公式（3-12）~（3-14）有（$6N+6$）个未知数，包括 $V,\theta,\Delta P_\Sigma,\delta$，方程数为（$6N+6$）个，满足方程的定解条件。给定一组 α 可以求得唯一的潮流分布。

1. 最优估计意义下的配电匹配电流

最优匹配电流实质上是在 ΔP_{Dk}^{pm} 的空间上寻优，若取残差矢量作为最优估计的状态量，则最优估计为：

$$\min_{\Delta P_D^{pm}} J\left(\Delta P_D^{pm}\right)=\sum_{k\in C-C_M}\omega_{P_{Dk}}\left(\Delta P_{Dk}^{pm}\right)^2 \tag{3-15}$$

$$\text{s.t.}\begin{cases} I_r^m V_r^m\cos\delta-\sum\limits_{i\in C_M}P_{Di}^m-\sum\limits_{k\in C-C_M}\left(P_{Dk}^{pm}+\Delta P_{Dk}^{pm}\right)-P_{\text{loss}}=0 \\ \delta=\arctan\left(\dfrac{\sum\limits_{k\in C-C_M}\lambda_k\Delta P_{Dk}^{pm}+\sum\limits_{i\in C_M}Q_{Di}^m+\sum\limits_{k\in C-C_M}\lambda_k P_{Dk}^{pm}+Q_{\text{loss}}}{\Delta P_\Sigma+\sum\limits_{i\in C_M}P_{Di}^m+\sum P_{Dk}^{pm}+P_{\text{loss}}}\right)\end{cases} \tag{3-16}$$

式中，$\omega_{P_{Dk}}$ 是给定的 k 节点的负荷有功伪量测的权重系数。

根据 KKT 条件，若忽略网损 P_{loss}、Q_{loss} 对 ΔP_{Dk}^{pm} 的影响（主要考虑根据电流量测划分为一个个小的量测区域后，ΔP_{Dk}^{pm} 对网损和 δ 的影响小）。可以得到：

$$\Delta P_{Dk}^{pm*}=\alpha^*\Delta P_\Sigma^* \tag{3-17}$$

其中，

$$\alpha_k^*=\left[\omega_{P_{Dk}}\sum_{k\in C-C_M}\frac{1}{\omega_{P_{Dk}}}\right]^{-1} \tag{3-18}$$

$$\Delta P_\Sigma^*=I_r^m V_r^m\cos\delta-\sum_{k\in C-C_M}P_{Dk}^{pm}-P_{\text{loss}}\left(\Delta P_D^{pm*},\Delta Q_D^{pm*}\right) \tag{3-19}$$

从最优估计的角度来说，给定伪量测的权重，即可利用上式给定边界失配有功的分配系数，从而计算出确定的潮流解。

2. 匹配电流的计算方法

匹配电流的计算流程如下：

（1）初始化取 V_r^m 作为根节点电压 V_r，并为其他节点电压赋初值 $\dot{V}^{(0)}$，给定满足有功功率分配因子 α，边界失配功率赋初值 $\Delta P_\Sigma^{(0)}$。

（2）根据 $(\Delta P_\Sigma^*)^{k+1}=I_r^m\dot{V}^{(k)}\dfrac{(\dot{I}_r)^{(k)}}{\left|\dot{I}_r\right|}-\sum\limits_{k\in C-C_M}P_{Dk}^{pm(k)}-P_{loss}(\Delta P_D^{pm*},\Delta Q_D^{pm*})^{(k)}$，将 $P_{Dk}^m+\alpha\Delta P_\Sigma^{(k)}$ 设置为最新的负荷值。

（3）给定负荷数据，通过一次前推运算，计算得到支路功率和电流。

（4）从根节点回推，计算得各节点电压。

（5）判断相邻两次迭代电压差，是否小于给定的收敛指标，若满足停止，否则回到（2）。

（6）匹配电流状态估计的应用方法。

配电网实际量测配置如图 3-28 所示，每一个电流量测对应一个量测区域，虚线框内均为量测区域。根据电流量测的位置，利用深度优先搜索，建立量测区域之间的父子关系。在第四节描述的匹配电流的计算过程中，父量测区域为子量测区域提供量测区域内根节点的电压，子量测区域为父量测区域提供相应的等值负荷。

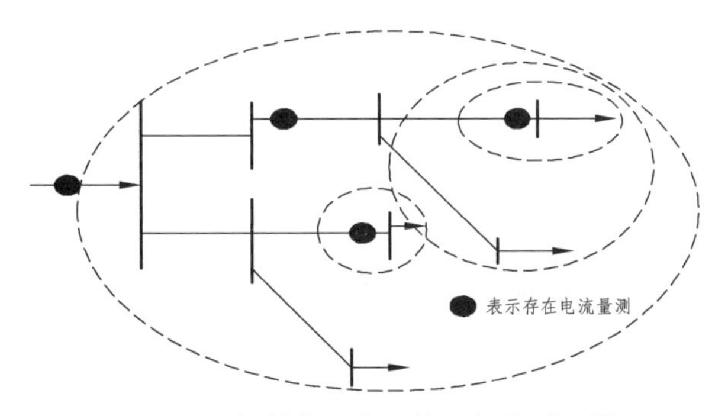

图 3-28 辐射状配电系统一般量测配置

（三）算例分析

本书所用算例功率的基准值为 $S_B=100/\mathrm{MVA}$，线电压基准值为 $V_B=10\ \mathrm{kV}$。主接线图如图 3-29 所示。在原网络基础上，在节点 18、47、52、58、89 处有充电电容支路，电抗值为 1 000 Ω。在母线 32、25 处有实时量测。边界功率失配系数α，根据量测区域的划分情况，由文献给出的负荷有功比例计算得出。

实时量测的幅值通过下式给出：

$$X_r^m = X_{\text{flow}}(1+\varPhi) \tag{3-20}$$

其中，$\varPhi$ 是方差为 0.01 的正态分布的白噪声，X_r^m 是实时量测值，X_{flow} 是相应的潮流解。

状态估计结果列于表 3-5。从计算结果可以看出，状态估计结果与潮流解非常相近。说明，在存在较为准确的电流量测时，可以利用匹配电流法得到合理的状态估计结果。

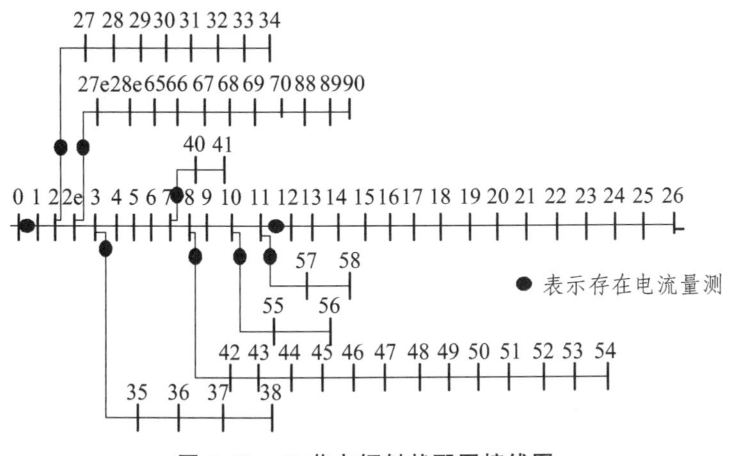

图 3-29 69 节点辐射状配网接线图

表 3-5　状态估计结果与潮流解对比分析

负荷所在母线	A 相潮流计算结果/状态估计结果（p.u.）	B 相潮流计算结果/状态估计结果（p.u.）	C 相潮流计算结果/状态估计结果（p.u.）
5	0.331 661 + j0.280 619/ 0.334 344 + j0.282 889	0.331 661 + j0.280 619/ 0.334 344 + j0.282 889	0.331 661 + j0.280 619/ 0.334 344 + j0.282 889
6	5.153 32 + j3.826 85/ 5.195 01 + j3.857 81	5.153 32 + j3.826 85/ 5.195 01 + j3.857 81	5.154 36 + j3.827 63/ 5.196 07 + 3.858 6

第七节　输配协同潮流计算

一、功能概述

（一）配电网潮流计算

传统配电网分析方法遇到的挑战：配电网络通常三相不平衡，低压网非全相运行普遍；建模中需要保留开关支路、广义变比支路等零阻抗支路以及长短支路共存，计算中易出现数值问题；配电网络规模数十倍于主电网，会出现计算效率问题。

回路分析法可以充分利用配电网运行无环或少环的特点提高计算效率，且可避免节点分析法存在的导纳阵奇异、中性点电压漂浮等导致的算法收敛性问题。另外，大部分配电网优化决策模型以支路电流作为状态变量，而回路分析法中的状态变量是支路电流和回路电流，故回路分析法具有天然优势。

讨论配电网潮流算法的文献很多，针对配电网的特点已提出了多种形式各异的算法。根据采用的状态变量类型的不同，主要可以划分为面向支路类的算法和面向节点类算法。在 20 世纪 50 年代前，手算潮流时回路分析法应用比较普遍。节点法在电网计算中取得巨大成功后，用回路法求解电网计算的研究相对很少，回路法应用于配电网分析的系统化的研究则更为罕见。实际上，由于配电网处于辐射状或弱环网运行状态，其独立回路数比节点数少得多，所以在配电网计算方面，回路分析法在计算规模上与节点法相比具有其固有优势。

（二）输配协同潮流计算

由于实际电力系统过于庞大，主电网与配电网在电压等级、网络结构及阻抗性质上存在显著差异，人们习惯将电力系统分为主电网和配电网两部分分别研究，忽略了主配电网之间的相互影响。

在我国，网省级调度中心主要管辖 500/220 kV 主电网，地县级调度中心主要管辖 110/66/35/10 kV 等高中压配电网。主电网的控制资源有发电出力、开关、变压器分头和无功补偿等，配电网的控制资源有分布式发电、开关、变压器分头和无功补偿等，目前这两部分的控制资源缺乏有效协调。

为了提高全局电网运行的安全性和经济性，需要对主配电网实施协调优化调度和控制，对各级调度员实施联合培训和反事故演习，这些都需要研究主配一体的全局电网的仿真、分析和优化。

主配一体化潮流计算是全局电网仿真、分析和优化的基础。已有针对含辐射状配电网的全局电力系统，提出了主从分裂法计算全局潮流，并提出了主电网和配电网调度中心的在线分布式计算结构。但是，一些配电网为了保证运行可靠性，采用了环状结构。即使运行时处于辐射状的配电网，当进行负荷转移或者网络重构时，也会出现配电环。因此对含环状配电网的全局潮流计算进行研究是必要的。然而，如果采用已提出的传统主从分裂法求解这一类问题，其收敛性会恶化，甚至不能收敛。

针对这一问题，提出了基于配电网等值的主从分裂法。该方法收敛可靠，支持在线分布式计算，较好地解决了含环状配电网的主配一体化潮流计算问题。首先从全局潮流方程出发，提出了基于配电网等值的主从分裂法的基本思路和原理，讨论了配电网等值对主电网潮流计算的影响，给出了算法的具体实现和讨论，最后通过算例，从局部收敛性的充分条件及迭代次数上验证了结论。

二、配电网潮流技术路线

本书对面向支路的前推、回推法与牛顿法这两种最典型的潮流算法进行了分析研究。利用回路分析法分析了面向支路的前推、回推法的数学本质，指出了该方法处理环网能力差的原因。并且基于回路分析提出了面向回路分析的前推、回推法，该算法保留了面向支路的前推、回推法的优点，而其收敛性随回路的增多反而得到了提高，因此具有很高的计算效率和鲁棒性。

（一）回路分析法基础

如图 3-30 所示的电网，根据电路原理，描述该电网的拓扑结构可以采用节点支路关联矩阵，也可采用道路阵和回路支路关联矩阵描述。采用节点电压作为状态变量和节点支路关联矩阵描述该电网拓扑结构的分析方法称为节点分析法。把回路电流作为状态变量，并利用道路阵和回路支路关联矩阵描述电网拓扑的分析方法称为回路分析法。假设电力网络含有有 n_t 个节点（ $n=n_t-1$ 个独立节点），b 条支路和（ $m=b-n$ ）个独立回路，则其道路矩阵和回路支路关联矩阵定义如下：

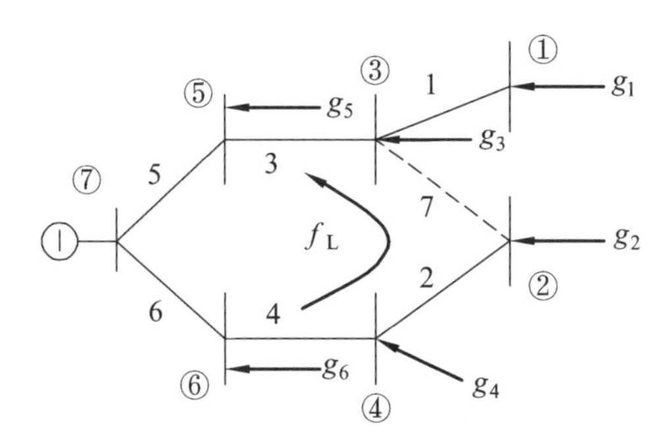

图 3-30　一个简单的配网图

1. 道路矩阵

在回路分析法中，对于一无源网络，当给定一组注入电流 $\boldsymbol{g}$，满足 KCL 的一组支路电流 $\boldsymbol{f}_1$，可以定义道路矩阵 $\boldsymbol{T}$ 来定义 $\boldsymbol{g}$ 和 $\boldsymbol{f}_1$ 之间的关系：

$$\boldsymbol{f}_1 = \boldsymbol{T}^{\mathrm{T}}\boldsymbol{g} \tag{3-21}$$

式中，$\boldsymbol{T}$ 为 $n \times b$ 阶道路支路关联矩阵，简称道路矩阵。当第 j 条支路在第 i 节点到参考点的道路上时 $T_{ij} = \pm 1$，否则为 0。支路与道路同方向时取 +1，反方向时取 −1。

2. 回路支路关联矩阵

回路支路关联矩阵 $\boldsymbol{B}$ 是定义支路和独立回路的关联关系的矩阵。$\boldsymbol{B}$ 矩阵的元素定义如下：

（1）若支路 i 被包含在回路 j 中，则 $B_{ij} = \pm 1$，否则 $B_{ij} = 0$。其中的 ± 表示支路的正方向是否与回路的正方向相同，若相同则为 +1，否则为 −1。

（2）若把树支支路放在前面，则回路支路关联矩阵 $\boldsymbol{B}$ 具有下面的结构：

$$\boldsymbol{B} = \begin{matrix} \text{回} & \text{树支} & \text{连支} \\ \text{路} & [\boldsymbol{B}_t & \boldsymbol{B}_l] \end{matrix} \tag{3-22}$$

式中　$\boldsymbol{B}_t$——$m \times n$ 阶子矩阵，下标 t 表示对应树支的部分；

$\boldsymbol{B}_l$——$m \times m$ 阶子矩阵，下标 l 表示对应连支的部分，对于基本回路，由于每个回路只包含一条连支，故 $\boldsymbol{B}_l$ 是单位矩阵；

m——独立回路数。

3. 回路分析法的基本电路方程

如图 3-31 所示的网络中，所有独立回路可分为两部分：第一部分由不包含电流源支路的网络中的独立回路组成。这部分网络有 n_t 个节点（$n = n_t - 1$ 个独立节点）、b 条支路和 $m = b - n$ 个独立回路，其中 $m \times b$ 阶回路支路关联矩阵用 $\boldsymbol{B}$ 表示；第二部分是第一部分中树支支路（共 n 条）和所有电流源支路组成的网络的独立回路。

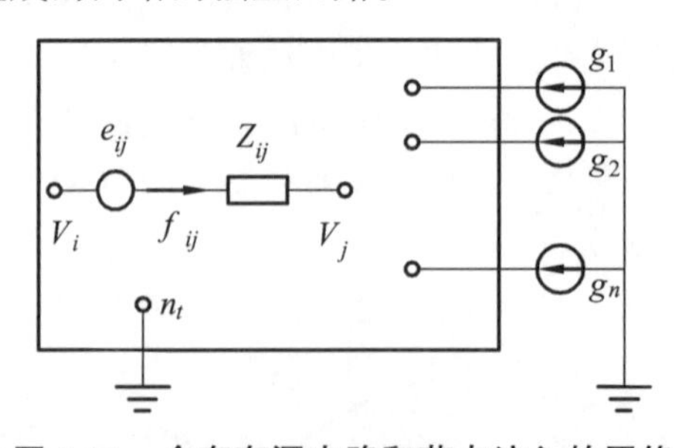

图 3-31　含有有源支路和节点注入的网络

回路支路电流正是回路电压在回路上作用的结果。支路电流是两部分电流的线性叠加，一是打开连支后注入电流在树支上产生的电流，二是断开所有注入电流后由回路电压在回路上产生的电流，如图 3-32 所示。

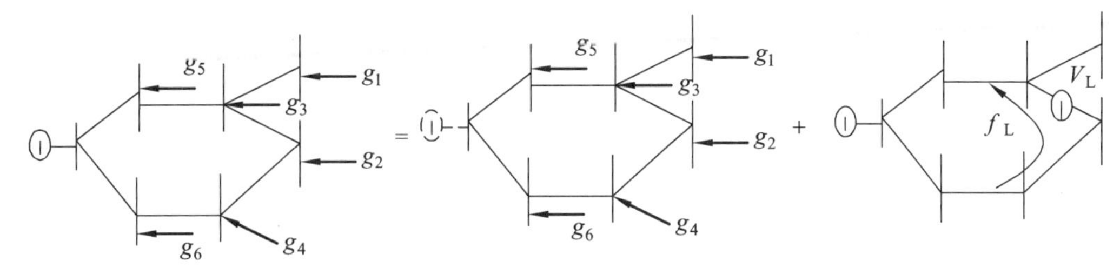

图 3-32　注入支路电流和回路支路电流的叠加

由于在电网中，节点注入的已知量是功率而非电流，而功率和电压的关系是非线性的，所以电网中的潮流求解需要迭代。若系统负荷都是恒流的且已知，则电网的潮流分布可用上面的三个公式一步求出。配电系统中，环网比节点少得多（回路数 $m = b - n$），所以回路法比节点法在计算规模上更具有天然的优势。

（二）配电网的回路分析法

1. 面向支路的前推和回推潮流法

下面简要介绍面向支路的前推和回推潮流法。环网潮流计算中的前推和回推法的基本流程如下：

（1）首先利用馈线根节点的电压，初始化每条馈线的所有节点电压，$k=1$，k 代表迭代的次数。

（2）计算环网分裂点的戴维南等值阻抗阵 $\boldsymbol{Z}_{brk}$。

（3）前推计算：从馈线末端开始，逐层向上计算每个节点的注入电流；从每条馈线的末端向馈线的根节点回推，计算每一条支路的电流。

（4）回推计算：从馈线的根节点的电压开始向馈线末端逐层更新节点电压。

（5）计算环网分裂点的电压差，分裂点的补偿电流：

若每个节点的电压在连续的两次迭代中的电压修正量和环网分裂点的电压差均小于某一域值（本书采用 1e-6），则结束；否则 $k++$，转（3）。

2. 基于回路法的前推和回推潮流法

基于回路法的前推和回推潮流法具有与面向支路的前推、回推潮流法相似的实现形式，但它具有强大的处理环网能力，这一点在后面的算例中可得到很好的验证。

（1）首先利用馈线根节点的电压，初始化每条馈线的所有节点电压。

（2）计算环网回路阻抗阵 $\boldsymbol{Z}_L = \boldsymbol{Z}_{brk}$；

（3）前推计算：

从馈线末端开始，逐层向上计算每个节点的注入电流：

计算注入支路电流 $\boldsymbol{f}_1 = \boldsymbol{T}^{\mathrm{T}}\boldsymbol{g}$，这一步等价于断开连支，做一次纯辐射状电网的回推计算；

计算回路支路电流 $\boldsymbol{f}_2 = \boldsymbol{B}^{\mathrm{T}}\boldsymbol{Z}_L^{-1}\boldsymbol{V}_L$ 和支路电流 $\boldsymbol{f}_b = \boldsymbol{f}_1 + \boldsymbol{f}_2$。

（4）回推计算：从馈线的根节点电压开始向馈线末端逐层更新节点电压。

重复（3）、（4）直到每个节点电压在连续两次迭代中的电压修正量都小于某一域值（本书采用 1e-6）。

3. PV节点的处理

分布式电源在配电系统中逐步得到应用，一些带有AVR装置的发电机节点由于AVR调整的作用，可以保持节点电压幅值的恒定。在潮流计算中，本书采用功率型多口网络算法来处理PV节点。

4. 基于回路法的潮流算法收敛的条件

通过证明，可知导致基于回路法的潮流算法出现收敛性问题的主要原因有两个：一是存在特大容量的电容/电抗器；二是系统恒阻抗或恒功率负荷的负载很重。由于配电系统中充电电容和补偿电容容量较小，负荷也不大，所以该算法具有稳定的线性收敛性。

上述算法实际上是基于回路法的前推、回推法。上述推导说明基于回路法的前推、回推法与牛顿潮流法的区别仅仅是雅可比矩阵的取值不同，在数学上等价于一种定雅可比矩阵牛顿法。基于回路法的前推、回推法隐含了雅可比矩阵，但采用了近似值，这正是其收敛性比牛顿法差的数学本质。但它没有计算量庞大的雅可比矩阵的因子分解过程，每步迭代的计算量很小，总的计算速度非常快且实现简单，所以它不失为一种优秀且高效的配电潮流算法。

（三）实际算例分析

以一个124条馈线系统为例，智能分析决策采用该章的潮流算法，基于相同的模型和数据，采用OpenDSS进行计算，得到结果对比如表3-6所示。

表3-6 基于实际模型与OpenDSS的对比测试

馈线	类别	智能分析决策系统	OpenDss
馈线Ⅰ	A相电压	6.06∠0°	6.06∠0°
	B相电压	6.06∠－120°	6.06∠－120°
	C相电压	6.06∠120°	6.06∠120°
	A相出力	429.545＋j198.194	429.549＋j198.200
	B相出力	427.635＋j197.047	427.640＋j197.052
	C相出力	427.074＋j195.673	427.079＋j195.678
馈线Ⅱ	A相电压	6.06∠0°	6.06∠0°
	B相电压	6.06∠－120°	6.06∠－120°
	C相电压	6.06∠120°	6.06∠120°
	A相出力	199.714＋j51.0498	199.715＋j51.0501
	B相出力	200.482＋j51.7879	200.483＋j51.7882
	C相出力	199.251＋j51.4489	199.251＋j51.4492
馈线III	A相电压	6.06∠0°	6.06∠0°
	B相电压	6.06∠－120°	6.06∠－120°
	C相电压	6.06∠120°	6.06∠120°

续表

馈线	类别	智能分析决策系统	OpenDss
馈线 III	A 相出力	907.643　540.303	907.638　540.311
	B 相出力	912.004　544.636	911.999　544.644
	C 相出力	911.561　542.588	911.556　542.596
馈线 IV	A 相电压	6.06∠0°	6.06∠0°
	B 相电压	6.06∠－120°	6.06∠－120°
	C 相电压	6.06∠120°	6.06∠120°
	A 相出力	305.439　163.15	305.441　163.153
	B 相出力	307.218　163.433	307.22　163.435
	C 相出力	304.822　163.666	304.824　163.669
馈线 V	A 相电压	6.06∠0°	6.06∠0°
	B 相电压	6.06∠－120°	6.06∠－120°
	C 相电压	6.06∠120°	6.06∠120°
	A 相出力	198.434　118.314	198.436　118.316
	B 相出力	198.816　118.254	198.817　118.256
	C 相出力	201.409　117.647	201.411　117.649

从表 3-6 可以看出，二者的计算结果高度一致，之所以有较小的差别，是因为 OpenDSS 设置了馈线根节点电源的内阻。

三、输配协调潮流技术路线

（一）主从分裂法

设主电网节点复电压为 $\dot{V}_{M}$，配电网节点复电压为 $\dot{V}_{S}$，主配网之间通过边界节点联系，边界节点复电压为 $\dot{V}_{B}$，则全局潮流计算可归结为如下非线性代数方程组的求解问题：

$$\begin{cases}\dot{S}_{M}(\dot{V}_{M},\dot{V}_{B})=0\\ \dot{S}_{B}(\dot{V}_{M},\dot{V}_{B},\dot{V}_{S})=0\\ \dot{S}_{S}(\dot{V}_{B},\dot{V}_{S})=0\end{cases} \tag{3-23}$$

则方程组（3-23）可被分裂为：

$$\begin{cases}\dot{S}_{M}(V_{M})-\dot{S}_{MM}(\dot{V}_{M})-\dot{S}_{MB}(\dot{V}_{M},\dot{V}_{B})=0\\ \dot{S}_{B}(V_{B})-\dot{S}_{BM}(\dot{V}_{M},\dot{V}_{B})-\dot{S}_{BB}(\dot{V}_{B})=\dot{S}_{BS}(\dot{V}_{B},\dot{V}_{S})\end{cases} \tag{3-24}$$

$$-[\dot{S}_{S}(V_{S})-\dot{S}_{SS}(\dot{V}_{S})]=\dot{S}_{BS}(\dot{V}_{B},\dot{V}_{S}) \tag{3-25}$$

式（3-23）为主电潮流方程，式（3-24）、（3-25）为配电潮流方程。将由边界节点向配

电网注入的复功率 $\dot{S}_{BS}$ 作为主从分裂迭代中间变量。

根据边界系统电压 $\dot{V}_B^{(k)}$，求解配电潮流方程（3-25），得配电系统电压 $\dot{V}_S^{(k+1)}$，并由 $\dot{V}_B^{(k)}$ 和 $\dot{V}_S^{(k+1)}$，计算配电网注入功率 $\dot{S}_{BS}^{(k+1)}$；

由配网注入功率 $\dot{S}_{BS}^{(k+1)}$，求解输电潮流方程（3-24），得输电系统电压矢量 $\left[\dot{V}_M^{(k+1)} \quad \dot{V}_B^{(k+1)}\right]^T$；

判断相邻两次迭代间各边界节点复电压差的模的最大值 $\max\left|\dot{V}_B^{(k+1)}-\dot{V}_B^{(k)}\right|$ 是否小于给定收敛指标，若是，全局潮流迭代收敛；否则 $k=k+1$，转（3-24）和（3-25）。

上述主从全局电力系统的分裂示意如图 3-33 所示，其中输电系统是主系统，配电系统是从系统。

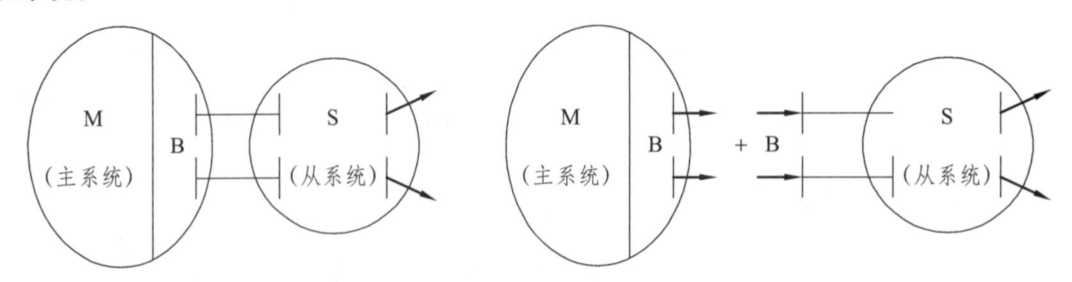

图 3-33　主从全局电力系统的分裂示意图

根据主从分裂法的收敛性理论，上述主从分裂法若有良好的收敛性，要求：

（1）在主电网中，边界节点电压随配电网注入功率变化较小。

（2）在配电网中，边界注入功率随根节点电压变化较小。

对于配电网馈线之间有环的结构，由于存在与根节点电压密切相关的循环功率，上述第 2 个要求难以满足，使这种传统的主从分裂法在求解含环状配电网的全局潮流时收敛性恶化，甚至不能收敛，详见下面的算例。

为了解决该问题，将式（3-24）改写为：

$$\begin{cases}\dot{S}_M(V_M)-\dot{S}_{MM}(\dot{V}_M)-\dot{S}_{MB}(\dot{V}_M,\dot{V}_B)=0\\ \dot{S}_B(V_B)-\dot{S}_{BM}(\dot{V}_M,\dot{V}_B)-\dot{S}_{BB}(\dot{V}_B)-\Delta\dot{S}_B(\dot{V}_B)=\dot{S}'_{BS}(\dot{V}_B,\dot{V}_S)\end{cases} \tag{3-26}$$

$$-[\dot{S}_S(V_S)-\dot{S}_{SS}(\dot{V}_S)]-\Delta\dot{S}_B(\dot{V}_B)=\dot{S}'_{BS}(\dot{V}_B,\dot{V}_S) \tag{3-27}$$

式（3-26）和（3-27）中引入的 $\Delta\dot{S}_B$ 称为边界虚拟功率，$\dot{S}'_{BS}=\dot{S}_{BS}-\Delta\dot{S}_B$ 为新的主从分裂迭代中间变量。与式（3-24）（3-25）相比，式（3-26）、（3-27）只是将全局电力系统分裂成不同的主从系统。当配电网含环时，如何适当地构造边界虚拟功率 $\Delta\dot{S}_B$，使新的主从分裂迭代中间变量 $\dot{S}'_{BS}$ 满足 $\left\|\frac{\partial\dot{S}'_{BS}}{\partial\dot{V}_B}\right\|$ 较小的要求，则主从分裂法的收敛性有望得到改善。因此，如何构造边界虚拟功率成为关键问题，本节为了构造适用的边界虚拟功率借助于配电网等值。

（二）基于配电网等值的主从分裂法

如图 3-34 所示给出了基于配电网等值的主从分裂法的示意图，与图 3-33 形成了对照。其物理意义是：在新的主从分裂迭代中，配电等值网并入了主电网，形成了新的输电主系统，同时在配电网中去掉了等值网，形成了新的配电子系统，新的配电子系统相当于辐射状配电子系统。

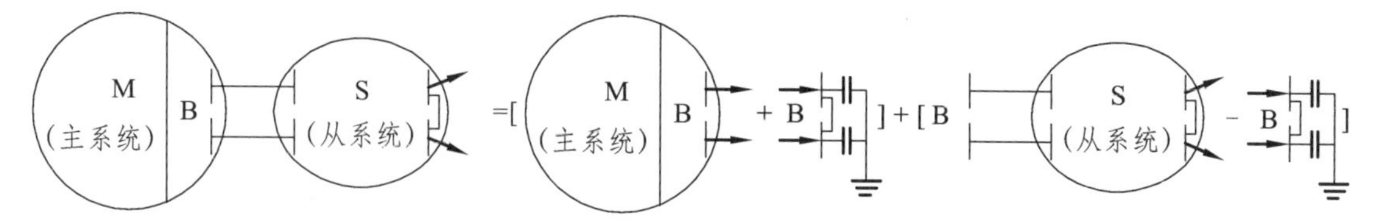

图 3-34　基于配电网等值的主从分裂示意图

进一步推广到含有 k 条馈线并有复杂环路的配电网。保留 k 个馈线根节点，对配网导纳阵进行高斯消去，得到配网等值导纳阵 $\boldsymbol{Y}_{\mathrm{d}}^{\mathrm{eq}}$，其非对角元的负数即为馈线间环路导纳。

（三）配电网等值对主电网的影响

1. 主电网导纳阵修正

在全局潮流计算中，当配电网馈线间含环时，需要将配电网等值支路计及主电网中，因此，此时的主电网不再是原有的主电网，而是增加了相关配电网等值支路的主电网。

最终，修正作用体现在主电网导纳矩阵上，对相应的边界节点（主电网的负荷节点）的自导纳和互导纳元素进行修改；导纳矩阵一旦形成，在全局潮流计算过程中便固定不变。

2. 快速分解法

如果主电网潮流计算采用的是快速分解法（FDLF），考虑到配电网中的 r/x 可能较大，其等值支路的 r/x 也可能较大，将这些等值支路直接计及主电网，有可能影响到主电网 FDLF 法的收敛性。为了解决该问题，可根据需要，改变等值支路的阻抗角，即可在全局潮流收敛性影响不大的前提下，改善主电网 FDLF 法的收敛性。

3. 算法步骤

（1）根据前述分析，可得到含环配电网的全局潮流主从分裂算法的具体实现步骤。

（2）保留配电网根节点，进行高斯消去，形成配电网的等值导纳阵 $\boldsymbol{Y}_{\mathrm{d}}^{\mathrm{eq}}$，及计及配电网等值支路的主电网导纳矩阵。

（3）初始化边界节点电压 $\dot{V}_{\mathrm{B}}^{(k)}$，$k=0$。

（4）给定边界节点电压 $\dot{V}_{\mathrm{B}}^{(k)}$，求解配电网潮流方程，得到根节点注入功率 $\dot{S}_{\mathrm{BS}}^{(k+1)}$。

（5）计算主从分裂迭代中间变量 $\dot{S}_{\mathrm{BS}}^{\prime(k+1)}$。

（6）给定 $\dot{S}_{\mathrm{BS}}^{\prime(k+1)}$，求解计及配电网等值的主电网潮流方程，得到新一轮的边界节点电压 $\dot{V}_{\mathrm{B}}^{(k+1)}$，$k=k+1$。

反复进行（3）～（5）步的迭代过程，直至 $\max\left|\dot{V}_{\mathrm{B}}^{(k+1)}-\dot{V}_{\mathrm{B}}^{(k)}\right|<\varepsilon$，全局潮流收敛。

4. 算法讨论

针对计及配电网等值的主从分裂法的特点，讨论如下：

（1）收敛性：新的主从分裂迭代中间变量仅含配网实际注入功率中的负荷功率分量，区别于循环功率，其随根节点电压变化而变化不大，因此，等值后的主从分裂潮流计算的收敛性具有保障性。

（2）灵活性：可根据不同算法的需要，调整并入主电网的配电等值阻抗，例如，可调节阻抗角以满足主电网 FDLF 法收敛的要求。

（3）简便性：在实际应用中，为了便于实现，考虑到影响收敛性最显著的是配电网环路上的循环功率，因此，可只考虑将等值网的环路导纳计及主电网中，而等值并联支路可继续保留在配电网中。由于环状配电网一般都是弱环结构，等值环路阻抗往往是配电环路支路阻抗之和，可直接求和获得。

（4）对于在线分布式计算的支持：在主配一体化潮流的在线分布式计算中，主网潮流计算向配网潮流计算传送边界节点复电压 $\dot{V}_{\mathrm{B}}$，而各配网潮流计算则需向主网潮流计算传送根节点注入功率 $\dot{S}_{\mathrm{BS}}$，主从分裂迭代中间变量 $\dot{S}'_{\mathrm{BS}}$ 在主网潮流计算统一完成计算。此外，含环的配网潮流计算还需向主网潮流计算传送等值环路支路的导纳，由于配电网一般是弱环状的，因此传送数据量很少，且只需在配电网环路结构发生变化时才传送新的等值导纳，在潮流迭代计算中无需传送，通信量很小，适于在线分布式计算。

（5）可推广性：如果选取的分裂节点并不是主电网和配电网的连接节点，而是主电网或配电网内部节点，则可以对主电网或配电网内部进行分裂潮流计算，因此不局限于主配电间的分解协调潮流计算。

（6）普适性：分裂迭代法是得到广泛应用的一大类方法，而分裂的方法和原则常根据特定领域的惯例或物理意义确定，但这样部分情况下并不能保证好的收敛性。这时便可寻找一个合适的虚拟函数改变分裂方法，从物理上看，这往往意味着某个量的转移或是某种等值，从而改变分裂迭代法的分裂方式，这种改善收敛性的方法具有一定的普适性。

（四）算例分析

为了验证全局潮流计算的收敛性，选用了 5A、30D、118D 三个全局算例系统进行验证。其中，30D 系统意为主电网选用 IEEE 30 节点系统，配电网选用配电网 D。

主网与配电潮流可分别采取不同的算法进行。这里主电潮流采用 N-R 法，环状配电潮流采用补偿法。全局潮流、主电潮流和配电潮流的收敛精度均取 0.000 1p.u.，迭代采用平启动。

1. 5A 系统

在表 3-7 中，N_{MS}、N_{T}、N_{D} 分别表示主从分裂迭代次数、主电网子迭代总次数、配电网各馈线子迭代总次数。

由表 3-7 可知，对 5A 系统，等值后的全局潮流计算均可靠收敛。而对含环配电网，传统主从分裂法发散。

虽然本算例在等值前的 r 远大于等值后的 r，但仍满足主从分裂局部收敛性条件的（$r<1$）。该算例的发散原因是迭代过程中主电网潮流子问题出现了发散，导致全局潮流得不到计算结果。

表 3-7　5A 系统计算结果

CB	等值前			等值后		
	N_{MS}	N_T	N_D	N_{MS}	N_T	N_D
辐射网	3	11	(4，7，6)	3	11	(4，7，6)
5to11	发散	发散	发散	4	16	(8，8，8)
10to14	发散	发散	发散	6	23	(12，15，12)
7to16	发散	发散	发散	5	21	(10，11，10)
5to11，10to14	发散	发散	发散	6	25	(13，16，12)

2. 30D 系统

由表 3-8 可知，对含环配电网，传统主从分裂法要么迭代多次，要么不收敛。表 3-8 中发散的 3 种情形，r 值都大于 1，说明收敛性确实无法得到保障。而等值后则可靠收敛。特别是对于最后一种有 3 条环路的情形，等值后的主从迭代 7 次即可收敛，对应的 r 值也远小于 1，而实际配电网都是弱环，因此迭代收敛性是有保障的。

表 3-8　30D 系统计算结果

CB	等值前			等值后		
	N_{MS}	N_T	N_D	N_{MS}	N_T	N_D
辐射网	2	8	(4，4，4，5，4，4)	2	8	(4，4，4，5，4，4)
3to14	发散	发散	发散	3	11	(6，6，5，7，6，5)
7to9	10	52	(22，22，31，24，23，22)	4	13	(7，7，7，9，8，8)
15to20，14to19	发散	发散	发散	5	17	(9，11，11，13，11，9)
26to36，25to31，9to22	发散	发散	发散	7	27	(14，14，15，19，14，14)

第八节　输配协同网络重构

一、功能概述

配电网重构的主要目的是通过改变馈线开关的状态来变换网络结构，从而优化网络的运行参数。一般来说，配电网网络重构可以采用如下目标：

（1）降低系统网损；

（2）提高负载平衡度；

（3）提高系统可靠性；

（4）提高电压稳定裕度；

（5）故障恢复。

由于前四个目标实际上是相关的，大多数研究选择其中一个或若干个选项作为优化目标。

输配协同网络重构以输配协同潮流历史数据为基础，从中自动发现不同运行方式下配电网负荷分布的精细规律，结合配电网运行特性分析的结果，形成配网运行特征的多级精准画像。为优化调控奠定基础，将配电网精准负荷画像情况与运行中存在的重过载、低电压和高线损进行对照，提供可供选择的运行方式：一是采用配电网网络重构和转供路径选择技术，实现配电网优化运行方案选择；二是采取常规的多种调整方案，对调整后的配网运行状态按多维度评价打分法打分，可采用启发式算法找出最优和次优解等再进行比较，从而选择出最优设备控制方案。多级优化控制可借助负荷画像来提供更为精准的调控。最终，实现各种运行方案的模拟计算，展示优选运行方案的中间过程和执行结果，对优选方案进行量化评估。

二、配电网网络重构优化模型

（一）目标函数

配电网网络重构可以针对不同的优化目标：

$$\min \sum I_{ij}^2 R_{ij} \tag{3-28}$$

$$\min \sum \left(I_{ij} / \overline{I}_{ij}\right)^2 \tag{3-29}$$

$$\max \sum_{i \in \Phi_{\text{out}}} \sum_{j \in i} d_{ij} P_{ij,i} \tag{3-30}$$

式（3-28）是网损最小的目标，I_{ij} 为支路 i-j 的电流，R_{ij} 为线路电阻；式（3-29）是负荷均衡目标，$\overline{I}_{ij}$ 为支路 i-j 的电流上限；式（3-30）是故障后恢复失电负荷（有功）最大的目标，Φ_{out} 为故障后失电区域的节点集合，$j \in i$ 表示与节点 i 直接相连的节点 j 的集合，d_{ij} 为取值为 1 或 −1 的代表方向的已知量，$P_{ij,i}$ 为支路 i-j 靠近 i 节点的支路有功功率。

此外，网络重构优化目标可能还会包括尽可能少地进行支路开闭操作，可表示如下：

$$\sum_{x_{ij}^0=0} \left(x_{ij} - x_{ij}^0\right) + \sum_{x_{ij}^0=1} \left(x_{ij}^0 - x_{ij}\right) \tag{3-31}$$

式（3-31）中，x_{ij} 为支路 i-j 开闭状态变量：0 表示断开，1 表示闭合；x_{ij}^0 为配电网初始状态中支路 i-j 开闭状态，是已知量。

式（3-31）往往与式（3-28）~（3-30）中的某个优化目标共同成为多目标模型，或作为操作个数限制出现在约束条件中。

（二）约束条件

保持配电网辐射状运行的必要条件：

$$\begin{cases} x_{ij} \in \{0,1\} \\ \sum x_{ij} = N_{\text{node}} - N_{\text{root}} \\ i, j \in \Phi_{\text{all}} \end{cases} \tag{3-32}$$

式（3-32）中 x_{ij} 为支路 i-j 开闭状态变量，其代表开断和闭合的 0、1 值体现了整个配电网的重构能力；N_{node} 是系统中所有节点的个数，N_{root} 是系统中根节点（馈线）个数，闭合支路的个数、总节点个数与根节点个数之间的关系是配电网网络呈辐射状运行的必要条件，之所以只是必要条件，是因为它不能限制网络中环和孤岛的同时出现。为了使网络连通（无孤岛）且呈辐射状，需要加入功率平衡条件：

$$\begin{cases}\sum\limits_{j\in i} d_{ij}x_{ij}P_{ij,i}=L_{P,i}^{0}\\ \sum\limits_{j\in i} d_{ij}x_{ij}Q_{ij,i}=L_{Q,i}^{0}\\ d_{ij}=-d_{ji},\ d_{ij}\in\{1,-1\}\end{cases} \tag{3-33}$$

式（3-33）给出了节点有功与无功功率平衡约束，其中方向变量 d_{ij} 为已知变量，可在模型计算前任意指定每个支路的正方向；$L_{P,i}^{0}$ 和 $L_{Q,i}^{0}$ 分别为节点负荷的有功与无功功率；带负荷的节点其功率平衡方程能保证连通性，然而对于负荷为 0 的节点（例如支接点等），需要对其做以下假设：

$$\begin{cases}L_{P,i}^{0}=\varepsilon\\ i\in\Phi_{\text{nil}}\end{cases} \tag{3-34}$$

式（3-34）中，ε 为足够小的正数，而 Φ_{nil} 代表 0 负荷节点集合。上两式共同组成了保证网络连通的功率平衡约束，又与式（3-32）一同成为网络辐射状运行的充分必要条件。

配电网中支路潮流有一定限制，还应满足支路热稳定约束：

$$\begin{cases}P_{ij,i}^{2}+Q_{ij,i}^{2}\leqslant \bar{S}_{ij}^{2}\\ P_{ij,j}^{2}+Q_{ij,j}^{2}\leqslant \bar{S}_{ij}^{2}\end{cases} \tag{3-35}$$

其中 $\bar{S}_{ij}^{2}$ 为支路 i-j 的潮流上限。

在式（3-33）中，有 01 变量 x_{ij} 与功率的连续变量相乘的形式，不同变量乘积的这种非线性形式在优化模型中难以求解，为了将这种不易求解的形式转换为易求解形式，做如下改进：

$$\begin{cases}\sum\limits_{j\in i} d_{ij}P_{ij,i}=L_{P,i}^{0}\\ \sum\limits_{j\in i} d_{ij}Q_{ij,i}=L_{Q,i}^{0}\\ d_{ij}=-d_{ji},\ d_{ij}\in\{1,-1\}\end{cases} \tag{3-36}$$

$$\begin{cases}P_{ij,i}^{2}+Q_{ij,i}^{2}\leqslant x_{ij}\bar{S}_{ij}^{2}\\ P_{ij,j}^{2}+Q_{ij,j}^{2}\leqslant x_{ij}\bar{S}_{ij}^{2}\end{cases} \tag{3-37}$$

上式虽然有功率平方这个非线性形式存在，但却是一种可以求解的凸表达式形式。

由以上改进可以看出，式（3-36）中的有功平衡约束等号左边已由式（3-33）中的 $d_{ij}x_{ij}P_{ij,i}$ 变为了 $d_{ij}P_{ij,i}$ 的线性形式（d_{ij} 为已知参数），同理于无功约束；为了限制开断支路上的功变量值为 0，需要将约束式（3-35）改进为式（3-37）：当支路 i-j 开断时支路有功与无功变量必须为 0，其中 $x_{ij}\overline{S}_{ij}^2$ 也是线性形式，因为 $\overline{S}_{ij}^2$ 为已知参数。

由此可将节点功率平衡约束式（3-33）由式中难以求解的非线性形式，严格转化为式（3-35）中易求解的线性形式。

三、基于精准负荷画像的启发式控制方法

线路重过载包括变电站 10 kV 出线重过载和配网馈线段重过载。变电站 10 kV 出线重载即线路负载电流达到 70%的 CT 额定值 1 h 及以上，过载即线路负载电流超过 CT 额定值；配网馈线段重载即该段线路的负载电流达到 70%的额定载流量 1 h 及以上，过载即负载电流大于该段线路额定载流量。

线路供电半径不合理、线径较小、负荷较为集中、用电负荷较大等均会引起线路重过载，会影响线路的供电能力。可定位线路重过载区段，结合网络结构进行负荷画像，进行分类解决，如可调整其所在配网线路结构或负荷分配改善重过载问题。

第九节　输配协同负荷分析、辨识与预测

一、负荷预测的意义

负荷预测是提高电网调度运行水平的重要环节，也是制定电网调度运行方式、计算线路输送能力和确保电网安全可靠经济运行的重要依据。负荷预测按时间维度可分为中长期负荷预测、短期负荷预测和超短期负荷预测，各类型的负荷预测对多个电力系统部门起着重要作用。

中长期负荷预测是指月度与年度的负荷预测，它是开展电网规划工作的基础和依据，其预测结果的准确程度与电力系统规划的科学性密切相关。短期负荷预测主要用于预报未来几小时、一天甚至几天的电力负荷。短期负荷预测直接关系到电力系统控制过程的好坏，通过电力系统过程又影响到系统的安全性和可靠性,它是电力系统规划和运行中极其重要的部分。超短期负荷预测是指预测未来 10 min 至 1 h 内负荷的变化，主要用于 AGC 调频、超短期机组出力控制、安全监视、指导调度员控制联络线交换功率在规定范围、预防控制和紧急状态处理、电力市场小时交易计划软件编制。

提高负荷预测的精度是十分有必要的。首先，负荷预测的精度上升有利于提升对大电网的驾驭能力，提高电网的安全运行水平；其次，有利于提高电网调度的精细化水平，提高电

网运行的节能性和经济性；最后，高精度的负荷预测结果可为调度部门应对电力市场改革提供重要支撑。

二、负荷预测的步骤

电力系统负荷预测的实现是在确定分析对象和获取数据之后，进行负荷的分析、辨识和预测，主要步骤如下：

（1）预测目标和预测内容的确定。不同级别的电网对预测内容的详尽程度有不同的要求，同一地区在不同时期对预测内容的要求也不尽相同，因此要首先确定合理、可行的预测内容。

（2）相关历史资料的收集。根据预测内容的具体要求，广泛搜集所需的有关资料。资料的收集应当尽可能全面、系统、连贯、准确。除了电力系统负荷数据以外，还应收集经济、天气等影响负荷变化的一些因素的历史数据。

（3）基础资料的分析。在对大量的资料进行全面分析之后，选择其中有代表性的、真实程度和可用程度高的有关资料作为预测的基础资料。对基础资料进行必要的分析和整理，对资料中的异常数据进行分析，做出取舍或修正。

（4）电力系统相关因素数据的预测或获取。电力系统不是孤立的系统，它受到经济发展、天气变化等因素的影响，可以从相关部门获取其对相关因素未来变化规律的预测结果，作为电力系统负荷预测的基础数据。

（5）预测模型和方法的选择和取舍。根据所确定的预测内容，考虑本地区实际情况和资料的可利用程度，选择适当的预测模型。如果具有一个庞大的预测方法库，则需要适当判断，进行模型的取舍。

（6）建模。对预测对象进行客观且详细的分析，根据历史数据的发展情况，考虑本地区实际情况和资料的可利用程度，根据所确定的模型集，选择建立合理的数学模型。

（7）数据预处理。如果有必要，可以按所选择的数学模型，用合理的方法对实际数据进行预处理。这个步骤在某些预测模型中是必要的，例如灰色预测中的“生成”处理，还有一些模型中需要对历史数据进行平滑处理。

（8）模型参数辨识。预测模型一旦建立，即可根据实际数据求取模型的参数。

（9）评价模型，检验模型显著性。根据假设检验原理，判定模型是否合适。如果模型不够合适，则舍弃该模型，更换另外的预测模型，重新进行步骤（6）~（8）。

（10）应用模型进行预测。根据所确定的模型以及所求取的模型参数，对未来时段的行为做出预测。

（11）预测结果的综合分析与评价。选择多种预测模型进行上述预测过程，然后对多种方法的预测结果进行比较和综合分析，判定各种方法预测结果的优劣程度，并对多种方法的预测结果进行比较和综合分析，实现综合预测模型。

三、负荷特性分析与预测结果评估

（一）负荷特性分析

充分收集基础资料，是进行电力负荷预测的前提。负荷预测模型是对负荷特性的描述，收集负荷数据，进行负荷特性分析，是负荷预测必要的准备工作。目前负荷特性分析的主要方法如下：

（1）负荷曲线分析法：将负荷特性进行图表化研究分析，包括年、月、日的负荷指标分析等。该方法可以最直观地体现一个地区的负荷信息。

（2）专家经验法、相关性分析法：主要依靠专家的实践负荷特性分析经验或通过负荷特性指标数据间的相关性分析确定负荷特性曲线的一个大致变化趋势，包括分析经济、气象、时间等影响因素对负荷的大致影响趋势。

（3）回归分析法、时间序列法、主成分分析法、因子分析法与灰色模型法等：根据已有的负荷特性相关历史数据及相应的影响负荷变化的外部因素建立不同的分析模型，来分析及预测负荷特性。

（4）人工神经网络、小波分析法及模糊理论法等人工智能分析方法：依据人工智能分析方法强大的数据处理能力、复杂映射能力、记忆能力及容错能力，使之能在处理各种不确定因素时具有较大的优势。

（二）负荷预测评估

负荷预测的评估方法主要有系统负荷预测评估和母线负荷预测评估。

1. 系统负荷预测评估体系

参考《国家电网调度负荷预测管理与考核办法》，制定系统负荷预测与母线负荷预测结果评估体系，准确性指标包括：

（1）年、月、周、日最大、最小负荷预测准确率；

（2）日最大、最小负荷预测月平均准确率；

（3）96点负荷预测准确率；

（4）96点负荷预测年、月平均准确率；

（5）周最大负荷预测月平均准确率；

（6）月最大负荷预测年平均准确率；

（7）年分月平均最小负荷预测平均准确率；

（8）年、月电量预测准确率；

（9）年分月电量预测年平均准确率。

2. 母线负荷预测评估体系

参考《南方电网调度负荷预测管理与考核办法》，制定系统负荷预测与母线负荷预测结果评估体系，准确性指标包括：

（1）日母线负荷预测准确率；
（2）日母线负荷预测合格率；
（3）日母线负荷预测数据完整率；
（4）月（年）度平均日母线负荷预测准确率；
（5）月（年）度平均日母线负荷预测合格率；
（6）月（年）度平均日母线负荷预测数据完整率。

四、负荷分类辨识

首先从需求侧响应的角度对负荷特性指标进行归结和分类研究，然后分析研究不同行业负荷特点，最后从数据挖掘的角度研究用户负荷行业分类辨识方法，以实现用户行为模式和需求侧响应特性的有效识别，并为进一步研究需求侧响应潜力精细化评估提供依据。

（一）负荷特性指标分类

负荷特性指标数量多，涉及日、月、季、年等不同时间段，有的是数值型；有的是曲线类；有的是反映负荷特性总体状况的，用于进行国内外和各地区横向比较；有的是在电力系统规划设计中用于进行分析计算的。然而到目前为止，尚未有一个统一的分类方式和规范的指标体系，造成在实际应用中，选用的指标不一致，难以进行对比分析，易造成指标混淆，带来错误和偏差。因此，结合实际数据和实用性，从需求侧响应研究的角度对负荷特性指标进行归结和分类，如表 3-9 所示。

负荷特性分析过程中，一般将负荷特性指标分为日负荷特性指标、周负荷特性指标、月负荷特性指标、年（季）负荷特性指标，其中周负荷特性指标用的较少。下面详细介绍各指标的定义及其在实际工程分析中的应用。

表 3-9　需求侧响应视角下负荷特性指标归结分类结果

描述类指标	比较类指标	曲线类指标
负荷性质 日最大（小）负荷 日平均负荷 日峰谷差 月最大（小）负荷 月平均日负荷 年最大（小）负荷 年最大峰谷差	工业/农业/商业/居民 日负荷率 日最小负荷率 日峰谷差率 月平均日负荷率 月负荷率 月最小负荷率 年平均日负荷率 年平均月负荷率 季负荷率 年最大峰谷差率 年负荷率 年最大负荷利用小时	日负荷曲线 年负荷曲线

1. 日负荷特性指标

（1）（典型日）日最大（小）负荷：典型日记录的负荷中，数值最大（小）的一个。记录时间间隔可以为小时、半小时、15 min 或瞬时。典型日一般选取最大负荷日，也可选最大峰谷差日，还可根据各地区的情况选不同季节的某一代表日。

（2）日平均负荷：日电量除以 24 或者每日所有负荷点的平均值。

（3）（典型）日负荷曲线：（典型日）按一天中逐小时（半小时，15 min）负荷变化绘制的曲线。

（4）日负荷率（γ）：日平均负荷与日最大负荷的比值，即$\gamma=P_{\text{d.av}}/P_{\text{d.max}}$。其中，$P_{\text{d.av}}$为日平均负荷，$P_{\text{d.max}}$为日最大负荷。该指标用于描述日负荷曲线特性，表征一天中负荷分布的不均衡性，较高的负荷率有利于电力系统的经济运行。

（5）日最小负荷率（β）：日最小负荷与日最大负荷的比值，即$\beta=P_{\text{d.min}}/P_{\text{d.max}}$。其中，$P_{\text{d.min}}$为日最小负荷，$P_{\text{d.max}}$为日最大负荷。

日负荷率和日最小负荷率的数值大小与用户的性质和类别、组成、生产班次及系统内的各类用电（生活用电、动力用电、工艺用电）所占的比重有关，还与调整负荷的措施有关。随着电力系统的发展，用户构成、用电方式及工艺特点可能发生变化，各类用户所占的比重也可能发生变化。因此，日负荷率和日最小负荷率也会发生变化，准确把握其变化趋势，可以为错峰限电，实施峰谷电价提供有利依据。

（6）日峰谷差：日最大负荷与日最小负荷之差。峰谷差的大小直接反映了电网所需要的调峰能力。峰谷差主要用于安排调峰措施、调整负荷及电源规划的研究。

（7）日峰谷差率：日峰谷差与日最大负荷的比值。

2. 月负荷特性指标

（1）月最大（小）负荷：每月最大（小）负荷日的最大（小）负荷。

（2）月平均日负荷：每月日平均负荷的平均值。

（3）月平均日负荷率：每月日负荷率的平均值。

（4）月最小负荷率：每月日最小负荷率的最小值。

（5）月负荷率（σ）：又称月不均衡系数，月平均负荷与月最大负荷日平均负荷的比值。该指标是研究电量在月内分布的重要指标，主要与用电构成、季节性变化及节假日有关。近年来随着空调负荷比重的增加，年内各月月不均衡系数出现明显变化，尤其是夏季月不均衡系数出现明显下降，准确把握年内各月月不均衡系数的变化趋势，对于准确反映未来各月电力电量平衡状况具有重要意义。

3. 年负荷特性指标

（1）年最大（小）负荷：全年各月最大（小）负荷的最大（小）值。

（2）年最大峰谷差：全年各日峰谷差的最大值。

（3）年最大峰谷差率：全年各日峰谷差率的最大值。

（4）年负荷曲线：按全年逐月最大负荷绘制的曲线。

（5）年平均日负荷率（$\bar{\gamma}$）：一年内日负荷的平均反映，主要反映了第三产业负荷的影响，但并不是所有日负荷率的平均值，而是全年各月最大负荷日的平均负荷之和与各月最大负荷日最大负荷之和的比值。

（6）年平均月负荷率（$\bar{\sigma}$）：一年内12个月各月平均负荷之和与各月最大负荷日平均负荷之和的比值。

（7）季负荷率（ρ）：又称季不平衡系数，一年内12个月各月最大负荷日的最大负荷之和的平均值与年最大负荷的比值。它反映用电负荷的季节性变化，包括用电设备的季节性配置、设备的年度大修及负荷的年增长等因素造成的影响。

（8）年负荷率（δ）：年平均负荷与年最大负荷的比值，也可采用如下计算公式：

$$\delta = \bar{\gamma} \times \bar{\sigma} \times \rho \tag{3-38}$$

（9）年最大负荷利用小时数（T）：该指标与各产业用电所占的比重有关。采用如下计算公式：

$$T = \frac{\text{年用电量}}{\text{年最大负荷}} = 8\,760 \times \text{年负荷率} \tag{3-39}$$

一般来讲，电力系统中重工业用电占较大比重的地区，年最大负荷利用小时数较高；而第三产业用电和居民生活用电占较大比重的地区，年最大负荷利用小时数较低。

（二）不同行业负荷特点

现阶段我国在电力规划及电力工业统计中常把我国的电力负荷按负荷行业分成几种典型负荷：农业负荷、工业负荷、商业负荷、市政与居民生活负荷。这四类行业负荷的特点各异，各个行业负荷都具有不同的变化规律，日负荷则为这四种负荷交合而成。

1. 农业负荷特点

由于农村生产与工业生产的条件不同，农业负荷与工业负荷的特点有明显的区别。我国农村负荷具有季节性强、年最大利用小时数低、负荷密度小、功率因素低、负荷结构变化大、负荷增长迅速的特点。

2. 工业负荷特点分析

工业是国家最大的电力消耗行业，工业负荷主要包括以下几个主要方面：煤炭工业负荷、钢铁工业负荷、铝工业负荷、石油工业负荷、机械制造工业负荷、建筑材料工业负荷、轻工业负荷、化学工业负荷等。工业负荷有两大特点：一是工业负荷量大；二是工业负荷比较稳定。但在工业内部的各行业之间，这两大特点又是不平衡的。

3. 商业负荷特点分析

商业负荷主要表现在大型商厦、高级写字楼及宾馆等的负荷。

（1）大型商厦及高级写字楼的负荷特点主要表现为负荷曲线峰谷差很大，负荷率较低，其负荷高峰段和电网总体负荷的高峰重叠，与温度变化关系密切。

（2）宾馆的负荷特点主要表现为日负荷曲线较为平缓，波动不大，负荷率较高。

由于行业特性，商业负荷的总体负荷特性表现出极强的时间性和季节性，商业负荷已经成为电网峰负荷的主要组成部分。同时，商业系统的构成及运营方式较为统一，负荷曲线也没有很大的差别。

4. 市政与居民生活负荷特点分析

城市共同使用的城市设施负荷称为市政公用设施负荷，因为市政负荷与居民生活负荷的规律性基本相同，故统称为市政及居民生活负荷。市政及居民生活负荷的总体特点为：负荷变化大、负荷率跨度大、负荷功率因数低。

综上，可得出以下规律：

工业负荷量大，负荷时间与人们的生活规律关联小，全天工业负荷量波动小，峰谷差小，日负荷工业负荷率大于日负荷率。而农业负荷、商业负荷和市政及居民生活负荷与人们的生活规律存在很大关联，负荷量波动较大，峰谷差大，日负荷农业负荷率、日负荷商业负荷率和日负荷市政及居民生活负荷率均小于日负荷率。

在工业用户中，电铝工业、有色金属冶炼工业、铁合金工业、石油工业、化学工业以原子能工业等是连续性的负荷行业，由于工艺过程的要求，必须在一昼夜内连续不断的均衡供电，这类负荷的日负荷率几乎不受任何外来因素的影响，其仅与用户本身负荷设备的使用情况有关。一般讲，这些用户的日负荷变化小，因此，日负荷率值较高，均在 0.9 以上，而且日最小负荷率（β）与日负荷率（γ）值均相当接近。其他工业负荷的日负荷曲线也有一定的变化规律，都有一定的峰谷差，大多每天有二到三个高峰负荷出现，不同季节高峰负荷出现的时间也各不相同，但每个季节都有其规律性。

市政及居民生活负荷的大小及负荷曲线的形状，与城市的大小、人口的密度及分布，以及居民的收入水平有关。气候条件也是影响市政居民负荷水平及负荷曲线的重要因素之一。综合分析表明，凡是经济比较发达的城市，居民生活水平较高，市政生活负荷水平也高，不同季节高峰负荷出现的时间也各不相同，但每个季节都有其规律性。市政生活负荷构成中，照明负荷占主导的地位，而照明负荷在白天几乎等于零，即使在夜间，除了夜班作业的场所及街道等照明外，一般的家庭和商店、文化体育娱乐场所均已熄灯，因此，夜间的照明负荷也很小，照明负荷主要出现在一早一晚，这是市政生活负荷出现两个高峰，且也是峰值很高的原因。由于市政生活负荷的这一特点，其负荷率 γ 和 β 值均很小。市政生活负荷构成的变化也会很大程度地影响市政生活负荷的负荷特性。随着我国经济建设的发展，人民生活水平的日益现代化，不仅市政生活负荷量会发生很大的变化，且负荷构成也会发生很大的变化。电冰箱、空调器及电热和电炊等，进入城市生活的领域，将大大改变市政生活的负荷比例，使负荷方式得到一定程度的改善，负荷率会相对增大，且夏天与冬天的差别将缩小。

农业负荷特点既不同于工业负荷，也不同于市政生活负荷，它有自身的特点。一般来讲，农业负荷在年内是很不均衡的，但在日内的变化却比城市生活负荷更为平稳。原因在于：目前我国农村生活负荷水平很低，所占比重不大，而农村负荷的主要部分是农业排灌和农村工业。农村工业的负荷特点接近于城市工业特点，年内变化相对稳定，日内变化比市政生活负荷变化幅度更小。排灌负荷季节性很强，在年内变化极大，在非排灌季节，排灌负荷为零，而在排灌忙季，其负荷量较大。

五、负荷预测技术

（一）传统的负荷预测技术

负荷预测的数学理论核心是如何获得预测对象的历史变化规律，而预测模型实际上是表述这种变化规律的数学函数。不同地区不同时段负荷的变化规律均不相同，因此，这就要求预测模型需适合不同地区不同时段的预测需要。另一方面，数学模型是理想的抽象，负荷发展的自然规律很难用单一信息的数学模型进行描述，必须应用多方面的信息数据，有机组合预测结果，实现对负荷发展自然规律更贴切完备的描述。以下对负荷预测方法进行介绍。

1. 时间序列回归分析和相关分析法

回归分析的任务是寻找即自变量与因变量之间存在的相关关系及其回归方程式，按自变量个数可分为一元回归分析和多元回归分析；按照自变量与因变量间回归方程的类型可分为线性回归分析和非线性回归分析，共有以下四类：一元线性回归分析，多元线性回归分析，一元非线性回归分析，多元非线性回归分析。其中，对于一元问题，当自变量为时间项时，称为时间序列回归分析方法，其余称为一元相关分析法。对于多元问题，自变量是时间量或各种相关因素，称为多元相关分析法。

2. 动平均法

动平均法是对一组时间序列数据进行某种意义上的平均值计算，并以此为依据进行预测。一次动平均只适用于下一步的预测，而不适用于之后的若干步预测，因此，一般采用二次动平均法进行预测。

3. 指数平滑法

指数平滑法是一种序列分析法，其拟合值或预测值是对历史数据的加权算术平均值，且近期数据权重大，远期权重小，因此对接近目前时刻的数据拟合得较为精确。

一次指数平滑只适用于下一步的预测，一般用于预测的是二次指数平滑。指数平滑的方法和模型较多，较为常见的方法是 Brown 单一参数线性二次指数平滑法。

4. 灰色预测法

灰色预测方法是灰色系统理论的重要应用之一。使用 GM（1，1）模型进行灰色预测，只需将待预测量的历史数据作为灰色模型的原始序列，然后对该序列作累加生成，可按标准步骤进行模型参数的辨识和预测。并根据需要，选择进行常规灰色预测或等维递补灰色预测。

5. 人工神经网络法

传统的数学模型是用显式的数学表达式加以描述。这就决定了传统预测模型的局限性。事实上，负荷变化的自然规律很难用一个显式的数学公式予以表示。神经网络方法提供了一种新的思路，该方法把函数的自变量和因变量作为输入和输出，将传统的函数关系转化为高维的非线性映射，而非显式的数学表达式。

无论采用何种网络训练方法，都会遇到网络结构的选择和输入输出信号的确定问题。对于序列预测而言，一般可以采用三层 BP 网（单隐含层）。输入输出信号可以有两种选择方法：

（1）以时段序号作为输入信号，以待预测量在该时段的取值作为输出信号，构成单输入单输出网络，隐含层的神经元数目取为 3 ~ 10。

（2）以待预测量在本时段的取值作为输出信号，以待预测量在本时段之前的连续 k 个时段的取值作为输入信号，构成多输入单输出网络，隐含层的神经元数目取为 5 ~ 20。

使用训练好的 BP 网进行负荷预测是非常方便的，只需以未来时刻的有关数据作为网络的输入，进行一次从输入层到输出层的前向计算，所得到的网络输出即为预测结果。

6. 增长速度法

对于一个平稳的历史数据序列，可计算其相邻时间间隔的增长速度，如果这一增长速度序列的变化较有规律，则可对这一速度序列进行外推预测，从而得到未来时间段的速度，进行数据的预测。

在负荷需求预测方面，学术界已经进行了长期且充分的研究。传统的中长期用电需求预测方法较多，主要的理论分为两大类：基于经济因素的回归预测方法，基于时间序列的预测方法。基于这两类理论，结合各种数学方法，出现了丰富的预测方法，传统算法有：弹性系数法、趋势外推法、回归预测法、时间序列法等。现代算法有：灰色理论、模糊预测法、专家系统、优选组合、人工神经网络以及小波分析法等。

然而，目前的负荷需求预测，受技术手段限制，考虑的因素较少，主要为 GDP、气候以及历史负荷等，未充分考虑到各地区电能需求的特性差异，严重依赖输入数据本身的精度。实际上，表征电力电量需求的因素，除传统预测考虑的以结构化数据表示的相关因素外，还包括大量的非结构化、半结构化影响因素，如行业产业结构调整、新的能源环境政策、重大社会事件等。

举例来说，近几年由于某些行业产能过剩以及环境保护的需求，政府出台了若干宏观政策以调整产业结构和减少污染排放。这些政策无疑给一些高耗能、高污染的企业带来重大影响。许多高耗能企业因此关闭，给部分地区的用电量造成直接影响。然而针对宏观政策对用电需求的影响因素，现在还无法加入用电预测模型中。其主要原因如下：政策因素无法直接转化为结构化、可处理的数据；同一个政策对不同的地区、不同的企业影响程度不一致；缺少与政策直接相关的分析数据。这些原因共同造成对政策性影响因素分析得不充分。

（二）中长期负荷预测技术

（1）基于综合经济、社会信息和用户负荷聚类分析的中长期负荷预测方法研究。

通过应用现代互联网技术，实现多渠道、多时间尺度、多层面对国民经济、社会信息及用户负荷等方面海量数据的抓取、清洗、归类存储；通过结合关联分析、异常检测等大数据处理技术对系统内外部数据进行聚类分析，将社会经济等影响因素划分为多个相似数据集合，针对集合内数据进行深入挖掘，研究其对负荷需求发展的影响规律；基于有关影响因素对负荷的关联规律的分析结果，研究多因素中长期负荷预测方法，结合经济社会发展和南方电网实际情况，综合多类影响因素搭建中长期负荷需求预测模型，针对实际电网历史负荷数据进行模型验证，通过回测结果对预测模型进行修正优化，实现模型滚动预测的高可信度及强适应性。

（2）基于深度学习技术的中长期负荷预测方法研究。

如图 3-35 所示，考虑多类型数据的碎片化输入，根据 BP、BPTT 等深度神经网络算法，研究深度学习神经网络搭建，通过构建多个隐含层对原始输入的逐步抽象表示，实现更有价值的数据特征学习。考虑深度学习的神经网络中网络参数及隐含层层数依赖经验调优获得，引入信息熵概念，研究隐含神经网络的神经元点数确定，实现神经网络学习效率的提升。考虑普通神经网络中存在梯度消失的问题，研究基于 LSTM 的深度学习神经网络结构，实现对大规模海量数据输入的负荷预测准确性提升。深入分析深度学习网络有关实际电网内外部数据的学习效果，提出基于深度学习技术的全域中长期负荷预测方法。

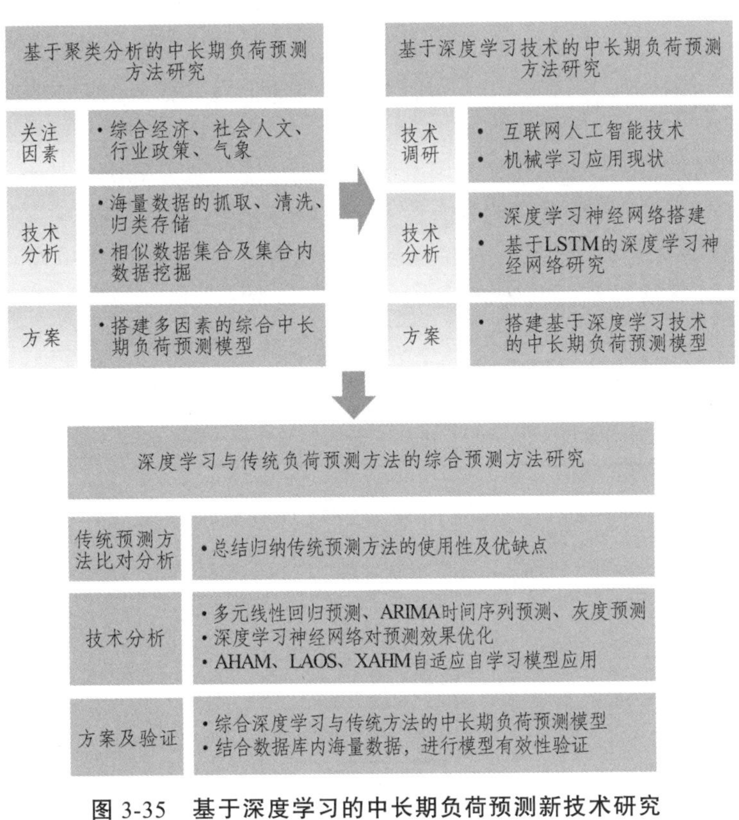

图 3-35　基于深度学习的中长期负荷预测新技术研究

（3）深度学习与传统负荷预测方法的综合预测方法研究。

针对多元线性回归预测、ARIMA 时间序列预测、灰度预测等传统中长期负荷预测方法，总结归纳其适用范围、应用优势和缺点。针对备选传统预测方法集，选取单个方法或多个综合方法组合，应用深度学习技术，研究深度学习神经网络对传统负荷预测方法的预测效果优化，并提出结合深度神经网络和传统负荷预测方法的综合预测方法，以及综合中长期负荷预测方法，构建相应的负荷预测模型，结合库内的多类型历史数据进行方法有效性验证。

（4）负荷预测方法的自适应及自学习技术研究。

围绕 AHAM、LAOS、XAHM 等自适应学习模型，研究负荷预测方法的自适应及自学习技术，建立自适应及自学习框架及引擎；充分考虑负荷预测方法的不同学习需求，研究设计自适应及自学习技术的多样化学习路径以及适应其需求的学习内容，实现自适应学习单元对学习情况的动态调节；研究自适应及自学习方法的评价与反馈机制，通过闭环反馈与滚动评价实现对负荷预测方法的自适应及自学习的监督，保证负荷预测方法在多情景、多数据类型下实现可靠预测。

（三）短期负荷预测关键技术

1. 基于多元相关因素的智能相似日识别策略研究

在负荷短期预测中，相似日方法是常用的基本方法。顾名思义，传统的相似日预测方法建立在筛选相似因素的基础上，在实践中人们发现，气象状况、日类型等影响因素比较相似的两天，负荷也较为相近。因此，根据历史上的相似日负荷曲线加以修正，可得到期望预测日期的负荷曲线。该种算法的关键在于如何选取历史相似日，在目前的一些研究中使用了模糊聚类、混沌理论等方法，虽然取得了一定效果，但也存在许多问题。在本研究中，由于要预测不同地市在不同类型日、不同气象因素（温度、湿度、风速等）条件下的负荷特征，以往研究中常说用省会城市代替全省的气象信息，其缺点是无法体现各地市之间的差异。为了提高预测精度，考虑采用智能相似日识别策略，构建各地市相关因素特征矩阵。智能相似日识别流程如图 3-36 所示，主要思路如下：

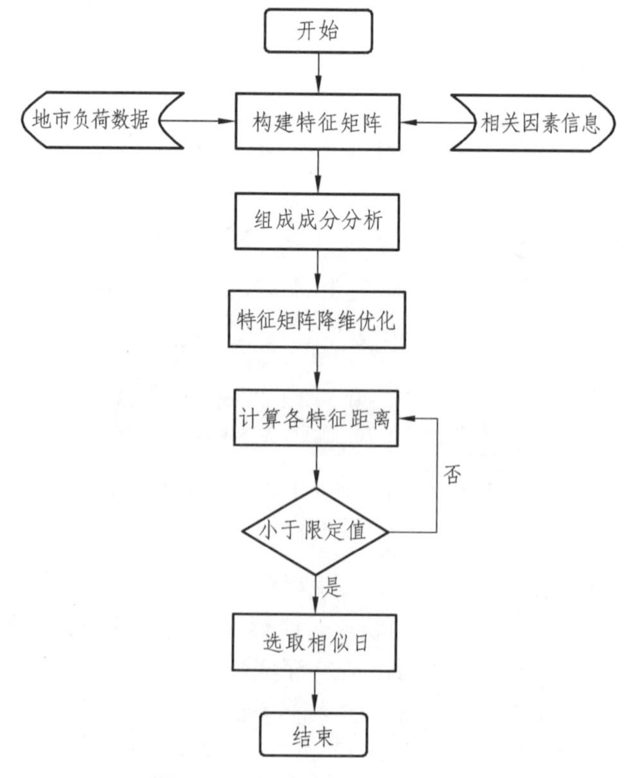

图 3-36　智能相似日识别流程

（1）构建地市的相关因素指标特征矩阵。

（2）基于降维技术的相关因素特征矩阵的降维与优化。

（3）基于特征矩阵距离度量学习算法识别相似日。

2. 基于深度学习的智能偏差自校正预测技术研究

负荷的变化主要取决于人们生产和生活的规律性，同时受到一些相关因素（诸如日类型、温度、湿度）的影响。通过前一章智能相似日识别策略的研究，可以智能辨别和选取负荷相似日。但一次预测如果不考虑气象等相关因素的变化，则只是历史负荷中规律性成分的外推。当气象等相关因素发生变化时，必然造成一次预测结果的偏差，而相关因素的变化量和一次预测偏差应是强相关关系。因此，在智能相似日选取的基础上，将该相似日负荷曲线作为待预测日的基准负荷曲线，然后采用机器学习算法建立气象因素偏差与负荷偏差百分比之间的关联模型，使用历史数据训练该学习模型，进而对基准负荷曲线进行二次修正，最终得到待预测日的负荷曲线。

深度学习（deep learning）是机器学习领域的重大分支，本质上是层次特征提取学习的过程，它通过构建多层隐含神经网络模型，利用数据训练出模型特征提取最有利的参数，将简单的特征组合抽象成高层次的特征，以实现对数据或实际对象的抽象表达。深度前馈网络（deep feedforward network）通常被称作前馈神经网络（feedforward neural network），是一种典型的深度学习模型。

通过建立深度学习模型，训练历史相似日负荷误差与逐时气象特征偏差的非线性关系，并根据待预测日与历史相似日气象偏差预测负荷偏差，进行补偿修正预测，从而提高预测准确率。

定义第 n 日 t 时刻实际负荷为 $P_{n,t}$，根据相似日选取方法一次预测方法的预测结果为 $P_{n,t}^{(1)}$，则 $\Delta P_{n,t}=P_{n,t}-P_{n,t}^{(1)}$ 为一次预测偏差。设 $X_{n,t}$ 为第 n 日 t 时刻要考虑该区域负荷的相关因素向量（日类型、温度、湿度、降雨等相关因素），用一次预测方法同样可得到该时刻 $X_{n,t}$ 的一次估计值为 $X_{n,t}^{(1)}$，那么 $\Delta X_{n,t}=X_{n,t}-X_{n,t}^{(1)}$ 为相关因素一次预测的偏差量。因此，通过建立 $\Delta P_{n,t}$ 与 $\Delta X_{n,t}$ 之间的相关关系 $\Delta P_{n,t}=f(\Delta X_{n,t})$，可实现对一次预测偏差量的建模，从而提高整体的预测精度。把 $\Delta P_{n,t}=f(\Delta X_{n,t})$ 定义为短期负荷的二次预测过程，如图 3-37 所示。

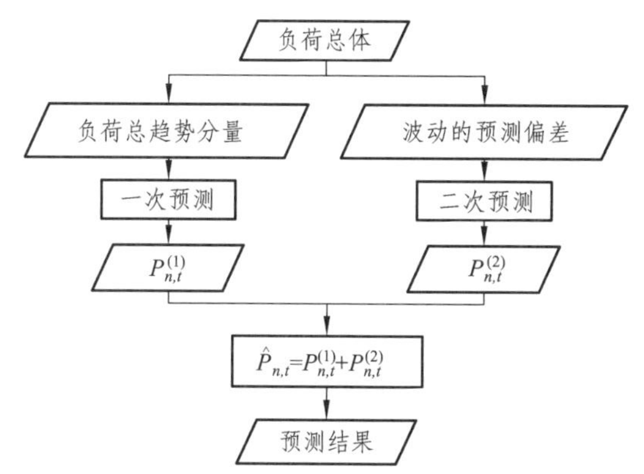

图 3-37　基于深度学习短期预测的二次修正预测流程

由上所述，可将负荷的一次预测结果（相似日负荷曲线）作为基础预测值，记为 $P_{n,t}^{(\mathrm{base})}=P_{n,t}^{(1)}=g(P_{n-1,t},P_{n-2,t},\cdots,P_{n-k,t})$，其中 $g(\cdot)$表示负荷的一次预测方法，k 表示用于预测的历史天数。

一次预测偏差为：

$$\Delta P_{n,t}=P_{n,t}-P_{n,t}^{\mathrm{base}} \tag{3-40}$$

二次预测建模过程为：

$$\Delta P_{n,t}=f[(\Delta x_{n,t})_1,(\Delta x_{n,t})_2,\cdots,(\Delta x_{n,t})_m]=f(\Delta \boldsymbol{X}_{n,t}) \tag{3-41}$$

其中，m 为相关因素数目。则上述偏差建模的过程可用图 3-38 和图 3-39 来表示。

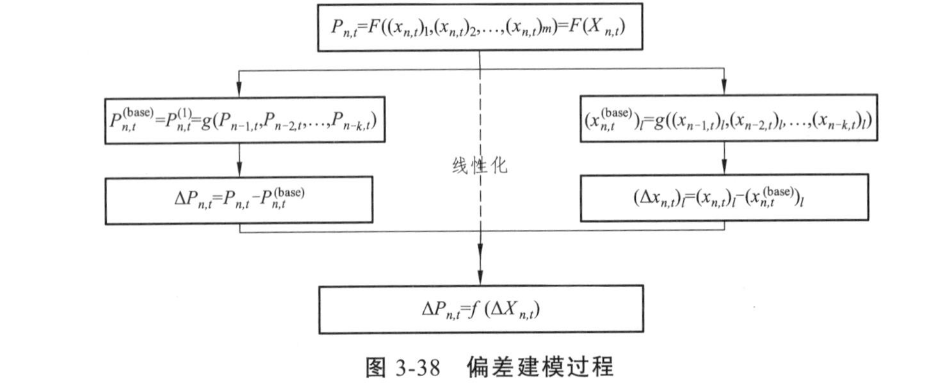

图 3-38 偏差建模过程

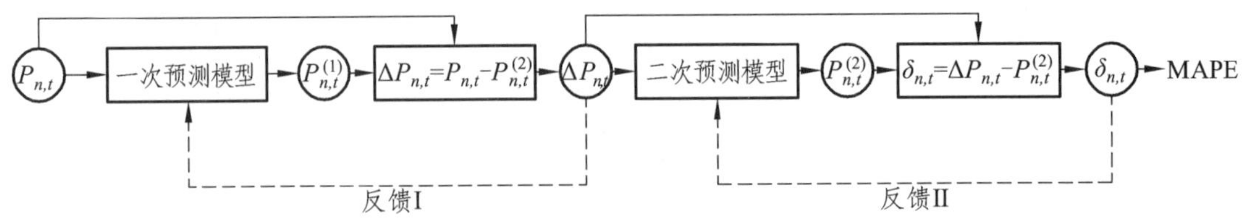

图 3-39 偏差反馈二次预测控制框图

（四）超短期预测关键技术

1. 考虑实时数值气象的超短期负荷预测方法

超短期负荷预测一般不考虑气象因素的影响，因为相对于超短期负荷预测的时间间隔而言，气象变化一般不明显。然而随着智能电网的发展，将会有越来越多的新能源并网发电，其就地消纳的特性给电网负荷，特别是母线负荷带来极大的变动性和随机性。此外，新能源出力受光照、风速的影响较大。因此，在新能源占比高或者气象条件变化较频繁的场景下，气象因素对超短期负荷预测的影响难以直接忽略。

针对上述问题，将首先研究超短期负荷特性主导气象因素辨识，在众多气象因素中挖掘出关键因素并加以重点利用，其次基于最新的人工智能算法，研究考虑实时气象影响因素的超短期负荷预测方法，最后由于实时气象因素对于电力负荷的影响规律是非常复杂的，且往往存在着不同气象因素的交互影响，需要进一步分析多个实时气象因素所产生的耦合效果（气象综合指数）及其对电力负荷的影响规律，因此将研究人体舒适度、温湿指数及单一气象数据对负荷的影响及灵敏度。

2. 自适应分时段变权重的超短期综合预测模型

超短期负荷预测的难点在于对拐点处的负荷预测，一种常用的解决方案就是组合预测模型。如线性外推法的外推特性较好，在负荷近似线性的时段主要用线性模型，而神经网络法是非线性算法，在拐点处主要使用神经网络算法，因而结合这两种算法的组合模型可有效解决上述问题。然而由于实际负荷变化的复杂性，该综合模型的有效性和适应性仍有待考验，主要原因在于组合模型权重难以确定和智能调整，从而影响到模型的推广应用和预测效果。针对上述问题，将开展自适应分时段变权重的超短期综合预测模型，实现权重的分时段自适应调整。

3. 基于预测误差分析的模型自优化技术

由于预测不能与实际情况完全相同，所以预测偏差是必然存在的。通过分析预测偏差产生的原因，并将分析结果传导至智能模型特性选取、模型优化过程中，可构建模型自优化、自校正的闭环预测流程，不断提高预测准确率。

（五）用户负荷预测关键技术

1. 基于 BP 神经网络的负荷预测技术

BP 网络（Back-Propagation Network）又称反向传播神经网络，如图 3-40 所示，通过样本数据的训练，不断修正网络权值和阈值使误差函数沿负梯度方向下降，逼近期望输出。它是一种应用较为广泛的神经网络模型，多用于函数逼近、模型识别分类、数据压缩和时间序列预测等。

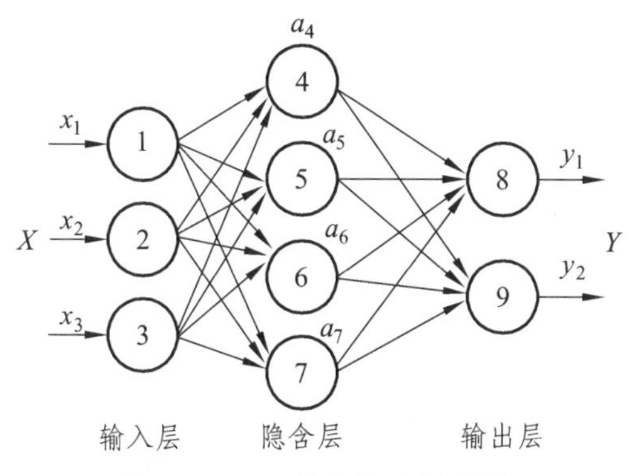

图 3-40　BP 神经网络模型图

可利用 MATLAB 搭建 BP 神经网络负荷预测模型。为了保证数据的时序，没有对其运行特征值提取算法。在构造训练数据时，取某数据点之前一个月同时间点的数据作为训练集。每一点的温度、湿度、风速、降水以及日期类型作为输入向量。对每天的 96 个采样时间点分别构建模型。

2. 基于 SVR 的负荷预测技术

支持向量机回归（Support Vector Regression，SVR）模型如图 3-41 所示，以所有样本实际位置到该线性函数的综合距离为损失，以最小化损失为目标求取线性函数的参数。对

于一般的回归问题，给定训练样本 $D=\{(x\downarrow 1, y\downarrow 1), (x\downarrow 2, y\downarrow 2),\cdots,(x\downarrow n, y\downarrow n)\}$，$y_i|R$，希望学习到一个 $f(x)$，使得其与 y 尽可能得接近，ω，b 是待确定的参数。

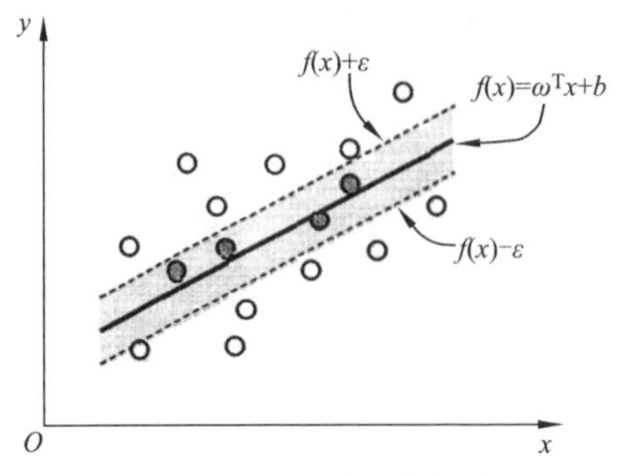

图 3-41　支持向量回归示意图

在这个模型中，只有当 $f(x)$ 与 y 完全相同时，损失才为零，而支持向量回归假设能容忍的 $f(x)$ 与 y 之间最多有 ε 的偏差，当且仅当 $f(x)$ 与 y 的差别绝对值大于 ε 时，才计算损失，此时相当于以 $f(x)$ 为中心，构建一个宽度为 2ε 的间隔带，若训练样本落入此间隔带，则认为预测正确。

可利用 python 工具 sklearn 库里的 svm.svr 进行预测。在构造训练数据时，取某数据点之前一个月同时间点的数据作为训练集。每一点的温度、湿度、风速、降水以及日期类型作为输入向量。对每天的 96 个采样时间点分别构建模型。

第十节　适应分布式资源接入的输配网协同运行优化技术

一、功能概述

光伏、风电等新能源发电与传统化石燃料发电相比有很大的区别，新能源发电具有不确定性和波动性。当可再生能源规模化并网后，由于可再生能源输出功率的不确定性和负荷的不确定性，电网将面临着更严峻的挑战，仅依靠配电网保证电网和负荷的供需平衡是非常困难的。而位于电力系统最末端的配电网，由于其直接与用户相连，只有配电网安全稳定运行，才能保证用户用电安全可靠。分析分布式新能源规模化接入下的系统运行风险，并研究对应的电网风险评估方法，对于提升新能源并网的电网安全稳定运行水平具有重要的意义。

二、考虑主配网协同的配电网运行风险评估技术

（一）电网风险评估一般原理

对于风电和光伏等新能源接入后的电力系统风险评估，常见的方法是蒙特卡罗洛模拟法。该方法通过对风电场概率模型快速抽样及统计计算，再基于单一期望缺电量指标，或系统稳态电压、过载和频率响应的综合指标进行系统运行风险评估。在风险评估时，针对风电场和

光伏电站输出功率的随机性以及相关性，一般利用 Copula 理论建立联合概率分布模型，再基于序贯蒙特卡罗模拟法的概率潮流计算方法评估风光发电系统的运行风险与可靠性。

现在有很多关于配电网风险评估的研究，但大多数仅从电压越限、线路过负荷等单一指标考虑。对于含有大规模新能源的配电系统，需要研究新能源出力不确定性、电网节点电压、线路过载及主变不均衡等多种因素对配电网运行风险的影响，这对提出运行风险的综合评估方法具有重要理论意义与工程实用价值。

（二）电网运行风险指标集

电力系统运行的安全风险一般包括：节点电压越限、支路过负荷、主变负载不均衡等。下面将以三者为例，构建电网风险评估指标集。

1. 节点电压越限风险

节点电压越限是电网常见的风险，电压过高或过低都会威胁电网安全运行。当分布式电源的电能倒送至电网时，分布式电源接入节点电压明显升高，影响设备安全运行；而当分布式电源出力不足时，其接入节点电压可能过低，会增加电网损耗，影响系统运行的经济性。节点电压越限风险可由式（3-42）表示：

$$Risk(U)=\sum_{i=1}^{n}P_{\mathrm{r}}(U_i)\cdot S_{\mathrm{ev}}(w_i) \tag{3-42}$$

式中：$Risk(U)$ 表示节点电压越限风险；$P_{\mathrm{r}}(U_i)$ 表示在第 i 个节点电压越限的概率；$S_{\mathrm{ev}}(w_i)$ 表示第 i 个节点的电压越限严重度。

我国通常规定电压安全运行范围为[0.95，1.05]。当电压偏离此范围越远时，电压越限程度越严重。故而电压越限严重度通过风险偏好型效用函数表示：

$$w_i=\begin{cases}0.95-U_i, & U_i<0.95\\ 0, & 0.95<U_i<1.05\\ U_i-1.05, & U_i>1.05\end{cases} \tag{3-43}$$

$$S_{\mathrm{ev}}(w_i)=\frac{\mathrm{e}^{w_i}-1}{\mathrm{e}-1} \tag{3-44}$$

2. 支路过负荷风险

电网中某条支路因故障而切除后，原来流经该支路的功率将会转移至邻近支路，从而导致整个网络的潮流重新分析，这可能引发其他线路的过负荷运行。大容量的分布式电源接入轻载的电力系统时，并网处可能会发生功率逆向流动，导致周围支路过负荷。当支路功率过大时，会缩短继电保护的时间，从而导致继电保护误动作，大增加了停电概率。对于一级负荷来说，可能会造成严重的经济损失。因此，支路过载问题也是含有分布式电源的系统风险评估必不可少的问题。本节利用线路负载率指标表示支路过负荷的风险严重程度，通常取额定负载率的 90%作为线路负载率的临界值，当线路负载率小于或等于这个界限时，可认为线路无过负荷风险。

支路过负荷风险指标如式（3-45）所示：

$$Risk(L)=\sum_{i=1}^{n}P_{\mathrm{r}}(L_i)\cdot S_{\mathrm{ev}}(w_{\mathrm{L}i}) \tag{3-45}$$

式中，$Risk(L)$ 表示系统支路的过负荷风险值；$P_{\mathrm{r}}(L_i)$ 表示支路 i 发生过负荷的概率；$S_{\mathrm{ev}}(w_{Li})$ 表示支路 i 的过负荷严重程度。

支路 i 的过负荷损失值在系统发生支路过载故障后，可用如下分段函数表示：

$$w_{Li}=\begin{cases}|L_i|-L_0, & |L_i|\geqslant L_0\\ 0, & |L_i|<L_0\end{cases} \tag{3-46}$$

线路负载率越大时，支路过负荷风险越严重，这里仍采用风险偏好型效用函数定义支路的过负荷严重度：

$$S_{\mathrm{ev}}(w_{Li})=\frac{\mathrm{e}^{w_{Li}}-1}{\mathrm{e}-1} \tag{3-47}$$

式中，w_{Li} 表示 i 支路的过负荷损失值；$|L_i|$ 表示 i 支路的实际传送功率与 i 支路的功率限额之比。

3. 主变负载不均衡度

在电网中有个别主变的负载率很高，当电力系统发生故障时，部分负荷会流经联络线，使得负载率本来就很高的主变过负荷，造成联锁故障。本节主变负载不均衡率定义为各主变负载率与系统平均负载率之差。主变负载不均衡率越严重，对系统造成的危害就越大，其采用风险偏好型效用函数表示：

$$\gamma=\left|T_{\mathrm{i}}-\overline{T}\right| \tag{3-48}$$

$$R_{\mathrm{T}}(\gamma)=\frac{\mathrm{e}^{\gamma}-1}{\mathrm{e}-1} \tag{3-49}$$

式中，$\overline{T}$ 表示系统平均负载率；T_{i} 表示第 i 个主变的负载率；$R_{\mathrm{T}}(\gamma)$ 表示主变负载率不均衡严重度函数；γ 表示主变负载不均衡率。

（三）电网风险评估方法

1. 预想故障集

预想故障集是指根据电网历史运行数据预先设定的典型故障集。这些故障集可以是单一故障或复合故障。基于预想事故集的电网运行状态分析，可对电网的运行风险进行快速评估。其过程包括：首先对电网的所有可能运行状态进行分析，再将各种状态对应的运行风险值进行排序，并将其中风险最大的几种状态作为预想故障集。由于电网运行面临的环境实时变化，电网运行的高风险场景也将随之动态变化，因此，预想事故集并非一成不变，一般需设置专门的故障集更新系统对预想故障集定期更新。故障集的更新流程如图 3-42 所示。

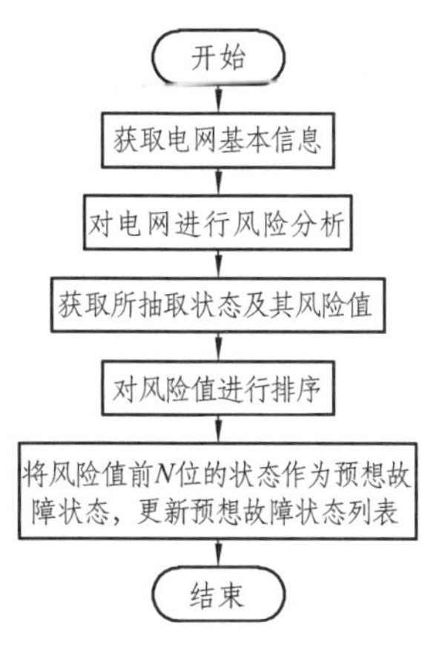

图 3-42　故障集的更新流程图

2. 基于蒙特卡罗抽样的风险评估方法

蒙特卡罗抽样包含分散抽样法、重要抽样法、分层抽样法等。重要抽样法需要建立最优化的分布密度函数；分层抽样法需要选取每层的最佳抽样点数，且其效果对关键参数的选取较为敏感，当参数选取不当时，易导致方法评估精度下降。本节采用基于分散抽样的蒙特卡罗方法进行风光系统的风险评估，以提高抽样效率和评估结果的稳定性。首先对电网运行的基本数据及风光电源的出力数据进行分析；再由得到的概率模型进行蒙特卡洛抽样，将抽样结果与故障集对应，进一步得到系统的运行状态评估；然后根据各项指标的限制要求，确定输出结果，具体流程如图 3-43 所示。

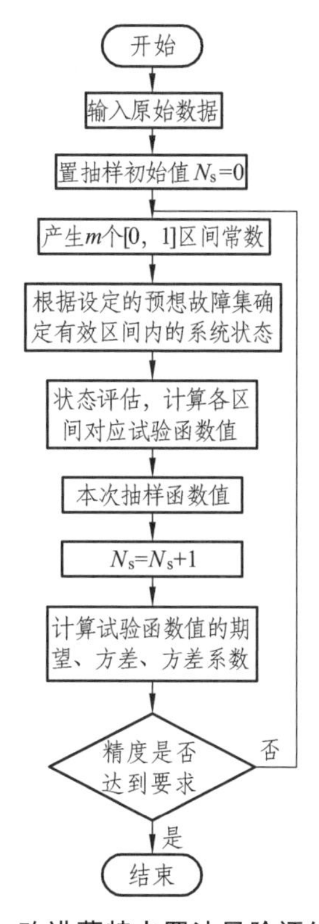

图 3-43　改进蒙特卡罗法风险评估流程图

三、考虑运行不确定性的主配协同无功电压优化技术

风/光发电的随机性与波动性增加了电网调度的难度，考虑负荷及新能源出力不确定性的方法，基于短期负荷及新能源预测结果，将未来时刻负荷及风光出力的期望值及概率分布信息纳入优化约束中，其目的是在风险可控的范围内最大程度提升电力系统对新能源的消纳能力。由于负荷及新能源出力的不确定性，使其在优化计算中表现出随机变量的特点，故考虑负荷及新能源不确定性模型的求解是一个随机优化问题。国内外相关机构对计及新能源不确定性的优化调度问题开展了深入的研究，提出了以鲁棒优化、基于场景的随机规划、机会约束优化为代表的理论方法，丰富与发展了电网调度的理论体系。

实时调度最重要的目的之一是优化电力系统的运行成本。传统的无功电压优化一般只考虑网损，但在分布式电源集群中，当分布式电源出力较大时，可能会导致部分节点出现过电压，如果此时无功调节资源不足以将各节点电压控制在合理范围内，就需要调节发电机或分布式电源的无功出力，调节有功出力造成的电压控制成本也需要在实时调度时加以考虑。

在实际电力系统运行中，实时调度与电压控制属于不同时间尺度的控制，同时，考虑到分布式电源出力的不确定性，做出调度决策之后的电压控制成本是不确定变量，因此建立两阶段目标函数，用期望描述第二阶段的电压控制成本，写成数学形式如下：

$$\min_{x}\left(G(x)+\min_{P\in\Omega}E_P(Q(w))\right) \tag{3-50}$$

首先定义几个变量：

x 是调度阶段的决策变量，包括各个发电机的有功出力：

$$x=\left\{P_{Gi}^{\varphi}\middle|i\in N_G\right\} \tag{3-51}$$

其中，N_G 是接入发电机的节点编号集合。

w 是电压控制阶段的决策变量，包括各个发电机的有功出力调节量，各个分布式电源实际出力与预测值的偏差量以及发电机和分布式电源的无功出力：

$$w=\left\{P_{Gi}^{\varphi+},P_{Gi}^{\varphi-}\middle|i\in N_G\right\}\cup\left\{P_{DGi}^{\varphi+},P_{DGi}^{\varphi-}\middle|i\in N_{DG}\right\}\cup\left\{Q_{Gi}^{\varphi}\middle|i\in N_G\right\}\cup\left\{Q_{DGi}^{\varphi}\middle|i\in N_{DG}\right\} \tag{3-52}$$

N_{DG} 是接入分布式电源的节点编号集合。

h 是随机变量，包括各个分布式电源的实际出力上限：

$$h=\left\{P_{DGi}^{\varphi\max}\middle|i\in N_{DG}\right\} \tag{3-53}$$

$G(x)$ 是网损。式（3-54）中的 $Q(w)$ 是电压控制的成本，包括发电机的无功调节成本，分布式电源的超发与不足的成本。

$$Q(w)=\min_{w}\sum_{i\in N_G}(r_i^+Q_{Gi}^+ + r_i^-Q_{Gi}^-)+\sum_{i\in N_{DG}}(f_i^+Q_{DGi}^+ + f_i^-Q_{DGi}^-) \tag{3-54}$$

其中，r_i^+,r_i^- 是发电机有功出力的正向和负向调节成本，f_i^+,f_i^- 是分布式电源相对于预测出力的超发与不足成本。

$Q(w)$不是关于w的显式函数，而是在调度决策x与分布式电源出力h确定后，求解关于w的优化问题得到的最优值（优化模型的约束将在下一部分说明）。假设调度决策x为定值，对于h的每一个可能概率分布P，$Q(w)$也有一个对应的概率分布与数学期望$E_P(Q(w))$。精确估计h的概率分布是很困难的，因此，分布鲁棒的思路是假设h的概率分布P属于一个集合Ω，用$\max_{P\in\Omega} E_P(Q(w))$即最恶劣概率分布场景下的电压控制成本的期望值作为优化目标。在本问题中，假设分布式电源出力h的一阶矩和二阶矩为已知量，且取值范围限定在一个椭球体内，集合Ω可写成以下形式：

$$\Omega(\mu,\sigma^2,S)=\left\{F(h)\left|\begin{array}{c}\int_{h\in S}\mathrm{d}F(h)=1\\ \int_{h\in S}h\mathrm{d}F(h)=\mu\\ \int_{h\in S}hh^{\mathrm{T}}\mathrm{d}F(h)=\sigma^2+\mu\mu^{\mathrm{T}}\\ S=\left\{h\left|(h-h_c)^{\mathrm{T}}Q(h-h_c)\leqslant r^2\right.\right\}\end{array}\right.\right\} \tag{3-55}$$

其中，μ是h的期望，各个元素分别代表各个分布式电源出力值的平均值。σ^2是h的协方差矩阵，对角线元素是各个分布式电源出力值的方差，非对角线元素是不同分布式电源出力值的协方差。S是h的支撑集，限定了其取值范围。这些统计数据可通过分析分布式电源出力的历史数据，并结合当前的风速、日照等气象信息给出估计。

约束条件包括：

调度阶段的决策变量x需要满足的约束是发电机出力的上下限约束：

$$P_{Gi}^{\varphi\min}\leqslant P_{Gi}^{\varphi}\leqslant P_{Gi}^{\varphi\max},\ \forall i\in N_G,\varphi\in(a,b,c) \tag{3-56}$$

其中，$P_{Gi}^{\varphi\min},P_{Gi}^{\varphi\max}$分别是各个发电机的各相有功出力上下限。

传统的调度模型由于不考虑后续的有功调节，因此在调度阶段考虑了支路的功率约束条件，但本模型中电压控制阶段可能会调节有功，支路的功率分布会发生变化，因此将支路的功率约束条件作为第二阶段电压控制的约束。

实际有功出力与有功调节量的关系如下：

由于电压控制阶段可能会调整有功出力，因此调节后的发电机与分布式电源的实际有功出力为：

$$P_{Gi}^{\varphi'}=P_{Gi}^{\varphi}+P_{Gi}^{\varphi+}+P_{Gi}^{\varphi-},\forall i\in N_G,\varphi\in(a,b,c) \tag{3-57}$$

$$P_{DGi}^{\varphi'}=P_{DGi}^{\varphi\text{forecast}}+P_{DGi}^{\varphi+}+P_{DGi}^{\varphi-},\forall i\in N_{DG},\varphi\in(a,b,c) \tag{3-58}$$

其中，$P_{DGi}^{\varphi\text{forecast}}$是分布式电源出力的预测值，可用$h$的期望$\mu$中的值代替。

发电机的有功出力与无功出力不能越限，约束如下：

$$P_{Gi}^{\varphi \min} \leqslant P_{Gi}^{\varphi'} \leqslant P_{Gi}^{\varphi \max}, \forall i \in N_G, \varphi \in (a,b,c) \tag{3-59}$$

$$Q_{Gi}^{\varphi \min} \leqslant Q_{Gi}^{\varphi} \leqslant Q_{Gi}^{\varphi \max}, \forall i \in N_G, \varphi \in (a,b,c) \tag{3-60}$$

其中，$Q_{Gi}^{\varphi \min}, Q_{Gi}^{\varphi \max}$ 分别是各个发电机的各相无功出力上下限。

分布式电源有功出力与无功出力约束如下：

分布式电源的有功出力不能超过实际的出力上限，无功出力也不能超过上下限：

$$0 \leqslant P_{DGi}^{\varphi'} \leqslant P_{DGi}^{\varphi \max}, \forall i \in N_{DG}, \varphi \in (a,b,c) \tag{3-61}$$

其中，$P_{DGi}^{\varphi \max}$ 表示分布式电源的实际有功出力上限，是属于 h 的不确定变量。

$Q_{Gi}^{\varphi \min}, Q_{Gi}^{\varphi \max}$ 分别是各个分布式电源的各相无功出力上下限。由于分布式电源常经过逆变器等电力电子装置并网，因此 $Q_{Gi}^{\varphi \min}$ 为负数，即分布式电源可从电网中吸收无功功率，这一特性可起到抑制过电压的作用。

有功调节量约束如下：

在电压控制阶段的决策变量 w 中，有功调节量分成了正负两种，且对于发电机来说，有功出力的调节速度不能太快，因此调节量大小有相应约束：

$$0 \leqslant P_{Gi}^{\varphi +} \leqslant \overline{P_{Gi}^{\varphi +}}, \forall i \in N_G, \varphi \in (a,b,c) \tag{3-63}$$

$$\underline{P_{Gi}^{\varphi -}} \leqslant P_{Gi}^{\varphi -} \leqslant 0, \forall i \in N_G, \varphi \in (a,b,c) \tag{3-64}$$

$$0 \leqslant P_{DGi}^{\varphi +}, \forall i \in N_{DG}, \varphi \in (a,b,c) \tag{3-65}$$

$$P_{DGi}^{\varphi -} \leqslant 0, \forall i \in N_G, \varphi \in (a,b,c) \tag{3-66}$$

其中，$\overline{P_{Gi}^{\varphi +}}$ 是发电机有功出力正向调节的上限，$\underline{P_{Gi}^{\varphi -}}$ 是发电机有功出力负向调节的下限。

节点电压约束如下：

各节点的电压都不能越限：

$$\underline{V_i^{\varphi}} \leqslant V_i^{\varphi} \leqslant \overline{V_i^{\varphi}}, \forall i \in N, \varphi \in (a,b,c) \tag{3-67}$$

其中，$\underline{V_i^{\varphi}}, \overline{V_i^{\varphi}}$ 分别是节点相电压的下限与上限。

另外，假设输电网为无穷大电网，将配电网与输电网相连的 0 号节点设为电压参考节点，各相电压均为定值 V_{c}：

$$V_0^{\varphi} = V_{\mathrm{c}},\ \forall \varphi \in (a,b,c) \tag{3-68}$$

支路功率约束如下：

每条支路上流过的电流不能超过一定限值，若用功率表示，即支路的视在功率不能越限：

$$P_{ij}^{\varphi 2} + Q_{ij}^{\varphi 2} \leqslant S_{ij}^{\varphi 2}, \forall (i,j) \in E, \varphi \in (a,b,c) \tag{3-69}$$

但是上面这个约束是一个二次约束，为了后续求解的需要，将这个二次约束进行线性化近似，示意图如图 3-44 所示。

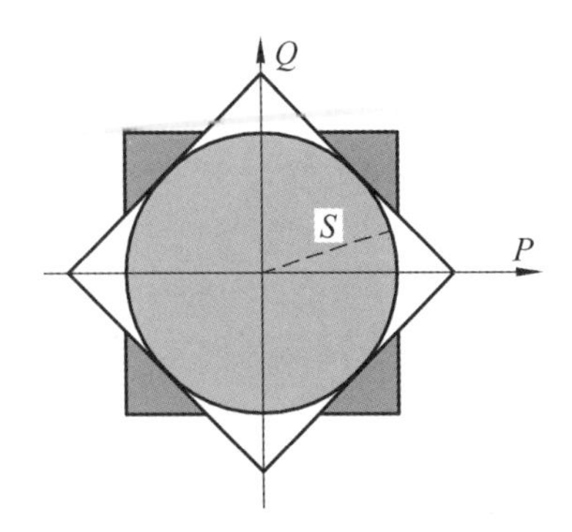

图 3-44　二次约束线性化示意图

如图 3-44 所示，横轴为有功功率，纵轴为无功功率，二次约束的可行域为浅灰色阴影圆形区域，可利用两个交叉的正方形区域内部围成的八边形可行域去近似圆形，实现了二次约束的线性化近似。写成数学形式如下：

$$\begin{cases} -S_{ij}^{\varphi} \leqslant P_{ij}^{\varphi} \leqslant S_{ij}^{\varphi} \\ -S_{ij}^{\varphi} \leqslant Q_{ij}^{\varphi} \leqslant S_{ij}^{\varphi} \\ -\sqrt{2}S_{ij}^{\varphi} \leqslant P_{ij}^{\varphi}+Q_{ij}^{\varphi} \leqslant \sqrt{2}S_{ij}^{\varphi} \\ -\sqrt{2}S_{ij}^{\varphi} \leqslant P_{ij}^{\varphi}-Q_{ij}^{\varphi} \leqslant \sqrt{2}S_{ij}^{\varphi} \end{cases}, \ \forall(i,j)\in E,\ \varphi\in(a,b,c) \tag{3-70}$$

潮流方程约束如下：

$$P_{ik}^{\varphi}-\frac{r_{ik}^{\varphi}}{V_{i0}^{\varphi 2}}(2P_{ik0}^{\varphi}P_{ik}^{\varphi}+2Q_{ik0}^{\varphi}Q_{ik}^{\varphi}-P_{ik0}^{\varphi 2}-Q_{ik0}^{\varphi 2})=\sum_{(k,m)\in\varepsilon}Q_{km}^{\varphi}+q_{k}^{\varphi} \tag{3-71}$$

$$Q_{ik}^{\varphi}-\frac{x_{ik}^{\varphi}}{V_{i0}^{\varphi 2}}(2P_{ik0}^{\varphi}P_{ik}^{\varphi}+2Q_{ik0}^{\varphi}Q_{ik}^{\varphi}-P_{ik0}^{\varphi 2}-Q_{ik0}^{\varphi 2})=\sum_{(k,m)\in\varepsilon}Q_{km}^{\varphi}+q_{k}^{\varphi} \tag{3-72}$$

$$V_{k}^{\varphi 2}=V_{i}^{\varphi 2}-2(r_{ik}^{\varphi}P_{ik}^{\varphi}+x_{ik}^{\varphi}Q_{ik}^{\varphi})+\frac{(r_{ik}^{\varphi 2}+x_{ik}^{\varphi 2})}{V_{i0}^{\varphi 2}}(2P_{ik0}^{\varphi}P_{ik}^{\varphi}+2P_{ik0}^{\varphi}Q_{ik}^{\varphi}-P_{ik0}^{\varphi 2}-Q_{ik0}^{\varphi 2}) \tag{3-73}$$

分布鲁棒实时调度模型可写成如下等价数学形式：

$$\begin{gathered} \min_{x\in x}\left(C(x)+\max_{P\in\Omega}E_{P}(Q(w))\right) \\ C(x)=x^{\mathrm{T}}\Lambda x+c^{\mathrm{T}}x+c_{0} \\ Q(w)=\min_{w}\mathrm{e}^{\mathrm{T}}w \\ \text{s.t.}Aw+Bx+ch\leqslant d \\ \Omega(\mu,\sigma^{2},S)=\left\{f(h)\middle|\begin{cases} \int_{h\in S}\mathrm{d}F(h)=1 \\ \int_{h\in S}h\mathrm{d}F(h)=\mu \\ \int_{h\in S}hh^{\mathrm{T}}\mathrm{d}F(h)=\sigma^{2}+\mu\mu^{\mathrm{T}} \\ S=\{h|(h-h_{c})^{\mathrm{T}}Q(h-h_{c})\leqslant r^{2}\} \end{cases}\right. \end{gathered} \tag{3-74}$$

可把原优化问题转化成如下的半正定规划问题的形式进行求解：

$$
\begin{aligned}
&\min_{x,Y,y,y_0,\beta} C(x)+y_0+y^{\mathrm{T}}\mu+\left\langle Y,\sigma^2+\mu\mu^2\right\rangle \\
&C(x)=x^{\mathrm{T}}\Lambda x+c^{\mathrm{T}}x+c_0 \\
&\qquad \text{s.t. } x\in X,\beta\geqslant 0 \\
&\begin{bmatrix} Y+\beta Q & \frac{1}{2}(y-2\beta Qh_{\mathrm{c}}-C^{\mathrm{T}}\lambda) \\ \frac{1}{2}(y-2\beta Qh_{\mathrm{c}}-C^{\mathrm{T}}\lambda)^{\mathrm{T}} & y_0-\beta(h_{\mathrm{c}}^{\mathrm{T}}Qh_{\mathrm{c}}+r^2)+\lambda^{\mathrm{T}}(d-Bx) \end{bmatrix}\geqslant 0 \\
&\forall\lambda\in vertex(\{\lambda\mid\lambda\geqslant 0,A^{\mathrm{T}}\lambda+e=0\})
\end{aligned}
\tag{3-75}
$$

四、主配协同运行的网络重构技术

本节针对面向检修计划的主配协同多时间断面网络重构方法，以及电网事故方式下的配电网实时网络重构优化方法，包括基于光纤/5G/载波/北斗多种通信方式的配电网非健全通信融合机制与自适应切换方法等进行深入研究。在分析评估电网事故方式下的停电损失的基础上，通过主配协同多时间断面网络重构，提高电网事故后的供电恢复速度，从而降低用户停电损失。

（一）考虑主配耦合和二次设备影响的配电网可靠性评估方法

配电网可靠性评估作为电网建设和改造的重要环节，是电网可靠运行的重要保障。对面向分布式资源接入的配电网进行可靠性评估，关键是确定评估指标和评估方法。

指标方面：通过分析主网变电站设备正常态、异常态与故障态等不同状态，对星形、树状、环形等不同拓扑结构配电网可靠性的影响，考虑评估指标数据采集的实时性和可获取性，构建包括元件稳态可用度、元件稳态不可用度等适应主配耦合的配电网可靠性在线评估指标体系；通过分析配电网 DTU、FTU、TTU、计量计费、保护测量、通信采集设备等二次设备的故障、检修、投切等不同事件对区域配电网可靠性的影响，考虑配网数据获取的便捷性，构建包括平均供电可用率、平均供电不可用率、系统平均电量不足期望等适应二次设备不同时间影响的配电网可靠性在线评估指标体系。

评估方法方面：现有评估方法中，专家打分法主观依赖性强，客观评估法数据样本依赖性强。在实际操作中，考虑主客观评估方法各自的局限性，可采用主客观相结合的评估方法，并基于所构建的可靠性评估指标体系，实现对配电网可靠性的在线评估。

（二）面向检修计划的主配协同多时间断面网络重构方法

面向检修计划的主配协同多时间断面网络重构的基础环节是配电网的风险等级划分和薄弱环节辨识，关键环节则是制定配电网稳定可靠运行的多时间断面网络重构策略。

通过分析配电网一、二次设备的月度、季度、年度等不同检修计划的设备可用率特点，以用户供电可靠率最高为目标，基于复杂网络理论，建立配电网设备检修对配电网运行风险模型，并应用遗传算法等智能算法进行求解，获知考虑检修计划的配电网风险等级和薄弱环节。

进一步，考虑分布式电源、电动汽车等作为可调度资源参与配电网重构的可行性，以大电网 220 kV 智能变电站作为计算断面起点，以配电供电可靠性最高为目标，计及配电网局部不同拓扑结构构成微电网，一、二次设备检修和故障导致不可用等约束，建立主配协同的配电网稳定运行网络重构模型，并应用启发式算法对模型进行求解，获知配电网稳定运行的网络重构策略。在此基础上，分析配电网通信、科学计算等时滞对配电网关键参数的不确定性影响，建立配电网关键参数的时滞区间模型；充分考虑配电网一、二次设备检修，大电网变电站主设备检修等月度、季度、年度特点，以用户供电可靠性最高和运行经济性最佳为目标，构建适应检修计划的主配协同多时间断面网络重构模型，并应用 GRNN、CNN 等人工智能方法对模型进行求解，制定主配协同多时间断面网络重构策略。

（三）基于光纤/5G/载波/北斗多种通信方式的配电网非健全通信融合机制与自适应切换方法

对配电网数据来源、格式、规模、运行环境、业务需求进行调研，完成对终端、物联设备、传感器多样性的分析。考虑在不同配电网物联网通信方式适用范围，如无线、载波、以太网、微功率等，计及开关量、模拟量等不同数据类型，实现面向配电二次设备物联的通信需求分析。依据现有配电网架构、业务场景、产品应用的特点，完成 101、104、61850、MQTT 等不同通信协议适应性分析，明确不同设备、不同业务场景下通信协议的适用范围；分析配电网通信规约的，导致不同规约的设备之间不能相互通信的问题，研究不同通信协议的映射技术，规定相应的语法格式、消息编码格式以及这些消息的传输方法，结合动作生成服务原语，再将服务原语转换为相应通信报文。

采用协方差检测方式和能量检测方式进行动态频谱检测，利用 Turbo 码对检测后的信号进行纠错编码，以有效减少码间干扰。对不同通信方式的媒体访问控制层进行融合，实现多节点、多模式的联合信道评估，通过对多种通信信道的比较，建立统一的媒体访问控制层架构；对融合后的信道进行动态路由中继，研究双信道与数据帧结构的兼容性，基于此形成电力载波通信与无线/5G 通信的统一评估体系。综合考虑不同媒介信道的接收信号强度、服务速率、可靠性等因素，基于 AHP 算法改进电力线与无线信道的切换优化算法；对多种复杂因素进行综合判断，并结合定量分析与定性分析，将一个决策问题分解为目标、准则和方案 3 个层次，按各层次因素的重要度构造判决矩阵，计算各层次全部因素的权重值以获得相对重要性的表达结果；结合光纤/5G/电力载波/北斗等通信方式的特点，综合评估给出最优通信方案。最后，利用 MATLAB 完成 AHP 算法的仿真实现，使用面向智能电网终端业务的 AHP 算法选择备用网络，记录每一次的选择结果并比较分析。结合电力通信网络智能化需求，从时延、带宽、丢包率和经济性 4 个方面对光纤/5G/电力载波/北斗的通信性能进行评价。

（四）研究电网事故方式下的配电网实时网络重构优化方法

配电网重构是通过改变网络的分段开关和联络开关，从而改变网络拓扑结构，使配电网在满足约束条件的情况下，达到最佳的潮流分布，使配电网线损、负荷均衡度、供电质量等指标达到最佳的配电网优化技术。配电网的运行状态分为正常运行和故障状态。在配电网正常运行时，配电网重构一般以配电网满足基本的潮流计算为约束条件，以网络损耗、电压质量最高、负荷平均化等其中的一个或多个为目标函数，通过调整开关通断对网络进行重构，对目标函数进行寻优，实现配电网运行的最优化。在配电网故障运行条件下，类似于配电网正常运行情况，以配电网满足潮流计算为约束条件，目标函数在系统正常运行的基础上加上非故障区的可靠性指标目标函数，根据开关的调整对配电系统的运行状态进行寻优。

配电网重构是一个混合整数非线性的规划问题，如何快速找到全局最优解一直是研究的重点。现有的配电网重构优化算法主要有传统数学优化法、启发式算法和人工智能算法。处理重构问题时，传统数学优化法面对大规模系统会出现维数爆炸和计算量大的问题，导致计算效率低下，启发式算法无法保证得到整体最优解。而人工智能算法善于处理大规模、离散性和非线性优化问题，因而越来越多的人工智能算法被用在配电网重构中，如遗传算法、模拟退火算法、人工神经网络算法、蚁群算法、粒子群算法等人工智能算法常用于配电网重构。

随着新能源发电的大规模发展，其并接入电网后越来越复杂，因分布式电源出力具有随机性和不确定性，当分布式电源并网后，给传统的配电网优化重构带来了新的问题：

（1）分布式电源数学模型与负荷模型的准确性不够。

（2）分布式电源发电功率受环境因素的影响，以及出力随机性对配电系统运行方式的影响。

（3）对分布式电源数据的采集以及并网后系统评估的准确性产生影响，故通过准确有效的接入而反映出分布式电源的不确定性是配电网重构的前提和重要基础。针对这些问题，目前有部分文献进行了相关的研究，研究方向主要可分为用于网络重构分析的分布式电源模型研究、分布式电源并网对配电网的影响和分布式电源并网对重构策略的影响和算法优化。

配电网重构可分为静态重构和动态重构。动态重构和静态重构都是基于电网拓扑结构的优化手段，配电网动态重构求解的时间域由多个时间段组成，也可认为是一个连续变化的时间过程，其得到的最终拓扑结构由多个时间段的开关动作协同组合而成；而静态重构是基于某一个时间点的重构方式，因此，其得到的最终拓扑结构是单个的开关动作组合；当划分配电网动态重构的时段越小时，负荷变化的幅度越小，则可将该时段的负荷看为恒定，因此，动态重构的问题也就是连续的静态重构问题。与静态重构相比，动态重构的求解在空间上呈指数增长趋势，因此，很有必要对动态重构的求解方法进行衡量，在静态重构的基础上，采取合适的动态重构策略，提升求解效率。

静态重构优化的目标函数主要有：配电网的网络损耗、节点电压偏差、负荷均衡度、最大程度恢复负荷供电、系统供电可靠性等。为保证重构后的配电网的运行稳定可靠，配电网重构的同时还应满足辐射状拓扑结构、潮流约束、支路电流约束、节点电压约束、支路功率约束、分布式电源容量约束等约束条件。

动态重构以整个重构周期为研究对象，其目标函数包括：总网损目标函数、开关动作总次数的目标函数，其中总网损的目标函数与静态重构时的目标函数类似，只是动态重构时考虑了多时段的影响。动态重构的约束条件与配电网静态重构的约束条件基本一致，不同之处是动态重构通常需要满足开关动作次数的约束。含分布式电源的动态重构必然要求开关频繁动作，频繁的开关动作又会影响开关的使用寿命，增加维修费用，进而导致重构成本增加，因此，动态重构的关键是处理好开关的操作次数和网损减少量的关系。

动态网络重构实际上是对重构时段进行划分，然后利用各时段负荷和分布式电源的预测数据，以及故障预测数据，将多个时段的静态重构组合在一起，形成动态重构。因此，动态重构对数据的实时性以及优化算法的快速性有较高的要求。

五、多能耦合的配电网双向快速故障恢复及多阶段稳定控制技术

随着多类型、高渗透率分布式资源接入以及先进信息技术在主配网中的深度应用，通信网络与信息技术在电力系统中的应用范围不断扩大。主配电网运行面临的复杂性和挑战前所未有，发生扰动和故障的可能性增大，后果也更加严重。因此，进一步深化研究主配电网故障恢复新原理和新技术，有效应对电网异常故障问题，克服和减轻现有故障恢复存在的问题，建立新的故障恢复方法，保障配电网安全稳定运行已成为当前明确且紧迫的发展方向。

配电网故障恢复技术是自愈控制体系范畴内的主要技术之一。分布式能源不仅对提高配电网正常运行状态下的安全可靠性具有显著的作用，而且随着配电网中分布式能源的大量接入，越来越多的研究学者开始将分布式电源应用于供电恢复过程。配电网发生故障时，应当充分发挥分布式能源的紧急转移供电能力，减少停电范围，提高配电系统的可靠性，但目前仍存在一些困难和挑战，如电网故障的快速准确定位，利用有限发电资源实现关键负荷恢复、故障恢复中分布式电源承受扰动并保持稳定等。相关技术的研究现状如下：

（一）多能耦合配电网的故障定位与隔离方法

对配电网故障的快速准确定位有利于故障的及时隔离及非故障区域供电的及时恢复，对配电网的安全可靠运行具有重要意义。随着分布式电源大量接入配电网，配电网的主动性增加，导致其故障特征与传统配电网存在较大差异，采用传统故障定位与识别方法将难以保证可靠性和灵敏性。目前，含多类型分布式能源配电网的故障定位方法主要是基于馈线终端单元（Feeder Terminal Unit，FTU）对节点电流幅值进行实测，判断故障电流回路并融合多节点的测量结果，再运用智能算法确定故障位置，这类方法适应性较强。基于FTU故障定位的主流算法包括人工神经网络算法、粒子群优化算法、遗传算法和免疫算法等。

（二）多能耦合配电网的故障恢复策略研究

多源协同的配电网故障恢复是指协同配电网中的各个本地分布式电源实施故障恢复，即

综合各个分布式电源的发电资源，实现发电资源的有效利用，从而尽可能多地实现负荷供电恢复。且多源协同可以综合发挥各类分布式电源的控制能力，可在一定程度上应对恢复过程中的扰动。研究多能耦合配电网的恢复方法，有利于充分发挥各类分布式电源对配电网恢复的支撑作用，减小停电损失，提升配电网韧性。多种类型的分布式电源接入配电网，使得配电网在大停电后自主恢复本地重要负荷成为可能。

故障网络的恢复过程通常遵循以下原则：

（1）在故障恢复过程中，依据配电网安全运行条例，配有分布式电源且拥有足够储能装置容量的负荷节点，才能够在紧急情况下作为黑启动电源。故在故障后拓扑变换时，只有变电站节点和部分具有黑启动能力的分布式电源可作为故障恢复分割区域的电源点。若故障区域内含有具有黑启动能力的分布式电源，则依靠该类型电源作为主电源，其他电源作为辅助电源建立电力孤岛。若故障区域内不含具有黑启动能力的分布式电源，则无法独立形成孤岛运行。若区域内含有多个主电源且距离较近，则需根据实际需求选择不同的划分策略。

（2）孤岛区域内电源应根据运行成本，调度响应速度、能力等指标进行排序择优启动，保障电网快速恢复，以及电网的稳定及经济效益。在故障恢复时，按照负荷重要性、电力恢复损失依次考虑负荷点恢复次序和切负荷容量。

（三）多能耦合配电网的故障恢复稳定控制技术

现阶段对于配电系统故障状态下的孤岛划分的主要方法为静态孤岛划分，但缺乏对于随时间推移孤岛划分范围安全性的考虑，在提出基于多能耦合及主配协同的配电网故障恢复策略基础上，仍需研究包含孤岛启动-孤岛融合-支撑主网黑启动的主配网多阶段稳定运行控制方法，设计孤岛融合安全稳定控制策略，保证主网黑启动情况下系统电压和频率的稳定，从而实现面向多类型、高渗透率分布式资源接入配电网的故障快速恢复。

综上所述，为响应全球能源互联，推动分布式资源在新型能源系统中的应用，针对分布式资源接入传统配电网可能带来的配电网运行风险，迫切需要进一步深化研究面向分布式资源接入的主配网协同优化技术研究，提高电网停电恢复速度，保障重要负荷高品质供电，降低系统运行风险。

六、主配协同的故障恢复控制与运行优化系统

随着分布式电源和可控的灵活负荷的广泛接入，配电网的潮流分布波动性大大增加，电压越限、过载的风险增加，且主配电网耦合性增强，配电网存在频繁新设备投运、检修、事故处理事件，停电风险问题凸显，涉及大量主配网间的协调管控，传统主配割裂的安全评估与优化调度决策方法不再适应新的形势，同时系统呈现电-储-充网多能耦合的态势，配电网运行调控变得更加复杂。

另外，随着分布式资源渗透率的快速提高，在传统的配电网调度框架下，由于分布式电源出力的高随机性，局部分布式电源密集区域将可能出现节点电压、线路功率越限等运行问

题，均会给配电网的有功无功运行调控带来全新的挑战。而配电网源网荷储协调控制，可充分利用分布式电源的有功无功资源，挖掘分布式电源、储能及可控负荷之间的协调互动特性，提升分布式能源的消纳能力，保证全网安全稳定运行。

因此，应研究考虑运行不确定性的主配协同无功电压优化方法，充分挖掘利用配电网特性各异无功资源的调节能力；研究基于可再生能源预测的多时间尺度协调优化运行技术，提高系统对可再生能源的消纳能力；研究配电网可靠性的在线评估方法，实现电网异常运行情况下配电网的实时网络重构；研究面向多类型、高渗透率分布式资源接入的多源耦合配电网双向快速故障恢复和多阶段稳定控制技术，提高配电网供电可靠性：研发主配协同风险评估与运行优化系统并示范应用。

（一）主配一体化系统总体架构

主配一体化系统架构的核心是“分布运行、集中分析”，针对已建设的主配一体化系统存在的问题进行分析梳理，开展构建主配系统独立部署、统一监控与运维的一体化系统架构研究，一方面构建主配网之间的信息安全交互桥梁，实现信息融合与共享，解决主配网监控信息孤立、模型数据冗余、业务无法协同等问题；另一方面在主配网模型、图形、数据一体化的基础上降低主配应用之间的耦合度，实现主配应用分布运行，降低主配应用相互影响的风险，降低系统升级复杂度，提高主配应用之间的可插拔能力和可靠性。

主配一体化系统总体架构如图 3-45 所示，在广域网环境下部署主配一体化系统，包括主网调度自动化系统（EMS）和配电网调度自动化系统（DMS）。主配网模型分别在 EMS 和 DMS 数据库中独立存储，通过研究主配模型的拼接以及校核机制，在 DMS 中完成主配模型的一体化拼接以及正确性校验，形成上层应用可按需访问的主配一体化大模型。

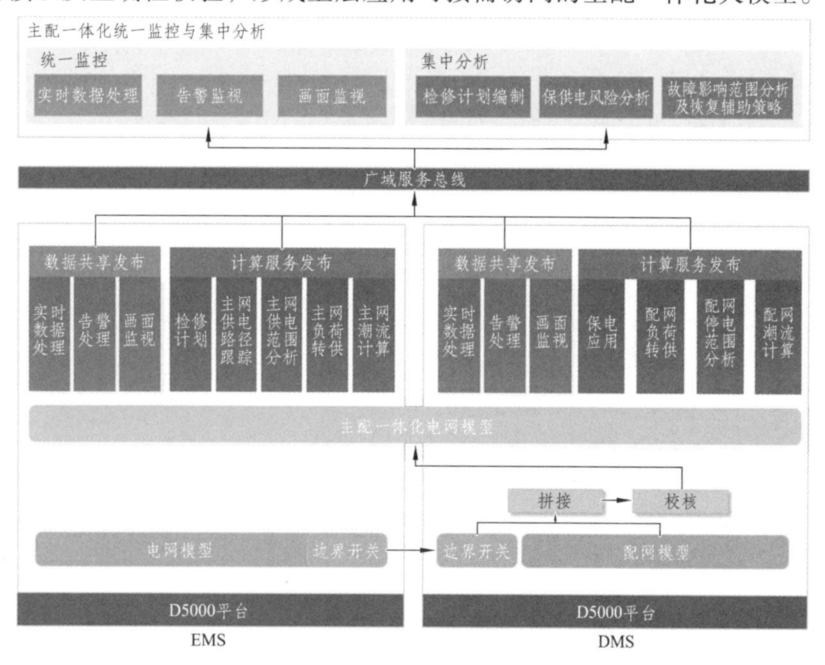

图 3-45　主配一体化系统总体架构

主配网的运行数据由 EMS 和 DMS 各自处理，实现主配分布运行；基于微服务技术研究应用服务接口标准化设计方法，将 EMS 和 DMS 各自处理后的信息，包括实时数据、图形以及告警信息通过广域服务总线共享发布，实现统一人机界面跨系统访问全网运行实时数据。

（二）主配一体化系统高级应用功能

主配网的高级应用分析功能，EMS 包括检修计划、供电路径追踪、故障范围分析、负荷转供以及潮流计算等，DMS 包括保电应用、负荷转供、停电范围分析、潮流计算等，均在各自系统中运行，并进行服务化封装发布，由各应用功能按需调用，形成一体化的集中分析计算应用：

（1）在主网检修计划模块的基础上，通过调用配网停电范围分析、负荷转供、保电应用提供的服务，对检修计划停电范围及运方批复策略进行精益化分析，实现主配一体化的检修计划编制。

（2）在配网保电应用功能的基础上，通过调用主网供电路径追踪服务，完成从保电用户到高电压等级供电电源的追溯，实现面向完整供电路径的主配一体化保电运行风险分析。

（3）在主网故障范围分析及负荷转供功能的基础上，通过调用配网停电范围分析及负荷转供服务，实现一体化的故障影响范围精益化分析，并根据“先主网、后配网”原则生成一体化故障恢复策略。

为了完成“双碳”目标，大量分布式电源和储能装置进入配电网。面对这一情况，传统的电网主配网调度方式和技术已无法充分满足需求。针对配电网内分布式电源、柔性负荷、无功调节设备等多种可调资源在多个阶段、控制功能等方面的调节特性，结合配电网在运行经济性、可靠性等方面的要求，基于可再生能源预测技术，提出有源配电网多时间尺度多目标有功无功协调优化方法。该方法从日前、短期、超短期三个时间尺度对配电网内的可调资源进行有功无功协调优化，从而减少可再生能源和负荷不确定性对配电网运行所造成的影响，实现配电网的安全可靠经济运行。

可将有源配电网多时间尺度协调优化方法分为三个时间尺度：日前优化、日内短期滚动优化和日内超短期反馈校正优化，各阶段间的协调关系如图 3-46 所示。

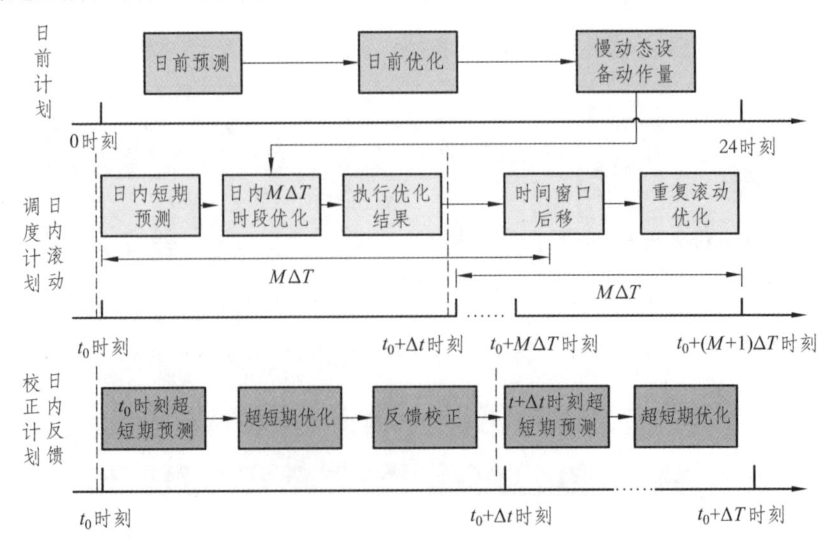

图 3-46　多时间尺度协调优化方法

综上可知，在主配一体化系统框架下，基于多能耦合配电网双向快速故障恢复和多阶段稳定控制技术，以及有源配电网多时间尺度协调优化技术，得到主配协同的配电网故障恢复控制与运行优化方法，研发出主配协同风险评估与运行优化系统并进行示范应用，对增强电网主配协同管控、提高配电网对分布式资源的灵活接纳能力及供电可靠性、降低配电网停电风险及配电网网损具有重要作用。

云端共享——调控云发输变配“电网一张图”建设

第一节 调控云平台介绍

电网调度自动化系统作为影响第三代电网的关键技术之一，需要充分吸纳信息技术的最新发展成果，而云计算所具有的特性符合调度自动化系统发展的方向，是新一代调度自动化系统新部署模式的基础。

调控云是广泛应用云计算、大数据、移动互联、人工智能等技术，面向电网调度业务的云服务平台。其满足电网调控业务对连续性、实时性、协同性的要求，符合云计算的理念，具有硬件资源虚拟化、数据标准化和应用服务化的特点，提升资源使用效率和效益，奠定广域信息共享的基础，打造应用服务新生态。

资源虚拟化，为调控云基础设施的集中管理、高效运维、快速部署、动态扩容、业务多活、安全可靠等多方面提供了完整的解决方案。同时通过模板化创建、轻量化部署、全过程管理和一体化监视等资源管控手段，资源虚拟化转变传统系统运维模式，在有效增强系统资源使用效率、切实提升平台的运维管控能力的同时，保障平台安全、可靠、稳定、高效运行。

数据标准化，制定《电力调度通用数据对象结构化设计》，实现 ID 编码全局唯一、通用数据对象建模、统一元数据管理、关联其他业务系统、兼顾个性化需求，同时可根据业务需要实现模型的按需扩展。初步完成模型数据、运行数据、实时数据的汇集和治理。

应用服务化，为众多服务厂商和上层应用搭建了一个开放的服务体系架构，将原有硬件、数据、软件纵向捆绑的传统架构转化为开放式、组件化的服务化架构，各厂商以注册方式提供丰富服务。其开放的服务架构和丰富的服务支撑，极大程度上方便了上层应用的开发，逐渐营造出一个标准开放的多业务、多场景应用生态圈。

调控云建设遵循“先行先试、稳步推进，科学规划、有序建设，统一标准、鼓励创新，立足实际，需求驱动”的建设原则，架构设计满足电网调控业务安全性、持续性、实时性、同步性和分散性五个明显特征要求，符合云计算的理念，以调控业务应用需求为导向，统一调控数据模型，突出数据价值创造，夯实平台基础，构建开放共享的应用生态，促进电网调控数据价值的深入挖掘，实现电网精益化安全分析，推动电网运行智能决策及调控业务管理模式转型，全面保障电网安全优质运行和调度管理精益高效运转。

一、调控云结构

为适应“统一管理、分级调度”的调度管理模式，调控云采用统一和分布相结合的分级部署设计，形成国（分）主导节点和各省（地）协同节点的二级部署，共同构成一个完整的两级调控云体系。主导节点和协同节点在硬件资源层面各自独立进行管理；在数据层面，主导节点作为调控云各类模型及数据的中心，负责元数据和字典数据的管理、调控云各类数据的数据模型建立、国调和分中心管辖范围内模型及数据的汇集，协同节点负责本省模型及数据的汇集，并向主导节点同步/转发相关数据；在业务层面，调控云作为一个有机整体，由主导节点基于全网模型，提供完整的模型服务、数据服务及业务应用，各协同节点基于本省完整模型及按需的外网模型提供相关业务服务。调控云总体架构如图 4-1 所示。

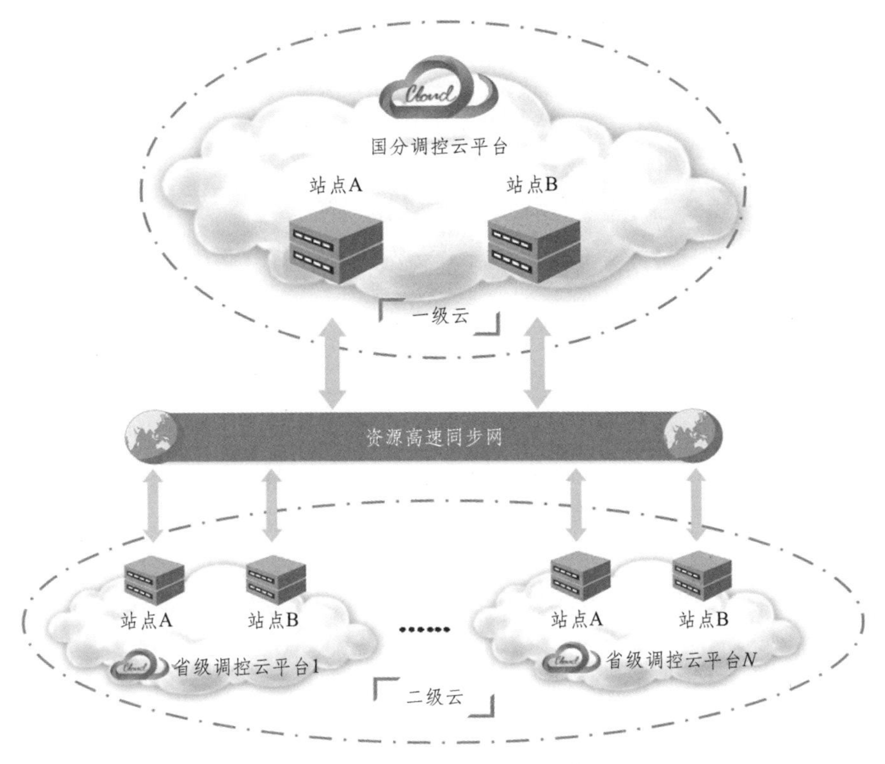

图 4-1 调控云总体架构示意图

(一)两级云架构

根据调控业务特点和管理布局，构建跨调度机构的“1 个国(分)主导节点 + N 个省(地)协同节点”的二级部署调控云体系，调控云内部实现软硬件资源和应用服务的横向集成。二级云之间通过专用高速同步网络互联，实现调控云服务和数据的纵向贯通。调控云体系实现不同层级业务的适度解耦，符合能量流和信息流的空间分布特性，符合业务分级、数据集中的技术路线，不同层级调控云节点既为整体又各有侧重，保证了全局层面信息流与服务流的整体贯通。国(分)云平台处于调控云的核心位置，统领调控云的数据标准化、服务标准化、安全标准化，主导全网计算业务，部署 220 kV 及以上主网模型数据及其应用功能，侧重于国分省调主网业务。

省(地)云平台部署在每个省级调控中心，是调控云的协同节点，严格遵循数据标准、服务标准和安全标准，并负责全网计算业务的子域协同，部署 10 kV 及以上省网模型数据及其应用功能，侧重于省地县调局部电网业务。

（二）双站点模式

为保障调控云的可靠性和连续性，调控云各节点均采用双站点模式建设，即在同一节点上异地部署 A、B 两个站点，并实现站点间数据的高速同步。两站点间镜像配置，在业务层面均可同时对外提供服务，实现异地应用双活。

对于数据业务，为了保障调控云业务数据的强一致性，采用成熟的读写分离业务逻辑，即单点写、两点读的方式。当调控云某一站点发生故障时，由另一站点接替全部业务操作，保障业务连续性。异地应用双活技术主要依托 A、B 两站点数据同步、负载均衡、健康路由探测和读写分离业务逻辑设计。

（三）站点内架构

根据调控云的功能定位及业务范围，站点内划分为接入域、资源域和用户域三部分。接入域负责各级调控系统源数据的接入，完成数据结构标准化及数据汇聚功能。资源域是站点内各类软硬件资源，硬件资源采用池化设计，包括若干计算资源池、存储资源池和网络资源池，资源池内的资源可供各应用共享。用户域提供国、分、省、地（县）各级最终用户对调控云的访问方式。

调控云软件架构按照云计算典型分层设计自下而上分进行层次划分，包括基础设施即服务（IaaS）、平台即服务（PaaS）、软件即服务（SaaS）分层构建，IaaS 层实现资源虚拟化；PaaS 层实现数据标准化，除公共资源管理外，包括模型数据平台、运行数据平台、实时数据平台及大数据平台等功能，并开放面向模型、实时数据、运行数据和大数据的 PaaS 服务；SaaS 层实现调控云应用服务化。资源域根据业务分区，分为实时子域和管理子域。

调控云软件架构如图 4-2 所示。

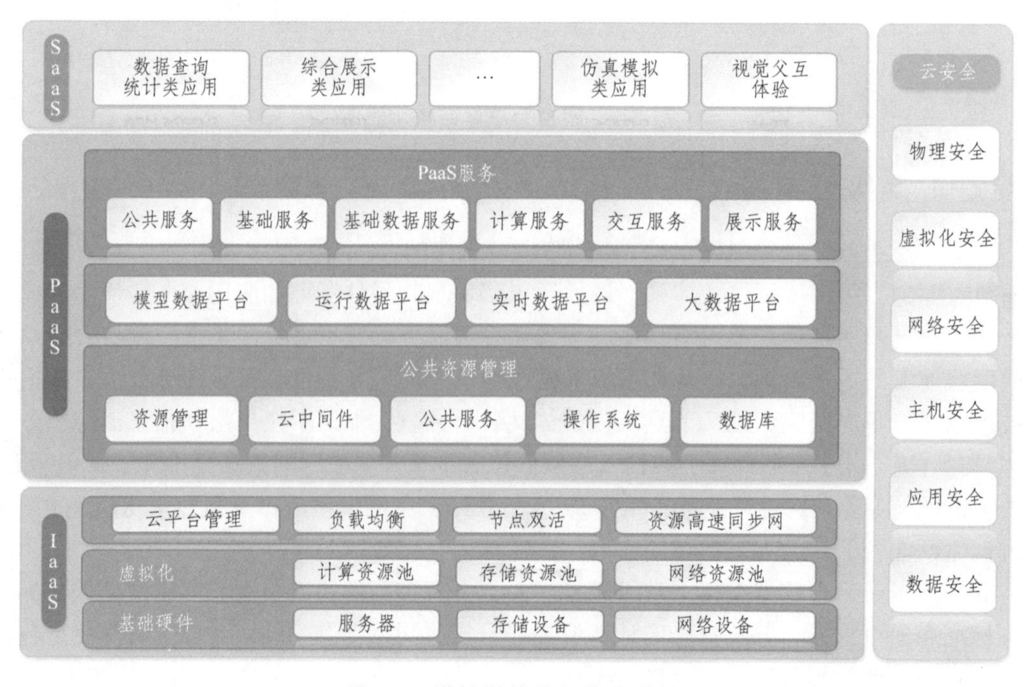

图 4-2　调控云软件架构示意图

1. IaaS 层

基础设施层（IaaS）将调控云资源虚拟化，构建计算资源池、存储资源池和网络资源池，为用户提供虚拟化的资源，同时通过统一资源管理、自动化运维、权限管理、监控管理、告警管理、拓扑管理、日志管理、开放 API 接口等平台管理服务，实现 IaaS 平台资源的全生命周期管理，通过负载均衡机制实现异地应用双活，通过同步管理保证数据的一致性同步。

2. PaaS 层

平台服务层（PaaS）体现了标准化、开放性、服务化等云生态特征。它主要包括支持各种数据类型的数据存储，云总线在内的多种公共组件，权限、日志、任务调度等平台公共资源管理应用，以及相应的基础应用。PaaS 层对各种业务需求进行整合归类，向下根据业务需要测算基础服务能力，实时调用 IaaS 层各类资源，向上为 SaaS 层提供就绪可用的开发环境和标准化的服务接口。根据电网调控业务的特点及发展需求，调控云从数据维度将 PaaS 层细分为 4 个业务支撑平台：模型数据平台、运行数据平台、实时数据平台和大数据平台。

1）公共资源管理

面向平台管理，实现对 PaaS 平台中的模型数据平台、运行数据平台、大数据平台、实时数据平台等提供软件运行环境、相关工具及服务。

2）模型数据平台

按照电网调度通用数据对象结构化设计原则，存储元数据、字典数据和电网模型，统一管理和发布调控云的元数据、字典数据，提供电网模型数据的同步、校验、订阅服务等，完成各级电网的标准化图模汇集，共同形成 1 000 kV 至 10 kV 全电压等级电网模型及其对应图形，实现电网模型数据的集中管理、分级维护、全局共享，为 PaaS 层其他数据平台及 SaaS 层应用提供模型数据与图模服务。

3）运行数据平台

按对象汇集量测、电量、告警、事件、计划、预测、环境七类运行数据以及各类相关文档资料，并提供运行数据查询、统计以及电网长期运行规律的数据挖掘、分析等服务。

4）实时数据平台

用于支撑电网实时在线分析应用的数据平台，由数据汇集、存储与计算分布式集群构成，实现数据汇集存储、状态估计计算、运行环境管理及实时数据服务等功能，提供节点支路模型、实时运行数据、状态估计数据，可支持多用户、多场景的电网分析计算应用，为 PaaS 平台中其他数据平台及 SaaS 层应用提供电网实时数据及相关服务。

5）大数据平台

为大数据的采集、清洗、存储、分析和应用提供支撑技术，包括提供底层的计算、存储和网络资源，同时提供高性能并行计算环境和分析挖掘算法库，为 PaaS 层 PaaS 的大数据存储、计算、分析等提供统一的平台支撑。

6）服务体系

描述了调控云服务体系的接口规范，通过云计算技术为服务提供部署、发布、获取、运行一体化的服务管理模式，通过虚拟机、容器、应用包等方式实现服务的快速部署；通过调控云平台实现服务的智能管理和按需访问。

3. SaaS 层

应用服务层（SaaS）为调度运行和管理应用软件提供部署、发布、获取、运行一体化的服务管理模式，支持按需自助式服务。各类应用软件按照“胖服务化、瘦客户端”的理念，为调控云用户提供基本数据检索与查询、主题分析与可视化、大数据应用、电网运行分析与预警、调度智能决策等多类调度运行与管理应用。

1）数据检索与查询

分析和抽取对象最主要、最常用的信息进行模型画像，并设计符合业务特点的典型化场景，采用图形化、可视化方式进行展示，利用视觉识别使信息展示既方便快捷又形式丰富，达到美观和实用的完美结合。

2）主题分析与可视化

在电网模型主题分析及展示方面，分主题对电网、发电、输电、变电、直流、清洁能源、新能源、调度管辖、员工等业务域进行针对性的统计分析，具备分类统计、趋势分析、地区分布、排序置顶等功能，并结合可视化手段进行直观展示。例如：配网概况、流域概况、电网概况、发电概况、新能源概况、员工概况。

3）大数据应用

（1）电网运行后评估。

大数据基于海量运行数据价值挖掘，完成了设备利用率、检修计划后评估、设备故障后评估等应用功能建设，为电网规划、技改、方式安排等提供依据。

（2）电网运行指标评价体系。

电网运行指标体系的构建涵盖安全、经济、绿色三方面。安全指标从平衡能力、调节能力、能源供给等方面评估电网安全稳定水平和潜在运行风险；经济指标从设备利用率、网损、交易等方面为电网经济运行决策提供量化依据；绿色指标从清洁能源发电、清洁能源消纳等方面评估电网清洁能源消纳水平，为提升清洁能源消纳提供决策依据。

二、调控云功能

（一）基础平台管理

基础平台管理提供先进的 IT 技术手段，支撑消息数据汇聚、服务调用协同、统一权限管理、任务调度以及全局资源监控。基础平台管理作为调控云 PaaS 平台的基础，它为调控云 PaaS 平台中的其他平台提供软件运行环境、相关工具及服务。基础平台管理由中间件、公共组件和平台管理构成。

中间件是为应用提供通用服务和功能的软件，为应用提供消息传输和服务交互功能，降低应用与平台的耦合度，提升调控云的服务能力。中间件主要包括服务总线、广域服务代理和消息总线 3 个部分。

公共组件基于 IaaS 提供的访问远程计算资源的能力，将基础设施、存储、数据库、信息和流程作为服务，提供标准化的业务流程或应用，实现快捷供给业务系统所需平台资源、快速进行应用平台部署和升级、统一开发和生产环境平台配置、统一平台监测和运维、提高应用开发和团队沟通效率，为实时数据云平台、运行数据云平台、模型数据云平台提供技术支撑。公共组件主要包括权限管理、应用管理、注册管理等 8 个部分。

（二）模型云平台

全网模型及参数准确性低、数据汇集难度大，必然影响基于全网模型的各个计算应用，导致计算结果准确度降低，这就需要模型数据平台进行统一管理各类模型数据。

模型数据平台是调控云主导节点与协同节点 PaaS 层的主要组成部分，如图 4-3 所示，其包括元数据管理、字典管理、图模管理、模型校验、模型同步等 10 个功能模块和模型服务与数据服务（提供模型数据）两类 37 个服务。它主要具备元数据管理、字典管理、模型同步、模型订阅、模型校验、模型发布、量测模型等功能。模型数据平台实现电网模型数据的集中管理和全局共享，实现模型及图形上送与下发、数据质量管控以及电网模型的按需裁剪等功能，为 PaaS 层其他平台及 SaaS 层应用提供模型数据与图模服务。其中主导节点模型数据平台向协同节点与源数据端提供统一的元数据和字典。协同节点模型数据平台可扩充个性化信息，具备元数据的私有信息维护和下发功能。源数据端将模型和图形通过协同节点或直接同步至主导节点。协同节点按需从主导节点订阅模型数据。

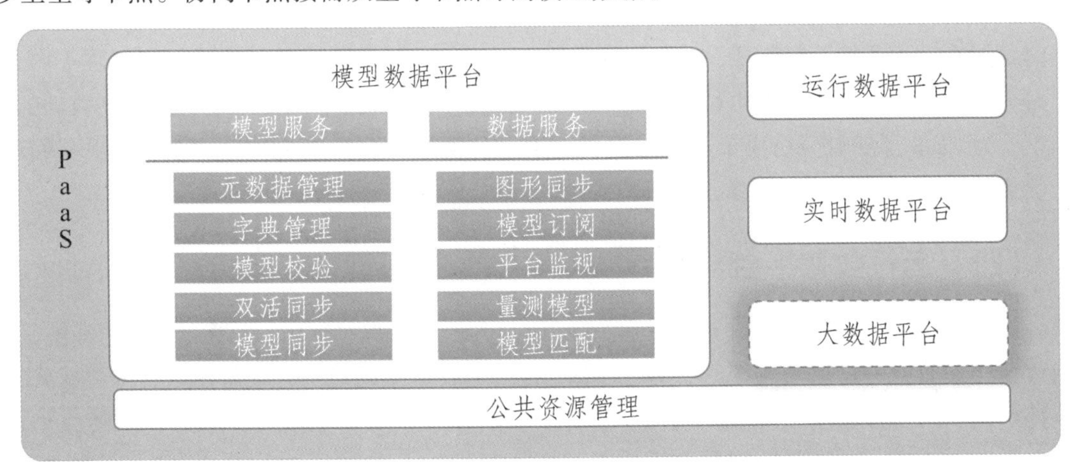

图 4-3　模型数据平台体系架构图

模型云平台主要功能包括：

1. 元数据管理

元数据是描述信息资源或数据等对象的数据，根据《电力调度通用数据对象结构化设计》要求，调控云元数据管理内容范围包括：公共数据模型、电力一次设备模型、自动化设备模型、保护设备模型等。根据调控云架构要求，元数据管理分为主导节点（国分云）、协同节点（省地云）、源数据端三级设计和建设，实现调控云全网模型结构的标准化管理。

2. 字典管理

字典是对数据对象属性中可规范输入内容的定义。字典管理为实现属性字段中输入数据值的标准化，对可供选择的数据项进行归纳、枚举和编码，以确保数据内容的规范和统一。

3. 模型校验

模型校验包括校验规则库管理、模型校验、检验结果查询统计、拓扑管理、图形管理、模型订阅和模型发布功能，主要实现图模一体化模型数据和图形资源的有效管理。针对维护完成的模型、图形和拓扑关系，提供模型校验功能，通过校验规则库提供的校验规则，实现异常数据的校验，并通过校验结果查询统计功能，按照调度机构、所属对象、数据严重级别等方式展示校验结果。

4. 模型订阅

模型订阅是模型请求方按订阅周期或订阅条件从模型提供方获取所需范围和应用的模型。模型发布是模型提供方按照订阅请求向模型请求方发布所需模型。模型版本管理是指对不同时间断面的模型数据进行存储和管理。通过设置模型的投、退运时间管理未来模型和实时模型，并按需根据时间抽取未来和实时模型。定时对实时模型进行抽取和存储，形成历史模型版本。按时间抽取的模型版本可导入独立系统用于研究。

（三）实时数据平台

实时数据平台是调控云 PaaS 层的重要组成部分，主要包括实时数据采集、实时数据处理、实时数据存储、采集模型管理、状态估计计算、应用运行环境管理和分布式系统管理等内容。实时数据云平台的基础模型由模型数据云平台提供。实时数据平台在汇集电网量测数据的基础上，为 SaaS 层实时分析决策类应用提供电网设备模型、节点支路模型、实时数据、状态估计数据，及其所需的运行计算分析环境支撑。

（四）运行数据平台

运行数据平台依托模型数据平台进行量测、告警、事件、电量、计划、预测、环境等电网运行相关数据的抽取与发送、汇集与存储，实现运行数据的统一存储管理，支撑数据分析、数据挖掘和人工智能应用。

如图 4-4 所示，运行数据平台根据不同的数据源，从 EMS、OMS、TMR 等系统中抽取量测、告警、故障与运行事件、电量、计划预测等信息，经过筛选、映射、转换处理后，按照调控云通用数据对象结构化的要求进行统一存储，运行数据平台提供了数据校验、运行监视等功能模块，并对外提供查询服务、统计服务及展示服务等运行数据类服务。

运行数据平台主要功能包括：

1. 运行数据汇集与存储

运行数据汇集主要包括源端抽取发送和云端接收处理两个部分。运行数据通过标准的消息报文实现国分云汇集国调、分中心和各省级云 220 kV 以上运行数据，省级云按需汇集来自省调、地调的全电压等级运行数据，同时向国分转发 220 kV 及以上运行数据，支持多源数据管理，满足同一设备不同数据来源的运行数据统一存储管理。

运行数据平台源端指提供量测数据、告警数据、故障与运行事件数据、电量数据及计划预测数据的业务系统或功能模块。源端主要负责从 EMS、OMS 和 TMR 等业务系统中抽取量测、告警、故障与运行事件、电量、计划预测等运行数据，按照预先配置好的数据抽取范围、抽取周期和数据发送间隔，周期性地将不同类型的运行数据发送至消息总线的不同主题，同一主题的消息采用多分区策略提高消息处理吞吐量。

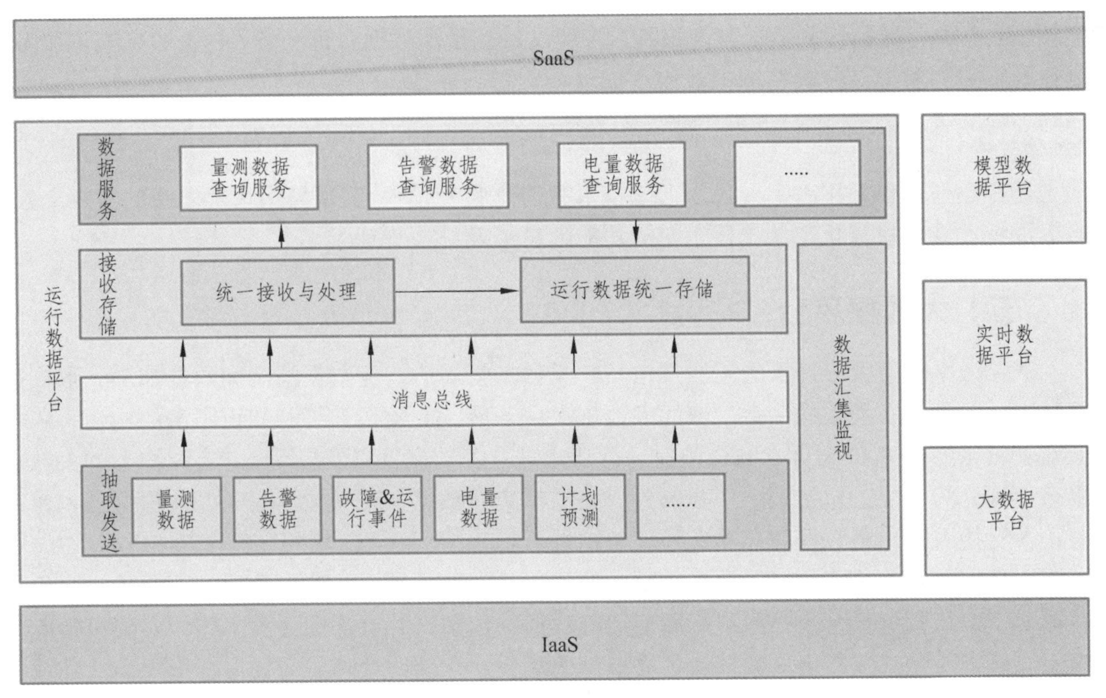

图 4-4　运行数据平台软件架构图

云端实现各类运行数据的统一接收与处理，主要负责从消息总线接收各类运行数据报文，采用多台服务器对消息报文进行负载均衡处理，并可根据数据量的大小，在线扩展增加服务器数量，提高数据汇集能力。运行数据平台采用数据补传技术支持缺失数据的补召，保障运行数据的完整性。

2. 数据汇集监视

数据汇集监视主要功能包括消息通信状态监视、数据入库状态监视和汇集数据质量监视三部分。

（1）消息通信状态监视通过记录各个源端发送的心跳报文，监视不同数据来源、数据类型和消息主题数据汇集的通信状态。

（2）数据入库状态监视通过监视信息统一存储模块记录每包消息的数据类型、数据时间、数据来源、入库数据量、入库失败的数据量等信息，并支持根据数据类型、数据时间和数据来源等条件对各类数据的入库状态进行统计查询展示。

（3）汇集数据质量监视具备缺失值检测功能，能够检出运行数据平台中数据缺失的情况，计算缺失测点数量、基于历史存储粒度记录缺失点数、统计缺失百分比，并在检测到数据缺失情况后，通过告警信息统一发送模块发送数据汇集缺失告警信息。

运行数据平台通过数据汇集监视，可以有效且及时地掌握国/分/省运行数据汇集情况。

3. 数据服务

运行数据平台采用标准化高性能服务框架对外提供各类运行数据的查询服务，实现了国分云与省级云内部与广域运行数据的透明访问，支撑运行数据的全局共享。运行数据服务主要包括：电力容器类量测数据查询服务，一次设备类量测数据查询服务，告警数据查询服务，电量数据查询服务，计划预测类数据查询服务。

4. 运行数据交互

运行数据汇集采用跨平台的序列化技术和消息服务技术，实现异构系统之间的数据交互。对数据报文进行规范化定义，便于汇集功能的扩展及统一管理。

（五）大数据平台

调控云平台遵循云计算的三层架构，各类数据汇集后，经数据清洗和数据加工，形成数据资产，并存储在大数据平台，依托大数据平台开展 AI 模型训练和知识图谱的构建，依托大数据领域的先进 IT 技术，结合调控运行和管理业务数据特点及应用需求，调控云的大数据平台架构分为三层，包括五个主要部分：数据汇集、数据加工、数据服务、数据管理和数理方法，支持海量历史数据的存储、处理与挖掘分析。

大数据平台与运行数据平台在数据存储方面具有继承性，在数据管理方面的功能定位存在差异。运行数据平台主要承担短周期运行数据的汇集，并上送国分的工作，实现包括电网稳态、暂态、动态运行历史数据和各类事件的汇集、存储和处理，为数据分析提供基础数据服务；大数据平台的数据采集、数据存储、数据处理、数据分析挖掘等功能，为平台服务层（PaaS）的大数据存储、计算、分析等提供统一的平台管理支撑。

第二节　调控云通用数据对象结构化设计

一、设计原则

（一）目标及原则

电力调度通用数据对象结构化设计是为了实现电网模型数据的集中管理、分级维护和全局共享，确保各类应用设备命名统一和参数一致，提升电网调控一体化协同运作能力。数据结构化设计遵循以下原则：

（1）ID 编码全局唯一。数据对象 ID 编码规则具备全局唯一性，以唯一 ID 编码为线索，建立数据对象间的关联关系模型，为上层应用提供标准数据基础。

（2）通用数据对象建模。从通用性角度出发，面向电网、设备、元件、系统、控制断面、组织机构、公用对象等电力调度相关元素的通用数据对象进行建模。

（3）统一元数据管理，采用元数据管理的基本方法，建立数据对象、数据对象表、数据对象表属性和数据字典。

（4）关联其他业务系统。建立 ID 映射表，实现原系统属性与通用结构化对象的信息一致性关联，从而消除“竖井式”业务模式和信息孤岛。

（5）兼顾个性化需求。允许用户根据各自业务的特点拥有差异化的个性需求，建立私有的数据表，但应遵循标准化设计的规则。

（二）通用数据对象

对象是人们要进行研究的任何事物，从最简单的整数到复杂的飞机等均可看作对象，它不仅能表示具体的事物，还能表示抽象的规则、计划或事件。数据对象是性质相同的数据元素的集合。为便于对模型数据进行集中管理，引入元数据管理的思想对其进行结构化设计，对其分层逐级进行划分，包括对象分类、对象、属性、数据对象关系、字典。

1. 对象分类

本次结构化设计的建模范围包括电力调度中涉及的一次设备（DEV）、厂站自动化设备（SSD）、配电自动化设备（DA）、通用计算机设备（AUT）及设备所在的电力容器（CON）、电力容器公用环境信息（COM）、组织机构人员信息（ORG）等对象。

2. 对　象

本次设计将电力调度直接使用的电力一次设备、二次设备、电力设备容器以及与电力调度紧密相关的组织机构、周边环境等内容作为对象。对上述对象进行建模，并以一张或多张数据库表的方式描述某一对象。本次设计重点研究对象的数据库模型、数据内容、数据维护方式等，因此，将其称之为数据对象。

3. 属　性

属性就是对一个对象的抽象刻画，是对象的性质和对象之间关系的统称。一个具体对象，总是有若干性质与关系，把一个对象的性质与关系，均称作对象的属性。

本次设计中，数据对象的属性，指组成某一数据对象的若干张数据库表中的具体数据字段，即数据库中的列。如具体对象的代码、名称等，再如对象间关系等定义，也包括设备管理、运行的分类术语。

4. 数据对象关系

数据对象关系指对象之间的关联关系。本次设计中的数据对象间存在管理关系、从属关系和拓扑关系三类对象关系。

（1）管理关系，指组织机构间的上下级管理关系；调度机构与设备间的调度管理关系；运维机构与设备间的运维管理关系；公司与设备间的资产管理关系等。管理关系在本次设计中采用外键引用方式描述。

（2）从属关系，指设备容器与设备之间的从属关系，设备整体与设备组件之间的从属关系等。从属关系在本次设计中采用外键引用方式描述。

（3）拓扑关系，指设备的物理电气连接关系。拓扑关系在本次设计中通过“电网拓扑节点”和“电网拓扑连接关系”两个数据表描述。

5. 字　典

数据对象的字典是对数据对象属性中可规范的输入内容的定义。本次设计中为实现数据值的标准化，对可选择的数据内容定义字典，规范其输入值。

（三）文档分册规则

本次结构化设计具有涉及对象多、对象属性多、对象关系交错等特点。为方便用户查询使用，按照共性汇集、专业分类原则，进行分册编制。在国调中心发布《电力调度通用数据对象结构化设计（第一版）》中对主网涉及的各类对象进行分册，包括《总则》《元数据》《字典》《公共数据模型》《电力一次设备模型》《自动化设备模型》。

《总则》主要描述本次结构化设计的目标、原则、通用数据对象建模范围、对象代码规则、对象分表建模规则、对象属性名规则、对象 ID 编码规则、元数据建模规则和文档分册规则。该分册是对本次设计的总体描述，对本次设计中涉及的通用对象进行定义，对对象 ID 编码规则进行描述，对本次设计使用的元数据管理方法进行定义，并明确数据共享规则等内容。

《元数据》主要描述本次结构化设计中对数据对象的管理方法，即元数据管理方法。该分册具体设计元数据管理中使用的数据对象、数据对象表、数据对象表属性及字典对象的表结构。对本次设计中涉及的数据对象、数据对象表和字典对象进行定义，并举例描述数据对象表属性。元数据分册中对数据对象的定义也是其他分册的索引。

《字典》主要描述本次结构化设计中用到的字典表中的具体数据内容。本次设计中，对于有一定可选范围，可以进行枚举，且对具有逐步增加扩展可能性的数据内容定义了数据字典（对于选择范围确定，且不会扩展的数据内容采用数据范围约束的方式进行描述，即数据库中的“CHECK”约束，如性别选项中的“男、女”，再如判断选项中的“是、否”等）。该分册即对这些数据进行描述。公共数据、电力一次设备模型、保护设备模型等其他分册中需要选择的数据均在此分册中进行描述。

《公共数据模型》主要描述电网调控运行中所需的公共数据对象，描述组成某一数据对象的表和表的具体结构。本分册中包括组织机构、电力设备容器、一次能源、公共环境等。其中组织机构包括公司、机构两类数据对象；电力设备容器包括电网、发电厂、变电站、间隔、直流系统、断面和控制区等；公共对象包括径流式水库、抽蓄式水库、河流、山脉、铁路和公路等与电力调度相关的环境数据对象。电网拓扑连接关系所用的表结构亦在此分册中进行描述。

《电力一次设备模型》主要描述电力调度所需的一次设备数据对象，描述组成某一数据对象的表和表的具体结构。本分册具体内容包括发电机、交直流线路等输电设备，母线、变压器、断路器等交流变电设备和换流阀、换流器等直流设备。电力一次设备模型是电力调度通用数据对象的重点内容，该分册也是本次设计的重点。

（四）对象扩展原则

本结构化设计允许各单位自行设计私有数据对象，以满足个性化需求。但对于私有数据对象建模应遵循本设计规则，进而通过将公有对象和私有对象联合，形成各单位内部统一完整的对象模型。

数据对象扩展首先确定对象大类，如当前大类中无法找到分类，则增加一个大类，即确定大类码（2 个字符）。确定大类后，在确保与已有对象不重复的前提下，增加小类码。数据对象由数据对象表构成，创建数据对象完成后，需根据规则创建数据对象表，其中某一数据对象的基本信息表是该对象必备数据表。数据对象表创建后，需定义表中的属性，即数据库列，并对属性中可规范的值定义数据字典。

二、主网通用数据对象结构化设计

主网通用数据对象结构化设计主要针对《元数据》《字典》《公共数据模型》《电力一次设备模型》四部分进行编制。在《元数据》中对组织机构、电力设备容器、抽象容器、自动化容器、发电设备等对象进行对象编码。在《字典》中对公共属性设计了公共字典，根据描述属性的不同将字典表格分成了容器类、事件类、输变电设备类、量测类、发电设备类等类型。在《公共数据模型》《电力一次设备模型》中对主网数据对象进行建模。

主网数据对象建模范围包含但不限于：

（1）组织机构：电网公司、发电公司、售电公司、电力客户、供应商、调控中心、调控中心内设部门、检修机构、检修机构内设部门、岗位、人员等。

（2）电力设备容器：电网、发电厂、变电站、间隔、直流输电系统、直流极系统、直流接地极系统等。

（3）抽象容器：断面、控制区等。

（4）自动化容器：自动化主站系统、自动化厂站系统、调度数据网、自动化机房、自动化机柜等。

（5）发电设备：发电机等。

（6）输电设备：交流线路、交流线段、直流线路、直流线段、杆塔等。

（7）变电设备：母线、变压器、变压器绕组、电流互感器、电压互感器、断路器、隔离开关、接地刀闸、串联电抗器、接地阻抗、消弧线圈等。

（8）补偿设备：并联电抗器、并联电容器、静态无功补偿器、静态无功发生器、交流滤波器、同步调相机、串联补偿电容等。

（9）直流设备：换流阀、换流器、平波电抗器、直流电压互感器、直流电流互感器、直流断路器、直流隔离开关、直流接地刀闸、直流接地极、直流接地极线路、直流阻波器、直流滤波器等。

（10）厂站公共二次设备：合并单元、智能终端等。

（11）配电自动化终端设备：智能配电终端、智能配电测控终端、配变监控终端、智能配电同步测量终端等。

（12）厂站自动化设备：专用远动网关机、远动装置、测控装置、相量测量装置、电能量采集终端、网络分析仪等。

（13）计算机设备：服务器、工作站、存储设备、刀片服务器机箱、刀片服务器等。

（14）网络设备：路由器、交换机、工业交换机、光电转换器、串口服务器等。

（15）安全防护设备：横向隔离装置、纵向加密装置、防火墙、入侵检测设备等。

（16）自动化辅助设备：不间断电源、大屏幕、精密空调、KVM、时间同步装置、打印机等。

（17）网络连接关系：网络连接线等。

（18）软件：操作系统、数据库、中间件、应用软件包、应用软件、应用程序等。

（19）一次能源：河流、径流式水库、抽蓄式水库等。

（20）公共环境：山脉、铁路、公路等。

根据对象分类的不同，将对象编码分为两部分：前两位对象编码代表大类编码，用于大致定位对象在分类中的类型；再通过后两位的小类编码确认具体的对象，使对象编码的可识读性更强。

例如：0000 ~ 0999 为对象容器类，1000 ~ 1999 为电力一次设备类，2000 ~ 2999 为电力二次设备类，7000 ~ 7999 为通用 IT 设备类，3000 ~ 6999 和 8000 ~ 9999 预留。

随着业务的深入，原有的对象不能满足需求时，可根据大类小类原则增加新的对象，适应需求的变化，根据对象分类随时创建。

三、配网通用数据对象结构化设计

（一）对象说明

配网模型设计参考《电力调度通用数据对象结构化设计》，采用面向对象的方法对配网数据处理进行编码，实现配网数据模型的集中管理和全局共享，满足时空多维的主配网信息建模，支持可定制范围的多元信息模型提取，提升主配网调控一体化协同运作能力。梳理调度、运检、营销专业主配一体化系统、PMS 系统、OMS 系统、营销用采系统、营销186 系统多元数据类、属性和关联关系，依据通用数据对象结构化设计方法建立配网基础模型；根据电力系统中获取的配网数据生成配网通用数据对象；根据配网通用数据对象和对象之间的关系进行数据建模并获得数据模型；为数据模型分层次构建出以对象为中心的元数据模型。

配网结构化设计主要针对《元数据》《字典》《公共数据模型》《电力一次设备模型》四部分编制。在《元数据》中，根据主网结构化设计对象编号规则对配网对象进行编码，原则是与主网结构化设计对象编码不重复。为了方便与主网对象区分，配网对象英文名称以字母 D 开头。数据对象、数据对象表、数据对象表属性、字典对象数据库表结构与主网结构化设计相同。在《字典》中，配网结构化字典设计原则是配网字典功能不与主网字典功能重复，配网模型属性与主网模型属性相似则沿用主网字典，配网字典要体现配网模型的特色。

在《公共数据模型》中，主要针对配网容器进行设计，包含各类配电站房和分布式发电厂（预留部分）。《电力一次设备模型》是本次结构化设计的重点。根据主网结构化设计的方案，此册将分为发电设备、输电设备和变电设备三部分。发电设备为分布式发电设备预留。鉴于 112 号文中有相同大类的设备，因此，在本次设计中将同一大类设备相同字段进行整合，形成基本信息表和参数信息表，其小类设备单独形成该设备的基本信息表。

根据对象分类的不同，可将对象编码分为大类编码和小类编码两部分。最后可按照例如0000、0011 等编码。其中，编码的前几位代表大类编码，用于大致确定对象在分类中的类型；编码的后几位代表小类编码，用于确定具体的对象，使得编码能够具体追踪到某一对象中。配网对象实例清单如表 4-1 所示。

表 4-1　对象实例清单

CODE	CATEGORY	NAME_CHN	NAME_ENG	SN_LENGTH	NOTES
电力设备容器（01XX）					
0193	CON	开关站	DSWITCHSTATION	4	
0194	CON	配电室	DISTRIBUTIONROOM	4	
0195	CON	环网柜	DRINGNETWORK	4	
0196	CON	箱式变电站	DBOXSUBSTATION	4	
0197	CON	电缆分支箱	DCABLEBRACHBOX	4	
0198	CON	配网间隔单元	DBAYUNIT	4	
0199	CON	组合开关	DCOMPOSITESWITCH	8	
0189	CON	电力用户	CONSUMER	8	
抽象容器（04XX）					
0499	CON	电缆沟道	DCHANNEL	8	
发电设备（11XX）					
1191	DEV	分布式电源	DGENERATION	8	
输电设备（12XX）					
1291	DEV	配电线路	DACLINE	8	
1292	DEV	柱上重合器	DRECLOSER	8	
1293	DEV	故障指示器	DLINEFAULTINDICATOR	8	
1294	DEV	柱上分段器	DSECTIONALIZER	8	
1295	DEV	电缆接头	DCABLEBOND	8	
1296	DEV	电缆段	DCABLESEC	8	
1297	DEV	配网导线	DWIRE	8	
1298	DEV	配网杆塔	DTOWER	8	
变电设备（13XX）					
1391	DEV	配网母线	DBUSBAR	8	
1392	DEV	配电变压器	DPWRTRANSFM	8	
1393	DEV	配网电流互感器	DCT	8	
1394	DEV	配网电压互感器	DPT	8	
1395	DEV	配网断路器	DBREAKER	8	
1396	DEV	配网隔离开关	DDIS	8	
1397	DEV	配网电抗器	DREACTOR	8	
1398	DEV	配网开关柜	DSWITCHGEAR	8	
1399	DEV	配网电容器	DCAPACITOR	8	

续表

CODE	CATEGORY	NAME_CHN	NAME_ENG	SN_LENGTH	NOTES
1381	DEV	配网组合互感器	DCOMT	8	
1382	DEV	配网避雷器	DARRESTER	8	
1383	DEV	配网熔断器	DFUSE	8	
1384	DEV	配网接地刀闸	DGROUNDDIS	8	

本次设计共对电力设备容器、抽象容器、发电设备、输电设备、变电设备五大类对象进行扩展，涉及开关站等 31 个对象，并依据结构化设计原则对每类对象进行编码。

（二）数据对象表说明

完成对象的定义和对象编码的分配后，即可进行数据建模。此时，通常对象只有名称和与名称对应的四位编码。然而，只有通用数据对象中的每个对象均建立完整的模型后才能够被更好的使用，而每个对象模型均以模型对象表的形式展现。因此，在建模前，需要对模型对象和模型对象表关系进行梳理。

从“电网一张图”供电路径分析、小电流接地选线等应用所需的信息进行分析，可获得两个类别的数据模型，分别为电力容器数据模型和电力设备数据模型。如图 4-5 所示，配网数据模型包括电力容器数据模型和电力设备数据模型。容器类数据模型中具体包括多类对象，分别为开关站模型（可标识为 SG_CON_DSWITCHSTATION_B）、配电室模型（可标识为 SG_CON_DISTRIBUTIONROOM_B）。设备类数据类型中包括馈线（可标识为 SG_DEV_DACLINE_B）、柱上重合器（可标识为 SG_DEV_DRECLOSER_B）、配网导线（可标识为 SG_DEV_DWIRE_B）、配变（可标识为 SG_DEV_DPWRTRANSFM_B）等对象。

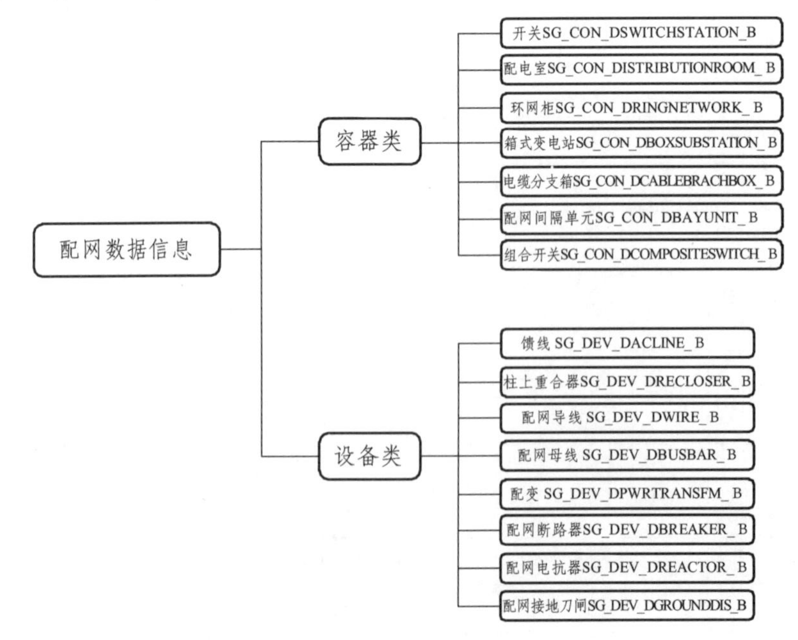

图 4-5　配网数据信息模型结构示意图

数据对象表指构成某一数据对象的一组数据库表，其中基本信息表是该对象必备的数据表。通过数据对象表的“对象代码”属性，建立“数据对象”和“数据对象表”之间的一对多关系。本次设计共对涉及的开关站等 31 个对象建立数据对象表，并依据结构化设计原则按照对象所属大类、名称、属性进行分段式命名。数据对象表清单如表 4-2 所示。

表 4-2　数据对象表清单

OBJECT_CODE	TABLE_NAME_ENG	TABLE_NAME_CHN
0193	SG_CON_DSWITCHSTATION_B	开关站基本信息
0194	SG_CON_DDISTRIBUTIONROOM_B	配电室基本信息
0195	SG_CON_DRINGNETWORK_B	环网柜基本信息
0196	SG_CON_DBOXSUBSTATION_B	箱式变电站基本信息
0197	SG_CON_DCABLEBRACHBOX_B	电缆分支箱基本信息
0198	SG_CON_DBAYUNIT_B	配网间隔单元基本信息
0199	SG_CON_DCOMPOSITESWITCH_B	组合开关基本信息
1191	SG_DEV_DGENERATION_B	分布式电源基本信息
1291	SG_DEV_DACLINE_B	配电线路基本信息
1291	SG_DEV_DACLINE_C	配电线路 ID 映射表
1291	SG_DEV_DACLINE_C_LOAD	配电线路主配网映射关系
1291	SG_DEV_DACLINE_P_APPROVEDCAPACITY	配电线路可开放容量
1291	SG_DEV_DACLINE_H5_MEA_[XXXX]	配电线路 5 分钟量测历史数据
1291	SG_DEV_DACLINE_R_TOWER	线路杆塔关系
1292	SG_DEV_DRECLOSER_B	柱上重合器基本信息
1292	SG_DEV_DRECLOSER_H15_MEA_[XXXX]	柱上重合器 15 分钟量测历史数据
1292	SG_DEV_DRECLOSER_P	柱上重合器参数信息
1293	SG_DEV_DFAULTINDICATOR_B	故障指示器基本信息
1293	SG_DEV_DFAULTINDICATOR_B_LINE	线路故障指示器基本信息
1293	SG_DEV_DFAULTINDICATOR_B_INDOOR	站内故障指示器基本信息
1294	SG_DEV_DSECTIONALIZER_B	柱上分段器基本信息
1295	SG_DEV_DCABLEBOND_B	电缆接头基本信息
1296	SG_DEV_DCABLESEC_B	电缆段基本信息
1297	SG_DEV_DWIRE_B	配网导线基本信息
1298	SG_DEV_DTOWER_B_R	运行杆塔基本信息
1298	SG_DEV_DTOWER_B_PHYSICS	物理杆塔基本信息
1391	SG_DEV_DBUSBAR_B	配网母线基本信息
1391	SG_DEV_DBUSBAR_C	配网母线 ID 映射表
1391	SG_DEV_DBUSBAR_H15_MEA_[XXXX]	配网母线 15 分钟量测历史数据

续表

OBJECT_CODE	TABLE_NAME_ENG	TABLE_NAME_CHN
1392	SG_DEV_DPWRTRANSFM_B	配电变压器基本信息
1392	SG_DEV_DPWRTRANSFM_H15_MEA_[XXXX]	配电变压器 15 分钟量测历史数据
1392	SG_DEV_DPWRTRANSFM_P	配电变压器参数信息
1392	SG_DEV_DPWRTRANSFM_C	配电变压器 ID 映射表
1392	SG_DEV_DPWRTRANSFM_B_PILER	柱上变压器基本信息
1392	SG_DEV_DPWRTRANSFM_B_CAPACITY	柱上调容变压器基本信息
1392	SG_DEV_DPWRTRANSFM_B_INDOOR	站内配电变压器基本信息
1392	SG_DEV_DPWRTRANSFM_B_STATION	所用变基本信息
1392	SG_DEV_DPWRTRANSFM_F_OUTAGEPLANE	停电计划影响范围信息
1392	SG_DEV_DPWRTRANSFM_H_FAULT_SCOPE	故障影响范围信息
1392	SG_DEV_DPWRTRANSFM_P_APPROVED	配电变压器业扩表
1393	SG_DEV_DCT_B	配网电流互感器基本信息
1393	SG_DEV_DCT_C	配网电流互感器 ID 映射表
1393	SG_DEV_DCT_P	配网电流互感器参数信息
1393	SG_DEV_DCT_B_PILER	柱上电流互感器基本信息
1393	SG_DEV_DCT_B_INDOOR	站内电流互感器基本信息
1394	SG_DEV_DPT_B	配网电压互感器基本信息
1394	SG_DEV_DPT_P	配网电压互感器参数信息
1394	SG_DEV_DPT_B_PILER	柱上电压互感器基本信息
1394	SG_DEV_DPT_B_INDOOR	站内电压互感器基本信息
1395	SG_DEV_DBREAKER_B	配网断路器基本信息
1395	SG_DEV_DBREAKER_H15_MEA_[XXXX]	配网断路器 15 分钟量测历史数据
1395	SG_DEV_DBREAKER_P	配网断路器参数信息
1395	SG_DEV_DBREAKER_B_LOADPILER	柱上负荷开关基本信息
1395	SG_DEV_DBREAKER_B_PILER	柱上断路器基本信息
1395	SG_DEV_DBREAKER_B_INDOOR	站内断路器基本信息
1395	SG_DEV_DBREAKER_B_LOADINDOOR	站内负荷开关基本信息
1395	SG_DEV_ DBREAKER_H_FAULT	故障开关跳闸信息表
1395	SG_DEV_DBREAKER_F_OUTAGEPLANE	断路器停电计划
1395	SG_DEV_DBREAKER_C	配网断路器 ID 映射表
1396	SG_DEV_DDIS_B	配网隔离开关基本信息
1396	SG_DEV_DDIS_H15_MEA_[XXXX]	配网隔离开关 15 分钟量测历史数据

续表

OBJECT_CODE	TABLE_NAME_ENG	TABLE_NAME_CHN
1396	SG_DEV_DDIS_P	配网隔离开关参数信息
1396	SG_DEV_DDIS_C	配网隔离开关 ID 映射表
1396	SG_DEV_DDIS_B_PILER	柱上隔离开关基本信息
1396	SG_DEV_DDIS_B_INDOOR	站内隔离开关基本信息
1397	SG_DEV_DREACTOR_B	配网电抗器基本信息
1397	SG_DEV_DREACTOR_P	配网电抗器参数信息
1397	SG_DEV_DREACTOR_C	配网电抗器 ID 映射表
1398	SG_DEV_DSWITCHGEAR_B	配网开关柜基本信息
1399	SG_DEV_DCAPACITOR_B	配网电容器基本信息
1399	SG_DEV_DCAPACITOR_C	配网电容器 ID 映射表
1399	SG_DEV_DCAPACITOR_H15_MEA_[XXXX]	配网电容器 15 分钟量测历史数据
1399	SG_DEV_DCAPACITOR_P	配网电容器参数信息
1399	SG_DEV_DCAPACITOR_B_PILER	柱上电容器基本信息
1399	SG_DEV_DCAPACITOR_B_INDOOR	站内电容器基本信息
1381	SG_DEV_DCOMT_B	配网组合互感器基本信息
1381	SG_DEV_DCOMT_P	配网组合互感器参数信息
1381	SG_DEV_DCOMT_B_PILER	柱上组合互感器基本信息
1381	SG_DEV_DCOMT_B_INDOOR	站内组合互感器基本信息
1382	SG_DEV_DARRESTER_B	避雷器基本信息
1382	SG_DEV_DARRESTER_B_LINE	线路避雷器基本信息
1382	SG_DEV_DARRESTER_B_INDOOR	站内避雷器基本信息
1383	SG_DEV_DFUSE_B	熔断器基本信息
1383	SG_DEV_DFUSE_P	配网熔断器参数信息
1383	SG_DEV_DFUSE_B_PILER	柱上跌落式熔断器基本信息
1383	SG_DEV_DFUSE_B_INDOOR	站内熔断器基本信息
1384	SG_DEV_DGROUNDDIS_B	配网接地刀闸基本信息
1384	SG_DEV_DGROUNDDIS_C	配网接地刀闸 ID 映射表
0499	SG_CON_DCHANNEL_B	电缆沟道基本信息

（三）数据对象表属性说明

在完成对模型对象表的建模后，即可对模型对象属性和从属关系进行建模。建模架构示意图如图 4-6 所示。图中的电网、变电站和变压器三个对象属于一一被从属的关系，因此，在进行数据建模的过程中，应当考虑变压器从属于变电站、变电站从属于电网的这些从属关系，并将这些从属关系以外键引用的方式进行描述。

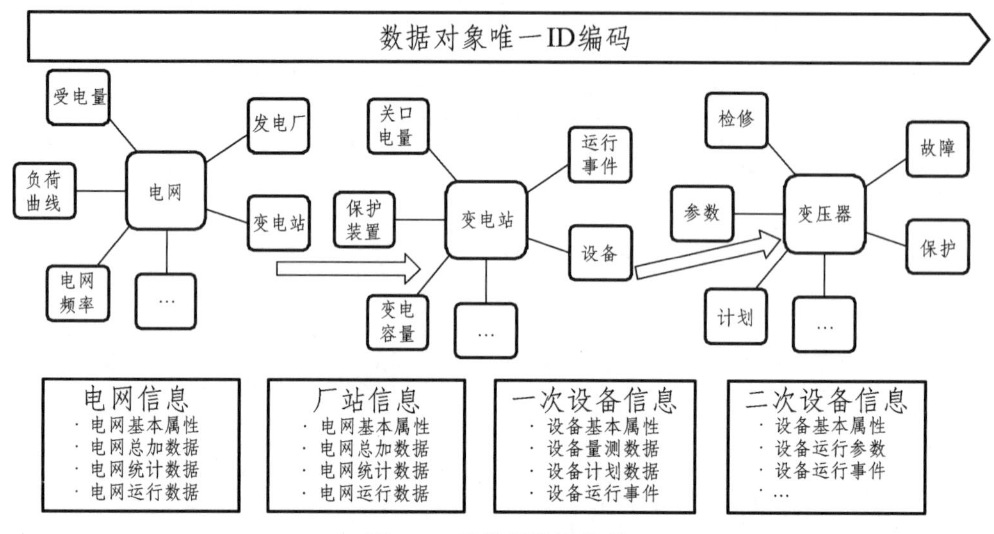

图 4-6　建模架构示意图

本次设计共对涉及的开关站等 31 个对象建立模型属性及从属关系，包括中文名称、英文名称、数据类型、约束等维度对每个属性进行规定，以配网线路基本信息表 SG_DEV_DACLINE_B 为例，数据对象表属性如表 4-3 所示。

表 4-3　配网线路基本信息表

TABLE_NAME_ENG	PROPERTY_NAME_CHN	PROPERTY_NAME_ENG	DATA_TYPE	CONSTRAINT	MODIFY_DATE
SG_DEV_DACLINE_B	线路 ID	ID	VC（18）	PK	2018-10-31 16：32：00
SG_DEV_DACLINE_B	线路名称	NAME	VC（64）	NOTNULL	2018-10-31 16：32：00
SG_DEV_DACLINE_B	所属地市	REGION	INT	FK	2018-10-31 16：32：00
SG_DEV_DACLINE_B	运维单位	MAINT_DEPT	VC（64）		2018-10-31 16：32：00
SG_DEV_DACLINE_B	维护班组	MAINT_TEAM	VC（64）		2018-10-31 16：32：00
SG_DEV_DACLINE_B	起点类型	START_TYPE	INT		2018-10-31 16：32：00
……	……	……	……	……	……
SG_DEV_DACLINE_B	拥有者	OWNER	VC（6）	NOTNULL	2018-10-31 16：32：00

（四）字典对象说明

配网结构化设计所涉及的字典如表 4-4 所示，对配网设备通用的属性进行编码有助于数据规范性，以配网站房类型表 SG_DIC_DSTATIONTYPE 为例，字典实体表示例如表 4-5 所示。

表 4-4　配网字典表

TABLE_NAME_ENG	TABLE_NAME_CHN	CATEGORY	NOTES
SG_DIC_REGIONFEATURE	地区特征	通用	
SG_DIC_STATIONTYPE	配电站房类型	容器类	
SG_DIC_BAYUNITTYPE	间隔单元类型	容器类	
SG_DIC_SWITCHSTATIONAEM	开关站防误方式	容器类	
SG_DIC_DDISTRIBUTEEQUIPMENT	配电设备类型	输变电设备类	
SG_DIC_LINECONNECTIONTYPE	线路接线方式	输变电设备类	
SG_DIC_DMEDIUM	设备介质	输变电设备类	
SG_DIC_INS	变压器绝缘耐热等级	输变电设备类	
SG_DIC_SWITCHFUNCTION	开关作用	输变电设备类	
SG_DIC_SWITCHOPERATINGTYPE	开关操作机构型式	输变电设备类	
SG_DIC_OPERATIONMODE	操作方式	输变电设备类	
SG_DIC_USINGENVIRONMENT	使用环境	输变电设备类	
SG_DIC_SWITCHCABINETTYPE	开关柜类型	输变电设备类	
SG_DIC_DFUNCTIONTYPE	工位类型	输变电设备类	

表 4-5　字典实体表示例

CODE	NAME	NOTES
1001	配电室	
1002	环网柜	
1003	箱式变电站	
1004	欧式箱变	
1005	美式箱变	
1006	电缆分支箱	
1007	电缆分界室	

第三节　“电网一张图”建设关键技术

一、调控云图模共享技术、输配模型贯通技术

（一）图模共享技术

1. 模型边界定制与模型裁剪

模型裁剪和拼接技术是图模共享的核心技术，而模型边界定义又是模型裁剪和拼接技术的关键，因此，边界定义与维护是分布式一体化建模的关键点之一。在目前的应用中，模型边界定义与维护基本依靠人工操作，即系统维护人员以手工方式把模型的边界设备及相关信息填入边界定义表。这种方式维护量太大，维护工作繁琐且易出错，常出现因边界定义错误而导致建模失败的情况。模型边界定制的思想就是通过边界规则配置，实现模型边界的自动生成和检查，从而避免大量的人工干预，减少人为因素引起的问题。

边界规则配置包括通用规则和特殊边界。通用规则指电网模型之间大部分边界设备符合的规律，如网、省之间的调度边界一般在 500 kV 厂站内的变压器中压侧绕组，即站内 220 kV 部分的设备属于省调，其余部分设备属于网调，那么网、省调之间的边界定义通用规则为：省调内 500 kV 厂站是边界厂站，站内 200 kV 部分设备属于省调（不包括 220 kV 变压器绕组）。通用规则可以有多条。特殊边界指不符合通用规则的具体边界，如某个 500 kV 厂站是边界厂站，边界是某条 220 kV 的交流线段而不是变压器的中压侧绕组。根据边界规则配置信息和模型文件，自动生成边界定义。

模型边界检查原理：电网模型通过边界设备分为外网模型和内网模型，如果模型边界定义正确，那么内外网模型在拓扑关系上是完全断开的，否则模型边界定义错误。基于该原理，模型边界检查方法是：从边界设备的外部节点开始，利用拓扑关系和递归算法展开搜索，如果搜索到其他边界设备，则判断搜索的节点是否是边界设备的内部节点，如果是内部节点，则边界定义错误；否则终止该次递归搜索。

各级调控云节点和调控应用对模型有各自的需求，例如对于 500 kV 变电站，网调只需获得 500 kV 的设备模型，需在 500 kV 变压器上等值，屏蔽中低压侧部分的模型，而省调则需获得全站模型；对于 220 kV 变电站，省调只需获得 220 kV 的设备模型，需要在 220 kV 变压器上等值，屏蔽中低压侧部分的模型，而地调则需要获得全站模型。调控云模型裁剪技术在这个问题上取得了突破。调控云模型包含站内所有的设备信息，而各级调控中心和调控应用能通过模型裁剪技术根据需要从中裁剪出本应用所需的部分。裁剪算法根据调控云模型中设备所带的首端连接点号、末端连接点号和电压等级等属性形成一次设备连接关系和电压等级标识，根据各级调控中心和调控应用选择的电压等级和等值设备进行拓扑搜索确定裁剪边界，模型导入前将调控云模型映射表中的未映射模型删除，确保模型中不需要的部分被裁剪掉，再导入模型边界包括线路，最后根据线路名称与对端厂站进行对接，形成全模型的连接关系。

2. 主配网图模拼接与集成

主配网图模拼接分为存量拼接和增量拼接。存量拼接需要找到主配网边界重合部分进行裁剪再进行拼接；增量拼接时，主网设备按照传统方式进行建模，配网模型由 PMS 导入，再由主配网系统自动成图。

1）主网建模方式

主配一体系统中把变电站站内设备认定为主网设备。主网设备的建模按照传统方法，即按照调度命名图绘制图形和建立模型，再依据 ID 映射工具将图模进行关联、节点入库等。

2）配网建模方式

主配一体系统中把变电站站外设备认定为配网设备，配网部分建模主要针对变电站站外配网设备。主配一体化系统配网模型及台账数据秉承“源端维护，全网共享”的原则。配网模型由 PMS 2.0 导出配网模型文件（xml 文件）至服务器再由主配一体化系统导入，配网图形采用自动成图、PMS 2.0 图形导入等多种方式。

3）主配网拼接方式

主配一体系统中，主配网的分界点在主网侧为 10 kV 负荷和在配网侧为 10 kV 站外出线电缆。当配网模型文件（XML 文件）导入主配一体系统时，会自动将配网侧 10 kV 站外出线电缆和 10 kV 负荷进行节点拼接，即将 10 kV 负荷的节点号与站外出线电缆的首端节点号保持一致（沿用主网侧节点号）。

主配一体系统中的主配拼接方式和 10 kV 电源侧与配网模型的拼接方式主要是用主网侧负荷，之所以没有把负荷截掉，是因为目前主配一体化系统及调控云上各高级应用均未考虑主配一体化计算功能（如：主网潮流主要使用牛顿法、PQ 分解法；配网潮流主要使用前推回代法），也未实现模型裁剪功能，虽然负荷为冗余设备，但保留它可避免对主网侧的潮流计算产生影响。

4）10 kV 电源侧与配网的拼接方式

10 kV 电源侧的建模方式与主网侧相同，10 kV 电源侧的出线建为负荷。若 10 kV 电源侧并网点为站外配网设备，则将 10 kV 电源侧的出线所建负荷的节点号与站外配网并网点（电缆段、架空线的某一端）节点号保持一致（沿用电源侧节点号）。建议在新一代中考虑上述功能，并最终实现电网建模与实际设备完全一致。

3. 图形校验技术

图形校验技术可用于校验图模一致性、图形正确性，实现针对错误分析帮助解决，节省人力，可通过程序给出明确错误报告。

图形拓扑校验提供范围选择和校验对象配置功能，实现灵活校验，更好地协助图形拓扑维护工作。提供图形文件和拓扑完整性校验和分析，保障图形文件正确性、拓扑完整性、应用运行可行性，降低因图形维护错误、拓扑连接混乱带来的安全风险。图形全局校验类型如表 4-6 所示。

表 4-6　图形全局校验类型

序号	图形全局校验类型
1	参数完整性校验
2	设备 ID 合理性校验
3	图元缺失
4	边界厂站图形冗余
5	边界设备 keyid 替换校验
6	边界厂站热点跳转替换校验

具体校验内容为：

（1）参数完整性校验：关键属性如 keyid、voltagelevel 等不缺失、不为空且 ID 规范；

（2）设备 ID 合理性校验：图形文件中的设备 ID 要能够与模型对应上；不能存在多个设备对应同一个 ID 的情况；

（3）图元缺失：图形文件中的引用图元在图元文件夹中未找到；

（4）边界厂站图形冗余：边界厂站易出现边界地区均绘制的情况，选择上级电网绘制的图形，不能存在图形重复和冗余；

（5）边界设备 keyid 替换校验：以上级电网绘制的厂站图为主，其中将边界设备替换成下级电网模型信息，校验是否替换及替换的正确性；

（6）边界厂站热点跳转替换校验：潮流图中厂站热点跳转需根据边界进行替换，校验是否替换及替换的正确性。

（二）输配模型贯通技术

1. 输配模型统一维护与管理技术

1）模型管理功能架构

输配模型在进行基础数据维护与贯通时，由于各级调度系统和业务系统独立运行的原因，导致基础信息数据维护工作中出现各种问题，主要问题如下：

（1）由于各级调度系统调管范围的不同，导致模型维护工作重复；

（2）各调度中心设备维护习惯不同可能导致同一设备属性描述差异化；

（3）常用的调度中心间基础信息交互的模型拼接技术，其结果缺乏在实时数据下的潮流分析校验，往往需要建立独立的测试系统先进行模型拼接结果校验后，在运行系统中再重新进行拼接，这种情况出现问题的概率较高；

（4）各调度中心独立维护模型后，采用自下而上的模型拼接方式进行模型信息更新，维护周期长、安全性差；

（5）各调度中心的应用模型只能以本调度范围为基础，无法按照业务需求定制指定区域范围的电网模型；

（6）电网一次模型信息中缺少与之对应的前置信息、图形信息等其他基础数据信息，需要采用其他方式进行更新维护。

为了解决目前调度系统中基础数据信息维护方面的问题，在模型数据平台的设计和规划中从多方面进行了研究与设计。

输配模型统一维护与管理技术从一体化模型管理出发，考虑电网模型的管理和维护需求，从数据汇集中心汇集模型数据，其特点如下：

（1）按属地化维护原则统一维护模型信息，信息维护后采用同步或发布的方式避免重复工作；

（2）按统一标准进行信息格式标准化判断，减少模型信息的属性差异；

（3）以“源端维护，全网共享”为目标，自上而下的模型发布机制保证了较高的模型更新效率和安全性；

（4）通过可定制的模型订阅功能为各级调度运行系统及业务系统的模型应用需求提供个性化模型服务；

（5）模型一体化维护机制，能够将各类信息以扩展的方式与基础模型统一在一起，易于信息获取和维护；

（6）模型两级校验机制，静态模型校验保证模型信息维护的合法性，考虑边界模型的全局模型校验，保证模型信息维护的合理性；

（7）基于时间、空间和应用的多版本模型管理机制，提供不同时刻、不同规模、不同应用需求的模型信息。

2）输配模型边界模型维护原则

模型维护根据厂站所属调度权，采用属地化维护原则；各级用户只能维护自己属地的模型，边界模型的维护由上级用户负责维护或者定义边界维护权限的用户进行。

（1）线路边界维护原则。

调控云上级节点维护边界线路模型，如图 4-7 所示，下级节点维护边界线端模型，通过模型纵向同步和模型订阅实现边界模型的统一管理和共享。

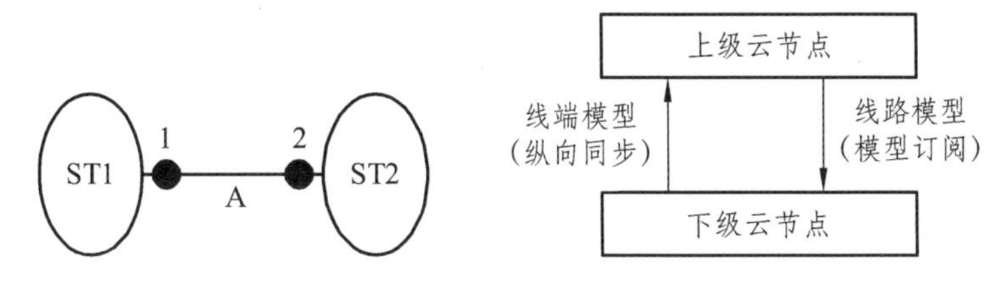

图 4-7 边界线路模型数据维护方法

（2）变压器边界维护原则。

调控云上级节点维护边界厂站的变压器及各侧绕组模型以及该变压器高压侧的开关、刀闸、母线、线路等模型信息，下级节点维护此变压器低压侧的开关、刀闸、母线、线路等模型信息，通过模型纵向同步和模型订阅实现边界模型的统一管理和共享。边界变压器模型数据维护方法如图 4-8 所示。

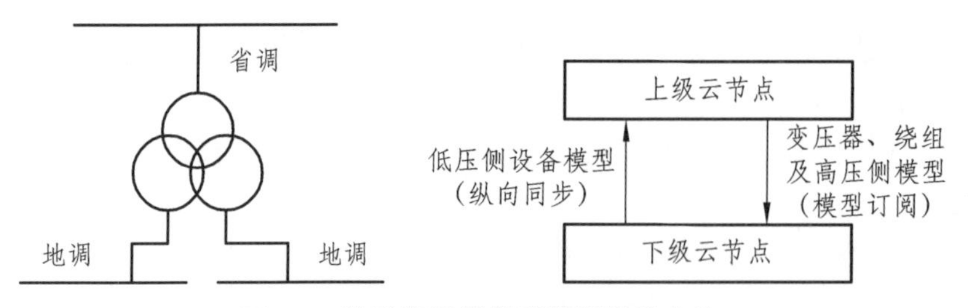

图 4-8　边界变压器模型数据维护方法

3）全网边界一体化管理

一般国分与省级之间以线路作为边界设备进行管理，省地之间以线路或变压器作为边界设备进行管理。

以线路作为边界的边界判定流程如图 4-9 所示，若交流线路两端厂站的拥有者属性不同，则将此线路判定为边界，插入私有边界表进行边界管理。

若下级边界线路模型参数、连接关系、拓扑状态信息发生变化，通过触发机制自动推送给上级调度机构，上级负责进行边界变化信息的审核；若上级边界线路信息发生变化，通过触发机制自动推送给下级进行通知。

以变压器作为边界的边界判定流程如图 4-10 所示，若变压器各侧直连开关或刀闸的拥有者属性不同，则将此变压器判定为边界，插入私有边界表进行边界管理。

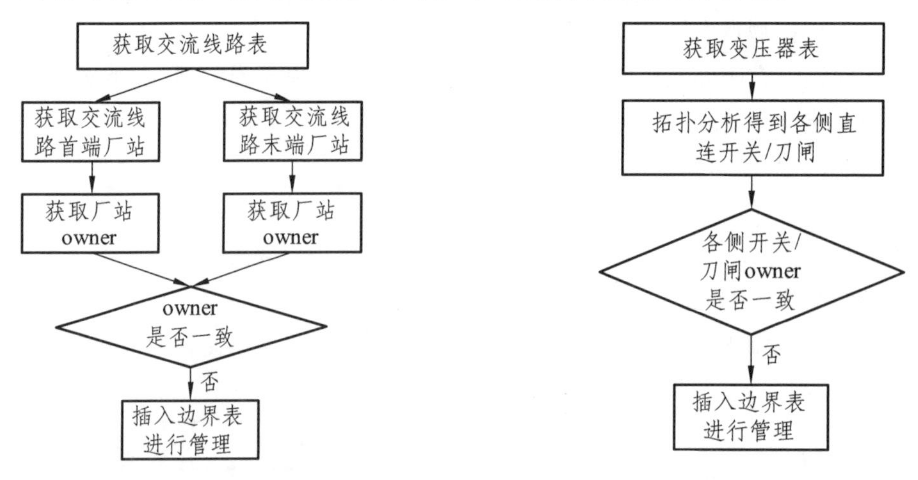

图 4-9　线路边界判定

图 4-10　变压器边界判定

若边界变压器所在厂站的下级模型参数、连接关系、拓扑状态信息发生变化，通过触发机制自动推送给上级调度机构，上级负责进行模型变化信息的审核；若边界变压器所在厂站上级模型信息发生变化，通过触发机制自动推送给下级进行通知。

2. 模型数据异常辨识与修正

1）关口联通性校验

建立正确的全电网模型是输配模型贯通最基本的要求。如图 4-11 所示，分布式一体化建模的源模型来自不同的调度系统，合并后模型正确与否取决于源模型的质量及合并后模型关口的联通性，因此，对源模型的全面校验及合并后的大模型关口联通性校验是建模正确性的保障。在以往的系统中，常因模型校验方式的不合理，导致模型只有投入在线后才能发现模型参数、拓扑等方面的问题，引发后续的一系列问题。正确、全面的校验能够确保模型的正确性，避免风险。

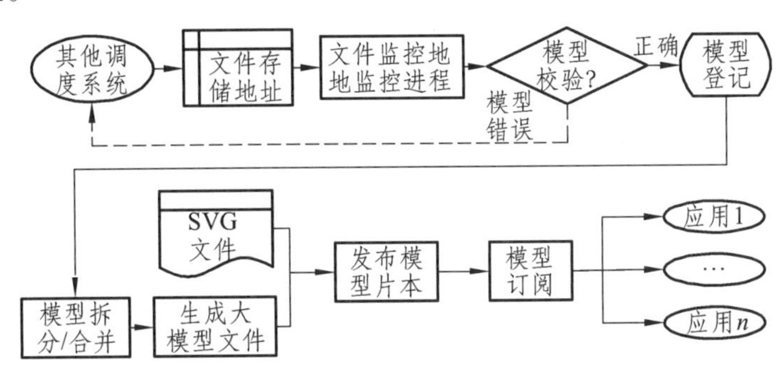

图 4-11 分布式一体化建模

2）源模型校验

基于 CIM/XML 文件的电网模型具备携带断面数据的能力。在模型导出时，要求模型必须携带断面数据，源模型校验分为初始校验和深度校验。初始校验主要是基于模型文件的校验。校验内容包括：语法校验、模型碎片校验、模型拓扑校验、典型参数校验、模型范围校验、命名规范校验、其他特殊校验等，其中校验项和校验规则可选。深度校验是基于数据库的校验，校验方法如下：

（1）把模型和断面数据导入数据库；

（2）利用状态估计等工具，全面验证模型的拓扑和所有设备参数的正确性；

（3）根据状态估计结果，导出计算模型，利用其他应用程序进一步验证。其中第（3）步可选。

3）关口联通性校验

源模型校验通过后，利用模型裁剪/拼接等技术，形成跨区域的大电网模型（以文件方式存在）。关口联通性校验就是基于形成的模型文件，根据边界定义，检查边界设备的拓扑联结关系、边界设备的测点信息等。

图 4-12 是全局模型校验流程。源模型校验全面验证了模型的拓扑联结及设备参数，模型关口联通性校验验证了模型合并的正确性，因此，通过这两种校验可以断定模型的正确性。

3. 全局拓扑校验

电网是各个电力设备通过一定的拓扑连接关系连接到一起的有机整体，根据图形、模型构建拓扑模型能够直观地建立电气设备间连接关系，及时发现拓扑连接相关问题。通过基于调控云平台全电网模型的拓扑模型标准化技术，实现电气设备物理连接点号的标准化和拓扑模型存储方式的标准化。

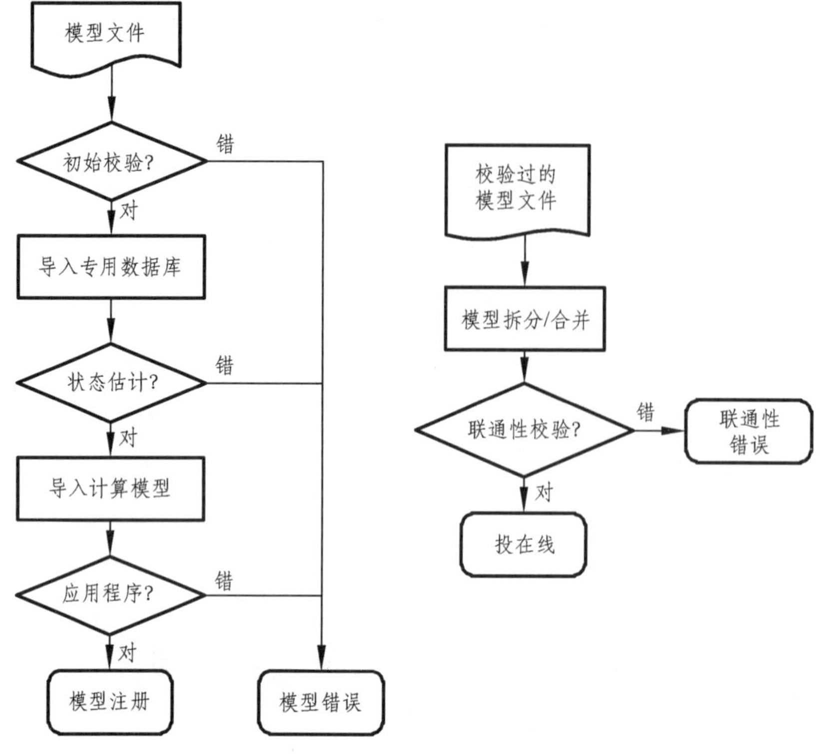

图 4-12 全局模型校验流程

电气设备物理连接点号的标准化是对连接点号组成内容的标准化，将连接点号按厂站ID、电压等级、设备编号组织，符合国调统一连接点号标准。拓扑模型存储方式的标准化本质上是拓扑模型分区域、分类型存储，采用统一的表结构存储所有设备的连接点号。拓扑模型标准化过程中，对于存量厂站，通过批量导入的方式，将厂站存量拓扑连接点号按照国调统一标准生成新的标准连接点号，并存入标准化的表结构中。对于新建或改造站，利用图形编辑器的拓扑建模工具，遍历此厂站相关的厂站图及模型，重新生成标准化的物理连接点号。

在调控云模型中，拓扑关系主要通过设备/设备端点和连接点号描述。由于调控云模型中对象与对象之间关联的重数没有很严格的限制，因此必须在模型维护前，根据电力系统的实际情况对模型实施严格的拓扑校验，以保证模型在拓扑方面的完整性和正确性，避免影响后续应用。

通过设备端点校验和节点空挂校验两方面校验模型拓扑。电网设备分双端设备和单端设备，双端设备有断路器、刀闸、交流线段、直流线段、串联容抗器，单端设备有接地刀闸、同步机、母线、变压器绕组、并联容抗器、负荷。设备端点校验过程中必须确保这些设备的连接点号数目正确。设备的每一端都必须连接到一个节点，否则出现设备空挂错误，设备端点校验可放在本地静态模型校验中的合理性校验中进行，确保每个设备端点都有连接点号。同时，任何一个节点必然至少连接两个设备，因此一个连接点号至少指向两个设备端点，凡不满足此条件，必然出现节点空挂现象。节点空挂校验确保调控云模型的节点连接准确。

全局拓扑校验根据调控云模型连接点号，基于拓扑搜索方法中的节点标记法搜索并校验全局模型拓扑，对调控云模型校验正确的设备进行拓扑连接关系校验，在开关刀闸全部闭合后进行拓扑搜索校验，给出拓扑异常结果，异常结果包括：拓扑碎片、计算母线电压基准不一致、支路单端悬空、计算母线悬空和连接点悬空。

常用的拓扑分析算法树搜索法和邻接矩阵法均是基于节点类型的算法，即运算或搜索时平均考虑节点间的所有信息，不区分对待是否直接连接关系。这类算法不可避免地在最坏情况下要遍历所有节点之间的所有关系，因此效率必然是 $O(N^2)$。节点标记法把搜索主要放在了具有直接连接关系的支路上，仅需存储支路两端的节点，通过依次搜索并标记支路两端节点的编号进行连通域区分，搜索次数仅为支路总数，与节点总数无关，避免了许多无用的搜索，一定程度上提高了效率。当网络中开关量变化时，可直接增减节点连接关系。

节点标记法旨在给每一个节点进行归类，属于同一个区域（即节点间存在一条路可以连通）的节点归为一类。连通性判断结果的表示与上述广度搜索法相同，例如图 4-13 所对应的结果矩阵为：$\boldsymbol{C}=[1,1;2,1;3,2;4,1;5,2]$，即节点 1、2、4 在区域 1 内，节点 3、5 在区域 2 内。节点标记法流程图如图 4-14 所示，具体实现步骤：

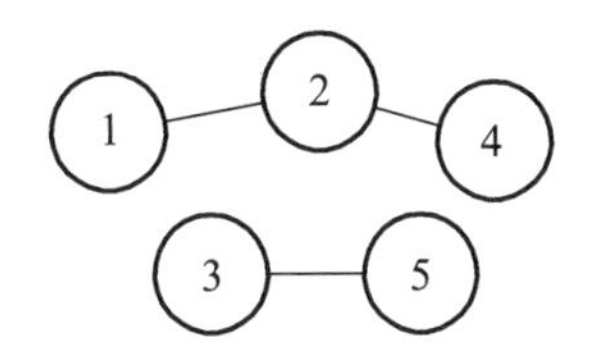

图 4-13 简单双连通域网络

（1）输入图的表示矩阵 $\boldsymbol{A}$，其中 $A(j,1)$、$A(j,2)$ 分别表示边 j 的两个端点；再确定节点数 N、支路数 M。初始化 $C(j,2)=0(1\leqslant j\leqslant N);i=1,x=0(x\text{表示区域数})$。

（2）如果 $C(A(j,1),2)$ 和 $C(A(j,2),2)$ 均为 0，则 $x=x+1$；$C(A(j,1),2)=x$，$C(A(j,2),2)=x$，转步骤（5）；如果 $C(A(j,1),2)$ 和 $C(A(j,2),2)$ 中有一个为 0，则 $C(A(j,1),2)=C(A(j,1),2)+C(A(j,2),2)$，$C(A(j,2),2)=C(A(j,1),2)$，转步骤（5）；如果 $C(A(j,1),2)$ 和 $C(A(j,2),2)$ 均不为 0，且不等，则 $big=\max\left\{C\left(A\left(j,1\right),2\right),C\left(A\left(j,2\right),2\right),2\right\}$，$sma=\min\{C(A(j,1),2),C(A(j,2),2)\}$；$x=x-1$，$k=1$，转步骤（3）。

（3）如果 $C(k,2)>big$，则 $C(k,2)=C(k,2)-1$；如果 $C(k,2)=big$，则 $C(k,2)=sma$。

（4）$k=k+1$，如果 $k\leqslant N$，则转步骤（3），否则转步骤（5）。

（5）$i=i+1$，如果 $i\leqslant M$，则转步骤（2），否则转步骤（6）。

（6）输出结果矩阵 $\boldsymbol{C}$。

由算法步骤可知，算法所需要存储空间为 $\max\{O(N),O(M)\}$。在最坏情况下，算法多次跳转到步骤（3），因此算法的效率为 $O(MN)$，逻辑运算为 $O(MN)$。算法中不含乘法运算，计算速度快，易编程实现。

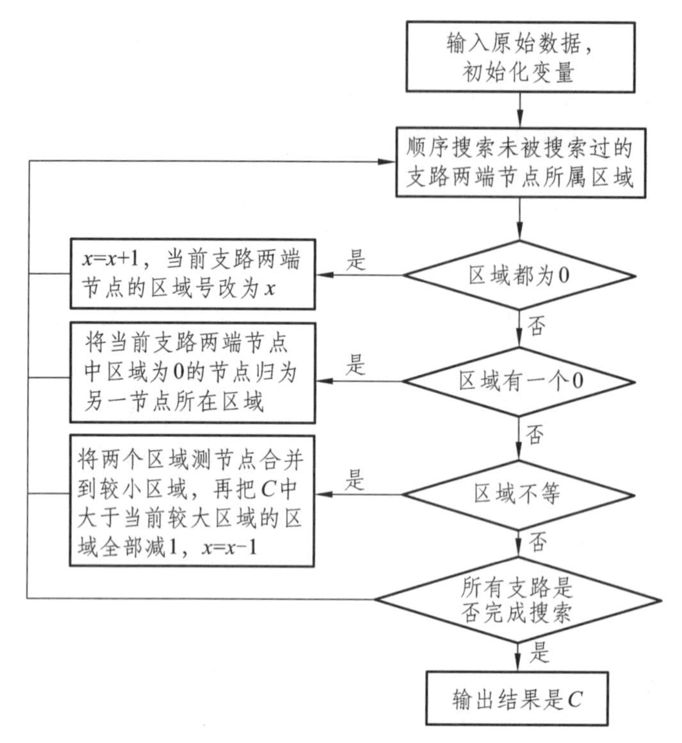

图 4-14 节点标记算法流程图

随着实时数据平台的建设，状态估计和调度员潮流等网络分析应用上云需调控云平台提供模型参数合理、拓扑连接关系准确的模型。拓扑检验功能提供调控云模型拓扑异常结果分析，可直观展示设备拓扑错误类型和具体错误描述，辅助调控云模型质量的实现改善和提升。全局拓扑检验类型如表 4-7 所示。

表 4-7 全局拓扑校验类型

序号	全局拓扑校验类型
1	拓扑碎片
2	连接点悬空
3	计算母线悬空
4	支路单端悬空
5	支路首末端计算母线相同
6	计算母线挂载设备电压等级不一致

4. 模型校验规则定制方法

调控云模型校验提供校验规则库，各应用可根据需要，按需定制校验内容，并支持模型错误报告的生成，辅助调度人员快速分析定位模型错误。应用可通过系统配置实现对校验规则库的配置和修改。

系统配置分为任务配置与规则配置。规则配置可根据对象属性的规则进行维护，支持增删改查，并与公共规则库关联。任务配置可选择校验类型，可定义校验范围，选择需要校验的对象，执行方式可选择手动或自动，自动执行的任务可每天定时启动。

规则配置分为属性规则配置、对象规则配置和完整性规则配置。

1）属性规则配置

对调控云平台所有属性按需进行校验规则配置。

校验类型分为合理性校验规则、规范性校验规则和冗余性校验规则，针对不同的设备类型，用户可选择不同的校验方式对相关设备信息及参数信息进行校验。当云端的校验规则发生改变时，会自动将新的规则同步到客户端，保证云端和客户端的校验结果达到一致。

2）对象规则配置

对调控云平台所有对象按需进行校验规则配置。

校验规则根据电力系统的合理规划及要求，通过 SQL 脚本的编写实现校验。

3）完整性规则配置

对调控云平台所有对象按需进行完整性校验规则配置。

获取模型内所有对象的字段信息，通过设备 ID 及拥有者 ID 对可添加考核范围的字段进行限制，限制方式为 SQL 限制，可对每个字段设置是否生效进行操作，方便快捷。

任务配置可对现有任务进行新增、编辑和删除。

任务类型共分为五类：冗余性校验、一致性校验、合理性校验、规范性校验和完整性校验，具备手动、自动两种执行方式，可根据校验范围的不同按需配置具体的校验任务。

二、图建模关键技术

（一）图建模概述

基于调控云主配网协同发输变配“电网一张图”的建设需要融合设备使用、监测、运维和生产等元素，支撑电力用户、电网企业、发电企业、供应商及其设备间的广泛互联。具体的系统架构设计分为拓扑融合与数据融合两部分，包括基于“数据一个源，电网一张图”的理念，将电网各环节的拓扑结构贯通，同时把电网生产管理与运行维护中所涉及到的所有相关数据融合在一起，支撑电网对内对外两条业务主线，最大限度地挖掘数据价值，实现能量流、信息流、业务流的平衡与高效互通。

针对“电网一张图”的拓扑融合，考虑电网拓扑连接关系的信息主要集中在企业内部数据中的静态数据，包括电网生产管理系统（PMS）中的设备模型连接关系，电网调度自动化系统（调控云）中的电网公共信息模型数据（CIM），以及电网地理信息系统（GIS）中的拓扑位置信息等。基于“电网一张图”时空数据管理系统的拓扑融合通过将电网的整体拓扑连接，包括发电网、输电网、配电网、用电网内部的拓扑结构及其之间的连接关系、用户与电网之间的物理连接，以及各类传感器与数据采集装置在电网中的具体安装位置等电网空间数据的融合，打通不同电压等级电网之间的拓扑连接，形成“电网拓扑一张图”。

针对数据融合，需集成在时空数据管理系统的数据主要来自于发电管理系统（GMS）、能量管理系统（EMS）、配电管理系统（DMS）、高级计量构架（AMI）、分布式电源管理系统（DERMS）和用户信息系统（CIS/CRM）。数据覆盖了电网发、输、变、配、用所有环节的相关信息，包括一次能源管理的信息、变电站及线路电能监测和设备运行信息、电网设备台账信息、设备资产信息、设备缺陷/故障信息、设备检修信息、电网实时与历史运行数据、SCADA 数据、智能电表数据等带有时间标识的数据以及企业外部相关信息（包括电网运行气象信息、社会经济数据、互联网相关信息等可为电网的运行、维护、管理、服务等提供辅助支撑的数据源）。数据融合与应用的关键是了解并探索数据间的关联关系，而电网的拓扑结构就是数据关联的枢纽。基于已构建的“电网拓扑一张图”，将各个业务部门中不同管理角度、不同组织方式、不同时间与空间维度、不同量级的数据进行一体化融合，实现“数据一个源，电网一张图”。

（二）图建模关键技术研究

利用图数据结构与实际电网在结构上的一致性、表达上的自然性、展示上的直观性等特点，基于主网和配电网拓扑物理连接关系，实现电网一体化的建模机制，包括如何定义节点、节点间关联关系及其属性，实现主网和配电网内部拓扑结构和运行数据的高效融合。

1. 一次能源

一次能源管理图数据模型的节点包括能源管理的相关参数、能源的状态属性、一次能源到二次能源的转化效率以及其他特性。由于一次能源的类型可分为可持续能源和非可持续能源两类，同时也可细分为水能、风能（可持续）、煤炭、石油、天然气等（非可持续），因此，可持续能源与非可持续能源可作为独立节点直接连接一次能源，同时它们也属于能源类型，需要建立对应的连接关系。电网运行过程中，一次能源可为发电提供能量输入，构建一次能源节点与发电机节点的连接关系，使一次能源管理与主网结构相关联。

2. 主网结构

主网结构的图数据模型以主网的拓扑结构以及主网设备的连接关系为基础，融合了从变电站、输电线路到主网设备的近 20 张表格数据。主网结构的数据模型通过抽象出各主网设备连接关系的物理连接节点，确定主网设备在输电线路中的拓扑连接方式，同时可在图数据模型中构建各主网设备与所属变电站的从属关系。不同场站间的连接关系可通过输电线端和 T 型接线端的标识来判断补充：如果两场站关联的输电线端的标识对应于同一条输电线路的两端，则可判断这两个场站是通过一条输电线路直接连接的；如果场站不是直接相连，则会经过 T 型接线与输电线路相连。所有主网设备的具体运行数据与参数信息则被定义为属性，加载至所对应的设备节点中。在配电网结构中，将馈线上的所有负载（包括负荷和线损）等值为对应的变电站负荷，主网结构通过与变电站负荷的关联关系连接配电网结构。

3. 配电网结构

配电网结构图数据模型的构建与主网结构类似，通过抽象出各配电网设备连接关系的物理连接节点，确定配电网设备在馈线中的拓扑连接方式，同时可构建各配电网设备与所属馈线的从属关系，通过馈线与变电站从属关系的边，可确定配电网设备与变电站的从属关系。馈线通过一条表示等值关系的边与变电站负荷相连，同时，考虑到配电网的拓扑重构和计划检修，馈线会存在“手拉手”的现象，建立一条指向自身节点的边判断馈线是否存在“手拉手”连接状态。

4. 设备管理

从设备管理角度出发，将设备设为节点，将设备与线路和变电站的拓扑连接关系设为边与主配网拓扑结构相关联。同时，将设备相关的信息，如设备类型、设备电压等级、使用设备的供电公司、设备的生产厂家、相关单位、设备的特征参数、设备发生过的故障、缺陷等设为节点，将设备节点与其他节点的关系，如“安装在”“设备类型是”“电压等级为”“发生”“生产厂家是”等设为边，构建以设备为核心，涵盖了从设备设计、生产、监造、运输、管理、运维、调度的设备全生命周期管理图数据模型。

5. 用户管理

用户管理的图数据模型通过从用户信息中抽取出来的用电网物理拓扑连接关系与配电网结构的馈线相连，同时馈线端的远程终端设备（RTU/FRTU）可记录馈线上的运行数据。除了智能表计在用户侧记录的正常用电信息，检测到的窃电信息同样需要建立相应的连接关系，为未来偷窃电的预防与检测提供数据支撑。随着分布式发电和储电设备的投入量不断增加，分布式电源的相关节点也应纳入描述范围。虽然用户管理侧的数据模型相对简单，但由于用户端智能电表的数量庞大，因此，用户管理的数据量较其他模型也最为庞大。

6. 电力市场

电力市场的数据模型通过母线节点与主网结构相关联，同时针对电力市场的各种机组参数与报价信息构建机组、水电站和虚拟电厂节点。电力市场运行中各时间断面的信息，包括边际电价信息、市场负荷需求信息以及市场机组发电计划信息等，均存储于市场时间段信息节点中。

7. “电网一张图”总体模型

“电网一张图”的数据建模将上述所有模块通过电网的拓扑连接关系相互关联，实现了覆盖电网发、输、变、配、用所有环节的拓扑结构与相关时间和空间信息的数据融合，为构建基于“电网一张图”的时空数据管理系统提供数据支撑。

通过对图建模的关键技术研究，建立“电网一张图”平台，可形成当前电网的设备拓扑全图，实时监控当前电网运行状态，可为电网的发展提供可靠有效的预测和运行预案。目前电网一张图主要是以图数据库作为存储核心，再与电网中实际的工作内容相结合实现相关的应用，从而能够更加有效地为电网的正常运行提供支持。

三、图计算关键技术

（一）图计算概述

图计算是以“图论”为基础，对现实世界的一种“图”结构的抽象表达（图数据库），以及在这种数据结构上的计算模式。图数据结构很好地表达了数据之间的关联性。关联性计算是大数据计算的核心——通过获得数据的关联性，可从噪声很多的海量数据中抽取有用的信息。

图计算技术解决了传统的计算模式下关联查询效率低、成本高的问题，在问题域对关系进行了完整的刻画，且具有丰富、高效和敏捷的数据分析能力，具有以下三点特征：

1. 基于图抽象的数据模型

图计算系统将图结构化数据表现为属性图，将用户定义的属性与每个顶点和边相关联。属性包括元数据（例如设备标识和时间戳）和程序状态（例如顶点的 PageRank 或相关的亲和度）。对于物理世界中众多的数据问题，均可利用图结构进行抽象表达，例如：社交网络、网页连接关系、用户传播网络、用户网络点击、浏览和购买行为，甚至消费者评论内容、内容分类标签、产品分类标签、交通网络、电力网络等。

2. 图数据模型并行抽象

图的经典算法中，从 PageRank 到潜在因子分析算法均基于相邻顶点和边的属性迭代地变换顶点属性，这种迭代局部变换的模式形成了图并行抽象的基础。在图并行抽象中，用户定义的顶点程序同时为每个顶点实现，并通过消息（例如 Pregel）或共享状态（例如 PowerGraph）与相邻顶点程序交互。每个顶点程序均可读取和修改其顶点属性，在某些情况下可以读取和修改相邻的顶点属性。

顶点程序并发运行的程度因系统而异。大多数系统采用批量同步执行模型，其中所有顶点程序以一系列“超级步”同时运行。但也有一些系统支持异步执行模型，通过在资源变得可用时运行顶点程序来减轻落后者的影响。

3. 图模型系统优化

对图数据模型进行抽象和对稀疏图模型结构进行限制，使一系列重要的系统得到了优化。比如 GraphLab 的 GAS 模型更偏向共享内存风格，允许用户的自定义函数访问当前顶点的整个邻域，可抽象成 Gather、Apply 和 Scatter 三个阶段。GAS 模式的设计主要是为了适应点分割的图存储模式，从而避免 Pregel 模型对于邻域很多的顶点、需要处理的消息非常庞大时会发生的假死或崩溃问题。

（二）图计算关键技术研究

1. 基本图计算

基本图计算可以分为三种类型：图结构计算、图动态变换和图属性计算。

（1）图结构计算。图结构计算的基础是图遍历，典型计算包括：宽度优先和深度优先图遍历、社区发现、最短路径、K 中心算法（KCore）、连通分量、图着色等。以图遍历算法为例进行说明：

图的遍历是指从图中的任一顶点出发，对图中的所有顶点访问一次且只访问一次。图的遍历操作是图的一种基本操作，图的许多操作都建立在遍历操作的基础之上。由于图中节点之间的关系是任意的，所以图的遍历较为复杂，主要表现在以下四个方面：① 在图结构中，没有一个明显的首节点，图中任意一个顶点均可作为第一个被访问的节点，所以要提供首节点。② 在非连通图中，从一个顶点出发，只能够访问它所在的连通分量上的所有顶点，因此，还需考虑如何选取下一个出发点，以访问图中其余的连通分量。③ 在图结构中，可能有回路存在，那么一个顶点被访问之后，有可能沿回路又回到该顶点，在访问之前，需要判断节点是否已被访问过。④ 在图结构中，一个顶点可以和其他多个顶点相连，当这样的顶点访问过后，存在如何选取下一个要访问顶点的问题。

因此，在遍历图时，为保证图中各顶点在遍历的过程中仅访问一次，需要为每个顶点设计一个访问标记，设置一个数组，用于标示图中每个顶点被访问过，它的初始值全部为 0，表示顶点均未被访问过；某个顶点被访问后，将相应访问标志数组中的值设为 1，以表示该顶点已被访问过。

（2）图动态变化。图动态变化主要包含图构建、图更新和拓扑分析。

① 图构建（节点、边生成）。图构建是图动态变化的基础，采用节点和边的图数据结构对电力系统进行解构和表示。节点和边在图中的连接直接定义了电力系统数据及其之间的关系，而非结构化属性则存储在节点和边中。图构建更有利于大规模电力系统在线并行计算，因为图数据结构更符合电力系统计算对复杂数据建模、查询、排序和遍历的要求。

电力系统在物理模型上是由节点和支路连接组成的图，利用图对电力系统建模无需进行表格和拓扑的映射。

② 图更新（节点、边更新）。在电力系统分析和计算中，在将表达电力系统模型的图数据装载到内存后，对图数据结构常用的更新操作包括查询、排序、插入、删除和遍历。

查询操作找出符合给定属性值的所有节点和边；排序操作对节点进行优化排序；插入和删除操作随机插入或删除节点或边；遍历操作从一个节点出发遍历系统内的所有节点。上述更新操作，会在图中增加或删除节点或边或它们之间的连接关系，同时也会按要求对节点或边的属性进行修改。

③ 拓扑分析。电力系统网络拓扑分析是根据开关、刀闸状态将电网物理节点（NODE）模型转化为计算母线（BUS）模型，并根据开关和刀闸状态的变化，实时更新计算母线模型的过程，引起图结构的动态变化。

在已构建的电网图模型基础上，结合图划分与图计算框架实现并行化的电力网络拓扑变化也包括计算母线更新和电气岛更新两个阶段。其中计算母线是通过处于闭合状态的开关、刀闸连接起来的物理节点集合，而电气岛则是通过变压器、线路等支路元件连接起来的计算母线集合。计算母线和电气岛的更新均引起其关联的图划分子图的变化。

（3）图属性计算。图属性计算主要包括三角形计数。

图三角形是复杂网络分析的重要手段，无论是来自社交网络、计算机网络、金融交易网络、生物分析网络，还是电力网络中的图，其中三角形的数量都是巨大的。在电力系统中，基于三角形分析，可判断电网中的关键节点。在社交网络角色识别中，通过使用者参与的三角形数量可判断此使用者的地位。

图三角形的计算主要分为准确计算和近似计算两种类型。准确计算可准确地计算图中三角形的数量，对于大图，计算量的时空消耗巨大，且外存算法的 I/O 消耗也非常大。因而，研究人员的重点就是在保持准确计算的情况下，尽可能减少时空消耗和 I/O 次数。近年来，分布式框架 MapReduce 的出现，也使很多研究人员研究此框架下的三角形计算方法。相较而言，近似计算比准确计算的实际应用更广泛，同时空间消耗较少。在保持一定准确度的情况下，研究人员对近似计算算法更感兴趣。对于近似计算，大部分的研究集中在采样上，通过一定的采样方法证实，采样得到的三角形数量与实际数量的差值很小，同时将时间空间的复

杂度降低。随着互联网的快速发展，大规模的图不断涌现，研究重点集中到图流的三角形计算上，这一问题的难度越来越大，期待有进一步突破。

2. 图节点并行计算

图节点并行计算是指图中每个节点的计算相互独立、互不依赖，可同时并行进行。目前的图计算模型基本都遵循 BSP 计算模式。

BSP（Bulk Synchronous Parallel，整体同步并行）是一种并行计算模式，由英国计算机科学家 Viliant 在 20 世纪 80 年代提出。BSP 模型将迭代计算划分为多个超步运算，一次超步运算完成一轮迭代计算。三个任务（计算-通信-数据同步的三步计算模型）在超步内并行执行，并在每次超步运算结束后完成任务间的数据同步。

实际上，电网分析计算中，有许多计算过程可利用图节点并行计算模型实现。

下面以最简单的导纳矩阵形成为例，在形成导纳矩阵时，导纳矩阵每行的自导纳和互导纳只跟该行对应的节点和与该节点邻接的节点有关，而与其他节点无关，尽管导纳矩阵的形成具有明显的并行性，传统的基于关系数据库的 EMS 在形成导纳矩阵时仍然是通过遍历系统节点串行形成导纳矩阵。图数据结构表达的电力系统形成导纳矩阵时，矩阵每一行的形成与其他行相互独立，通过并发访问所有节点，导纳矩阵形成可按节点并行完成。

节点并行在图计算引擎（graph processing engine）中分 3 个阶段实现：在阶段 1 中，主线程计算可用资源将各节点划分到子线程，并将任务分配到工作程序。任务按照各子线程的可用资源进行动态分配。在阶段 2 中，每个工作程序执行 MapReduce 程序，该程序由 Map 过程和 Reduce 过程组成。Map 过程并行计算节点邻接的相应边的导纳属性以形成非对角元。Reduce 过程将节点导纳属性和其连接边的导纳属性相加计算对角元。在阶段 3 中，主线程将计算的对角线和非对角线元素作为顶点或边的属性发布到图数据库中。

电力系统分析中其他可以节点并行的计算还包括右端注入矢量的计算、迭代收敛性判断、不良数据检测、支路功率计算、电压和功率越界检测等，节点或边上的这些计算与其他节点或边独立。这类并行计算统称为图的节点并行计算。

3. 图分层并行计算

图分层并行计算是指将图中的节点按计算相关性分层，排序较高的层的节点计算依赖于排序较低的层的节点计算，但同一层的节点计算相互独立，可并行进行。

（1）图分层并行计算法：其对应的是线性方程组求解的直接法：

$$\boldsymbol{A}\boldsymbol{x}=\boldsymbol{b} \tag{4-1}$$

式中，$\boldsymbol{A}$ 为 N 维矩阵，$\boldsymbol{x}$ 为 N 维状态向量，$\boldsymbol{b}$ 为 N 维右端项。

求解线性方程组的直接法，包括以下步骤：

① 节点编号优化；

② 符号分解形成消去树；

③ 对消去树进行节点分层；

④ 矩阵数值分解；

⑤ 前代计算和回代计算。

从根本上来看，图是对象间二元关系的一种表示方法，而稀疏矩阵的非零模式表示的也是对象间的二元关系。因此，一个线性系统的稀疏矩阵的非零模式可用一个图 $G(V, E)$ 建模，其中，顶点集合 V 的 N 个顶点表示矩阵 $\boldsymbol{A}$ 的行数。求解方法为：

① 确定注入元；

② 形成消去树；

③ 形成消去树分层层次；

④ 矩阵分解的图分层并行计算；

⑤ 前代和回代的图分层并行计算。

（2）图分层并行算法在电力系统网络分析中的应用：EMS 状态估计、在线潮流和静态安全分析等网络分析应用的核心计算，可归结为求解大型线性代数方程，这类问题均可用图分层并行算法求解。

图 4-15 给出了大电网图计算实时状态分析系统中应用功能的构成：

① 节点-开关图构建：基于 CIM/E 关系数据构建节点-开关图；

② 网络拓扑分析：基于节点-开关图自动生成母线-支路图；

③ 图状态估计：基于时空演化母线-支路图模型，融合图节点/分层并行计算函数，进行电力系统实时状态估计；

④ 图在线潮流：基于时空演化母线-支路图，融合图节点/分层并行计算函数，进行在线潮流计算；

⑤ 基于空间演化母线-支路图：充分利用图节点/分层并行计算机制和电力图计算平台提供的子 Query 调用功能，进行预想故障快速扫描和详细潮流分析。

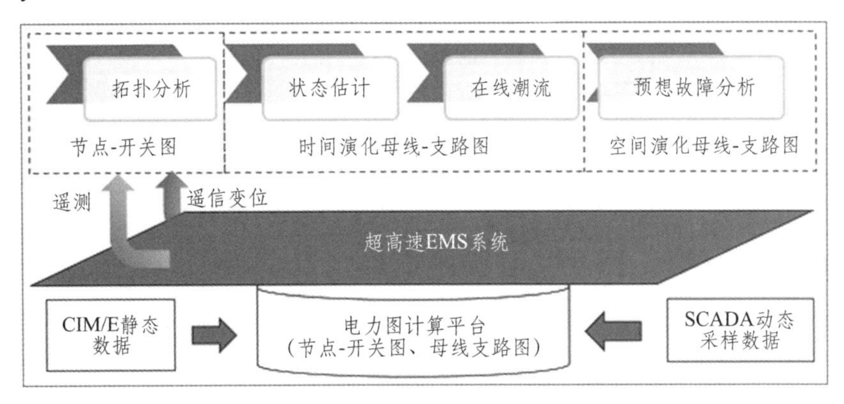

图 4-15 大电网图计算实时状态分析系统中的应用功能

图计算的基本要素包括图结构计算、图动态变化以及图属性计算。通过节点并行图计算的 BSP 计算模型，可将图节点并行计算运用于诸如导纳矩阵形成、不良数据检测、支路功率计算、电压和功率越界检测等电网分析计算中，并提升电网分析性能。构建大电网图计算实时状态分析系统，将 EMS 状态估计、在线潮流和静态安全分析等网络分析应用的核心计算归结为求解大型线性代数方程，并利用图分层并行算法进行求解。

第四节　“电网一张图”基础数据治理

一、背　景

电网拓扑数据将电力设备、变电站、输配电网络、电力用户与电力负荷和生产及管理等核心业务连接起来。电网拓扑数据记录电网网络特征，包括电网物理关系、客户关系、资产关系形成的网络拓扑结构，同时在其基础上产生了海量的电网运行数据、状态监测数据和智能电表数据。这些电网“图-模-数”数据成为整个电网运行中营销、配电、调度等业务管理的基础，建立正确的全电网拓扑模型也是进行电网业务应用最基本的要求。

在调控云模型中，拓扑关系主要通过设备/设备端点和连接点号描述，必须在模型维护前根据电力系统的实际情况对模型实施严格的拓扑校验，以保证模型在拓扑方面的完整性和正确性。在模型导入调度自动化系统后，也需对模型进行拓扑校验，保证与输网设备的连通性，避免对后续应用的影响。面向多级电网调控大数据应用场景，通过基于调控云平台的“电网一张图”全电网模型进行基础数据整治，保证电气设备物理连接点号的完整性与准确性，提高数据质量与分析挖掘的精度，进一步提升电网调控运行智能化和管理精益化水平。

二、“电网一张图”构建

（一）调控云模型数据来源

一方面通过在调度主站扩展配网功能模块完成地市公司主配一体化升级改造，建立调管范围内主、配网设备模型，实现主、配网拼接，构建“输配一张图”；另一方面完成发、输、变、配模型汇集，构建发输变配“电网一张图”。

1. 主网模型

主网设备在调度自动化系统中完成维护后，通过 ID 映射工具将图模进行关联、节点入库等操作，再通过模型中心将设备同步至省调 OMS，最后同步至调控云。

2. 配网模型

基于《国调中心关于印发<电力调度通用数据对象结构化设计（第一版）>的通知》[调自〔2016〕121 号]相关要求，完成《配网模型结构化设计》，并按照此结构化设计内容，将全川配网大馈线、馈线段、配变、站房等设备同步至调控云，同步流程如图 4-16 所示。

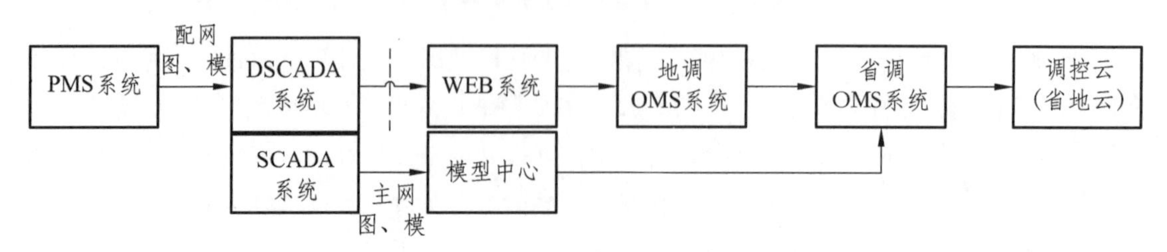

图 4-16　调控云主、配网模型数据同步流程

（二）调控云主配网一体化模型

主网采用省地县一体化模型中心下发的全省模型和数据（地调可按需进行裁剪），配网采用本地主配网一体化系统的模型和数据，在调控云和地市公司层面均实现主配网一体化拼接。

调度自动化系统中主网间的模型拼接较为复杂，需要考虑各类设备作为边界设备。配网自动化系统中模型拼接相对简单，对于主、配网模型的模型拼接，馈线与电源厂站间的边界设备为进线开关，即通过配网自动化主站系统（DSCADA）中配网馈线设备和电网调度自动化系统（SCADA）中负荷设备的相互指向连接，建立主配网边界的电气连接关系；对于联络馈线间的模型拼接，馈线与馈线之间的边界设备为联络开关，以此实现主配网拓扑连通。

在调控云上，汇集发输变配“电网一张图”数据，通过主网设备间的连接关系、主网设备与配网设备的连接关系、配网设备间的连接关系，形成完整的主配系统网络拓扑一体化模型。主配网模型以变电站 10 kV 出线开关为分界点，在主配网模型拼接时，配网主站分别对主网自动化系统维护的主网模型、配网自动化系统维护的配网模型进行拓扑分析，将变电站 10 kV 出线间隔中馈线等效负荷用配网自动化系统维护的配网站外模型进行替换，即变电站内以主网自动化系统为基准，站外模型以配网自动化系统为基准，从而构成主配网一体化网络模型，如图 4-17 所示。

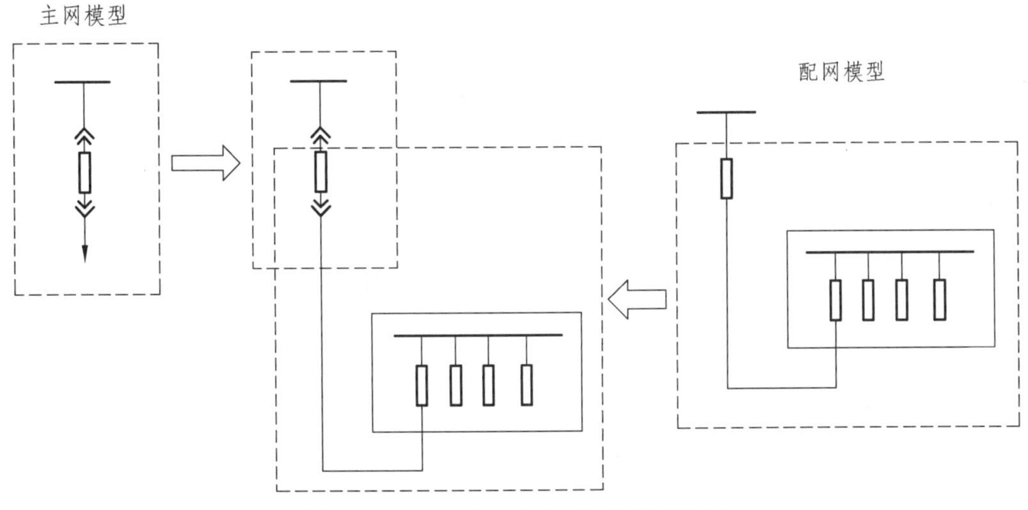

图 4-17　主配网一体化网络模型示意图

同时，基于一体化模型，通过建模过程中馈线和负荷的相互指向连接，建立输配网边界的电气连接关系，从而形成完整的输配系统网络拓扑，这样既可由最高电压等级向下拓扑到最低电压等级，也可由最低电压等级向上拓扑到最高电压等级，通过输配网协同网络拓扑分析，可真正确保全网设备模型带电、停电以及接地状态等网络拓扑状态的一致性。

三、基于“电网一张图”的基础数据治理技术

在目前的应用中，模型的源端维护基本依靠人工操作，在模型导入、模型修改等操作过

程中，往往易产生模型的误操作，导致数据存在错误。依托调控云平台“电网一张图”建设成果及基础数据校验手段，解决量测数据缺失、拓扑关系错误、主配未拼接等问题。

基础数据校验是指对主配网信息交互过程中所传递的数据进行应用级验证，发现交互信息中对正常运行影响较大的错误，以确保数据能够正确满足交互双方系统的应用要求。

（一）图形校验技术

（1）图模匹配校验：校验图形中的电力图元所关联的领域设备是否在模型文件中存在；如果不存在，则为图模不一致。

（2）图元定义完整性校验：对特定图元，如开关，应至少存在合态和分态两种图元，以便于实时系统根据实时信息进行画面刷新。

（3）连接线与电力设备连接关系校验：为保证图形上的电力连接线在实时系统中也能正常拓扑着色，SVG 图形中应指定其两端所连设备的信息。如果没有，则认为不一致。

图形校验类型如表 4-8 所示。

表 4-8　图形校验类型

序号	图形校验类型
1	keyid 在模型中不存在
2	keyid 重复
3	图元缺元
4	keyid 编码不规范
5	设备图形缺失
6	图形冗余
7	场站图缺失

（二）模型校验技术

源模型校验是基于 CIM/XML 文件的电网模型携带的断面数据。源模型校验主要是基于模型文件本身的校验和模型文件中的模型校验，基于模型文件本身的校验内容包括：文档合适性校验和文档有效性校验。模型文件中的模型校验主要包括维数校验、关联完整性校验、关联一致性校验、拓扑完整性校验、参数完备性校验及其他特殊校验，其中校验项和校验规则可选。

关口联通性校验是源模型校验通过后，利用模型裁剪/拼接等技术，形成跨区域的大电网模型（以文件方式存在），基于形成的模型文件，根据边界定义，检查边界设备的拓扑联结关系、边界设备的测点信息等。

全局拓扑校验分为主网拓扑校验与配网拓扑校验。主配拓扑校验是根据调控云设备模型连接点号及开关刀闸当前遥信状态，自动生成网络拓扑结构，并在此基础上确定节点导纳矩阵，网络的拓扑分析可应用于存在多个独立网络各自运行时，有效分辨出其中的活岛和死岛，为后续各种分析计算提供可用的基础模型。配网拓扑校验是根据调控云设备模型连接点号及设备所属馈线，基于拓扑搜索方法中的节点标记法搜索并生成基于物理连接的电网拓扑结构模型，结合 DSCADA 系统实时配网遥信位置对调控云模型进行拓扑连接关系校验，输出拓扑异常结果，主要包括：异常环路、可疑环路、孤立设备、设备单端挂空、缺失主配拼接关系、根节点重复、设备重复等异常结果。

源模型校验全面验证了模型的拓扑联结及设备参数，模型关口联通性校验验证了模型合并的正确性，全局拓扑校验保证了模型的可用性，因此，通过这 3 种校验，可以断定主配网模型的正确性。

1. 源模型校验技术

CIM/XML 文件级互操作是实现系统间数据交换的标准方式之一。符合 CIM/XML 语法的 CIM/XML 文件被称为合适的（well-formed），这是 CIM/XML 文件所必须满足的基本要求；符合 CIM/RDF 模式要求即满足 CIM/RDF 语义，且合适的 CIM/XML 件被称为有效的（valid），只有有效的 CIM/XML 文件才能作为标准数据的载体在系统之间进行数据交换。配网图模数据以 CIM/XML 文件形式导入配网自动化系统。

在实现配网 CIM/XML 文件导入的过程中，有效的且符合 IEC 61970-503 标准的 CIM/XML 文件中的数据可被正确导入系统，但导入的模型数据可能并不满足电力系统的基本规则，这会引起导入方系统内电网模型的错误建立。因此，在 CIM/XML 导入模块中除了包含校验 CIM/XML 文件有效性的规则外，还需要加入对于 CIM/XML 文件中包含的模型数据是否符合电力系统基本规则的校验。

1）模型文件校验

CIM/XML 文档合适性校验：

合适的 CIM/XML 文件必须满足 CIM/XML 的语法。

（1）CIM/XML 文档中有且仅有一个根元素，其他所有的元素都是其子元素；

（2）起始标签和结束标签应当匹配，结束标签是必不可少的；

（3）大小写应一致，XML 对字母的大小写是敏感的；

（4）元素应当正确嵌套，子元素应当完全包括在父元素中；

（5）属性必须包括在引号中；

（6）元素中的属性不允许重复。

CIM/XML 文档有效性校验：

CIM/XML 文档必须符合 CIM/RDF Schema 中规定的模式规范，才称得上是有效的 CIM/XML 文档。校验的规则主要是：

（1）以“cim:”为前缀的标签在格式上必须符合 CIM/RDF Schema 中规定的要求，包括大小写；

（2）属性必须正确归属于相应的类；

（3）关联中引用的资源标识所对应的元素必须存在于同一 CIM/XML 文档中；

（4）枚举类型中的 CIM 名空间必须与文档处理指令中出现的 CIM 名空间一致；

（5）关联的重数必须符合 CIM/RDF Schema 中规定的要求。

2）模型文件中的模型校验

由于 CIM 中类与类之间的关联在重数上没有进行很严格的限制，因此，必须在 CIM/XML

文档导入前根据电力系统的实际情况，对 CIM/XML 文档中的模型实施严格的校验，以保证模型在拓扑方面的完整性和正确性，避免对于后续应用的影响。

① 维数校验。

应用系统所能处理的模型有大小限制，因此必须在解析 CIM/XML 文档时，针对应用系统的处理能力进行校验，避免模型中某类对象的个数超出应用系统的维数限制。

（2）关联完整性校验。

除交直流线段外的导电设备必须具备与间隔或电压等级之间的关联关系，交直流线段必须具备与基准电压之间的关联。

（3）关联一致性校验。

CIM 中类与类之间形成很复杂的关联，两个类之间可通过多种关联方式关联在一起，因此，必须保证在 CIM/XML 文件中通过多种途径建立的类与类之间的关联保持一致。

① 双向关联一致性。

CIM 中类与类之间的关联是双向的，如果 CIM/XML 文档中包含有双向的关联，那么必须保证从关联的任一侧到另一侧所描述的信息是一致的。例如，厂站与电压等级之间若描述其双向关联关系，则厂站包含的电压等级关联与电压等级所属的厂站关联在个数和类别上必须是一致的。

② 导电设备与设备容器之间的关联。

导电设备与设备容器之间通过 Equipment. Member Of_Equipment Container 形成直接的关联，同时，导电设备还可以通过 ConductingEquipment→Terminal→Connectivity Node →Equipment Container 与设备容器间建立关联。因此，必须保证两种不同途径建立的导电设备与设备容器之间的关联关系保持一致。

（4）拓扑完整性校验。

① 双端元件（断路器、刀闸、交流线段、直流线段、串联容抗器）。

设备-端子关联校验：针对 SCADA、网络分析应用，此类设备应包含两个端子，CIM/XML 导入模块需校验此关联的正确性。

设备连接校验：双端元件的每一端都必须与另一个设备的端子相关联，即双端元件端子所关联的节点必须包含其他设备的端子，否则即出现端子空挂告警。

② 单端元件（接地刀闸、同步机、母线、并联容抗器、负荷）。

设备-端子关联校验：针对 SCADA、网络分析应用，此类设备应包含一个端子，CIM/XML 导入模块需校验此关联的正确性。

设备连接校验：单端元件的端子须与另一个设备的端子相关联，即单端元件端子所关联的节点必须包含其他设备的端子，否则即出现端子空挂告警。

（5）参数完备性校验。

CIM 中包含了电力系统中大量的参数模型，CIM/XML 文件不可能同时包含 CIM 中所有的参数模型信息，CIM/XML 文件导入模块针对需要支持的应用，需要对 CIM/XML 文件中包含的参数的完备性进行相应的校验。

① 名称属性校验。

具有相同父节点的对象名称必须唯一。如作为模型顶级节点的区域，其实例对象名必须唯一，某个厂站下的变压器必须保证名称唯一等。

② 导电设备阻抗参数校验。

交直流线段、同步机、串联容抗器、变压器绕组等设备的阻抗参数是否完备、合理，如电阻应该小于电抗。对于变压器绕组，若提供了绕组测试参数，则其自身所包含的阻抗参数属性可以省略；若变压器低压侧阻抗归算到高压侧，则低压侧阻抗可为 0；交直流线段还应提供电纳参数等。

③ 额定参数校验。

校验容抗器额定无功容量、变压器绕组额定容量、发电机额定功率、分接头额定档位等额定参数是否缺失，与相应的限值相比是否合理。

④ 类型参数校验。

校验容抗器类型、变压器绕组类型、同步机运行模式等类型参数是否缺失。

⑤ 限值校验。

校验发电单元有功上下限，同步机电压、无功上下限，分接头档位上下限，交直流线段电流限值等是否缺失、是否合理。

模型校验规则如表 4-9 所示。

表 4-9 模型校验规则

规则名称	描述	模型验证错误类型	说明	是否严重错误
1. 缺少参数校验	检查变压器参数是否填写	绕组电阻		否
		绕组电抗	变压器绕组正序电抗标幺值必须填写，三绕组变压器三侧都需填写，双绕组变压器高压侧需填写	是
		绕组容量	变压器绕组绕组容量必须填写	是
		绕组额定电压	变压器绕组额定电压必须填写	是
		分接头类型	可调档变压器高压侧分接头类型需填写，中压侧有分接头也需填写	否
	检查电压类型相关参数是否填写	额定电压为 1.0 的电压等级	电压类型表中必须有额定电压为 1.0 的电压等级	是
		电压类型电压基值	电压类型表中每种电压类型必须有对应的电压基值	是
		电压类型电压考核基值	电压类型表中每种电压类型必须有对应的电压考核基值	是
		电压类型功率考核基值	电压类型表中每种电压类型必须有对应的功率考核基值	是
	检查厂站所属区域是否填写	厂站所属区域	厂站表中厂站所属区域必须填写	是
	检查串联容抗器相关参数是否填写	串联容抗器类型	串联容抗器类型必须填写	是
		串联容抗器额定容量	串联容抗器额定容量必须填写	是
		串联电容器额定电流	串联容抗器额定电流必须填写	是

续表

规则名称	描述	模型验证错误类型	说明	是否严重错误
1. 缺少参数校验	检查并联容抗器相关参数是否填写	并联容抗器类型	并联容抗器类型必须填写	是
		并联容抗器额定容量	并联容抗器额定容量必须填写	是
		并联容抗器额定电压	并联容抗器额定电压必须填写	是
	检查线路相关参数是否填写，端子数目是否正确	线端无对端	一条线路必须有且只有两个对应端子	是
		线路有超过两个对应端子	一条线路必须有且只有两个对应端子	是
		交流线段电阻	交流线段正序电阻标幺值必须填写	否
		交流线段电抗	交流线段正序电抗标幺值必须填写	是
		交流线电流上限	交流线段电流上限必须填写	是
	检查分接头类型步长是否填写	分接头类型步长	分接头类型步长必须填写	是
	检查发电机相关参数是否填写	机组容量	发电机容量必须填写	是
		有功上限	发电机有功上限必须填写	是
		无功上限	发电机无功上限必须填写	是
		机组厂用电率	发电机厂用电率需填写	否
2. 参数错误校验	检查区域设置是否正确	父区域指向自身	区域表中区域的父区域不可是其自身	是
		行政区域中缺少顶级区域	区域表中需要有记录	是
		区域父子关系中存在环	区域表中区域关系只能是树状层次关系，不可形成环	是
		厂站所属区域包含子区域	厂站表中厂站所属的区域不可作为其他区域的父区域	是
	检查线端与交流线段是否匹配	线端与交流线段ID不匹配	交流线段端子必须和其所属交流线段匹配	是
	检查变压器绕组数目是否正确	绕组数目	变压器表中所填绕组数目必须和变压器绕组表中绕组数目一致	是
	检查交流线段参数是否有误	交流线段电阻	交流线段正序电阻标幺值必须在0～500	是
		交流线段电抗	交流线段正序电抗标幺值必须在0～500	是
		交流线段电纳	交流线段正序电纳标幺值必须在0～2000	是

续表

规则名称	描述	模型验证错误类型	说明	是否严重错误
2. 参数错误校验	检查分接头类型参数是否有误	分接头类型高低关系	变压器分接头，档位关系需合理，最低档≤不变低档≤额定档≤不变高档≤最高档	是
		分接头类型步长太大或太小	步长绝对值需大在 0.5 ~ 10	是
	检查发电机参数是否有误	机组有功上限比额定容量大	机组有功上限需比额定容量小	是
		机组有功上限小于或等于有功下限	机组有功上限需比有功下限大	是
		机组无功上限比额定容量大	机组无功上限需比额定容量小	是
		机组无功上限比无功下限小	机组无功上限需比无功下限大	是
	检查容抗器参数是否有误	串联电容器额定容量	串联电容器额定容量需在 1e-6 至 1e5 之间	是
		串联电抗器额定容量	串联电抗器额定容量需在 1e-6 至 1e5 之间	是
		并联电容器额定容量小于0	并联电容器额定容量必须大于0	是
		并联电抗器额定容量大于0	并联电抗器额定容量必须小于0	是
		串联电容器额定电流	串联电容器额定电流必须大于 1e-6	是
3. 参数偏离正常值校验	检查交流线段参数是否偏离正常值	交流线段电阻	交流线段正序电阻标幺值正常情况小于 250	否
		交流线段电抗	交流线段正序电抗标幺值正常情况小于 250	否
		交流线段电流限值	交流线段电流限值正常在 10 ~ 10 000	否
		交流线段阻抗比例	电压等级超过 100 的线路，正序电阻标幺值正常情况大于正序电抗标幺值	否
	检查发电机参数是否偏离正常值	机组额定出力比有功下限小		否
		厂用电率	厂用电率一般在 0.1 ~ 25	否
4. 模型名称规范性校验	检查拼接模型是否符合国网规范的路径名	所有一次设备模型的模型名称	设备名称	是
5. 模型拓扑校验	检查拼接模型拓扑	端子（Terminal）校验	确保设备的端子数目正确	是
		节点空挂校验	任何一个节点，必然至少连接两个设备	是
6. 关联校验	检查拼接模型关联属性校验	双向关联的处理原则是处理完单向关联后，判断如果有双向关联，则必须要保证双向关联的一致性		是
		导电设备与设备容器之间的关联		是
		关联对象正确性校验		

2. 关口（边界开关）连通性校验

主网模型与配网模型，两者间通过边界设备进行融合关联，需要分析主网系统模型与配网系统模型的边界，为保证主配网模型在松耦合方式下的安全性，需同时针对边界馈线及开关进行两侧协同校验，通过拓扑分析和边界定义验证主配网模型的连通性，保证融合后的主配网模型的可靠性。

利用主配网模型校验技术中的属性校验、完整性校验、拓扑校验等技术对边界开关进行连通性分析。电网模型中主网的拓扑与配网的拓扑没有直接关联，导致了主网拓扑与配网拓扑相互出现闭塞状态，所以需要研究主配网边界设备映射。根据馈线及边界开关的名称进行主配网边界设备的关联性校核，以配网侧开关为基础匹配主网模型中的开关，实现主配网模型的关联，建立起主网与配网拓扑的直接关联。通过拓扑分析，遍历主配网的边界开关，通过深度优先搜索分析出主配网间边界开关定义的缺失情况，保证边界定义的完整性。根据边界开关的电压参数，校核主配网边界开关电压参数的一致性。根据边界开关在主配网的个数，校核主配网边界开关的唯一性，保证边界设备不重复。根据边界开关的所属厂站，校核主配网边界开关所属厂站的一致性。关口（边界开关）连通性校验流程如图 4-18 所示。

1）边界开关拓扑和唯一性校验

边界开关是指电压等级为 10 ~ 20 kV 的主网出线开关。边界开关在主网和配网两侧都是和其他设备相连，比如边界开关会在主网中和主网母线等设备相连，边界开关会和配网的馈线段等设备相连。配电网侧建立包括边界开关属性的模型边界开关映射表，从主网侧获取所有边界开关的对应属性存入此模型边界开关映射表中。

（1）主配网边界开关映射。

在主网系统侧，主网系统中的数据库中可查询到边界开关的相关属性信息，比如边界开关名称、开关 ID、开关节点号、边界开关与其他主网设备之间连接关系，其中开关节点号用于描述设备的拓扑信息，两个设备是否相连通过节点号一致进行判断。

基于边界开关的属性定义模型边界开关映射表，此映射表包含边界开关名称、开关 ID 和开关节点号，主网系统将所有边界开关对应的边界开关名称、开关 ID 和开关节点号信息自动同步至配网系统。

在配网系统中新增模型边界开关映射表，配网系统收到主网系统同步过来的所有边界开关对应的边界开关名称、开关 ID 和开关节点号信息后存入该映射表，并在模型边界开关映射表中增加每个边界开关对应的馈线名称，维护边界开关和配网馈线的映射关系，如图 4-19 所示。

对每个边界开关，依据边界开关的属性，主配网两侧分别进行边界开关拓扑信息和唯一性校验，如果主配网任一侧校验不通过，则判断主配网模型不一致。

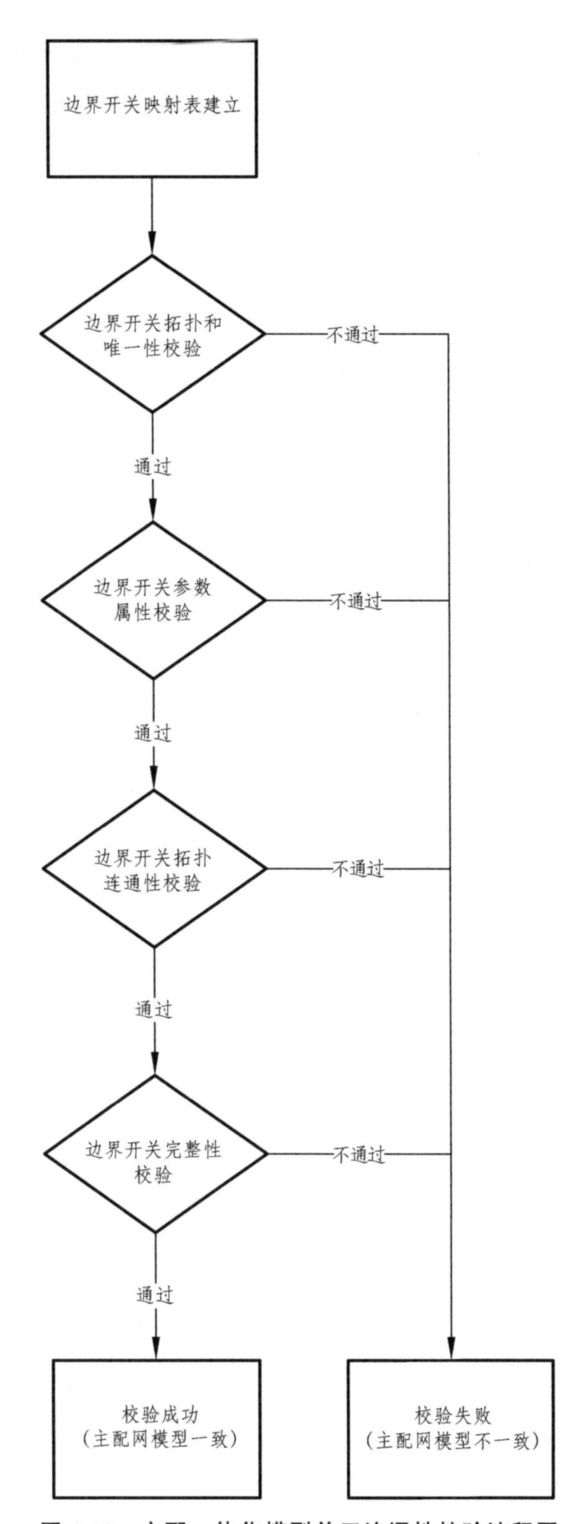

图 4-18 主配一体化模型关口连通性校验流程图

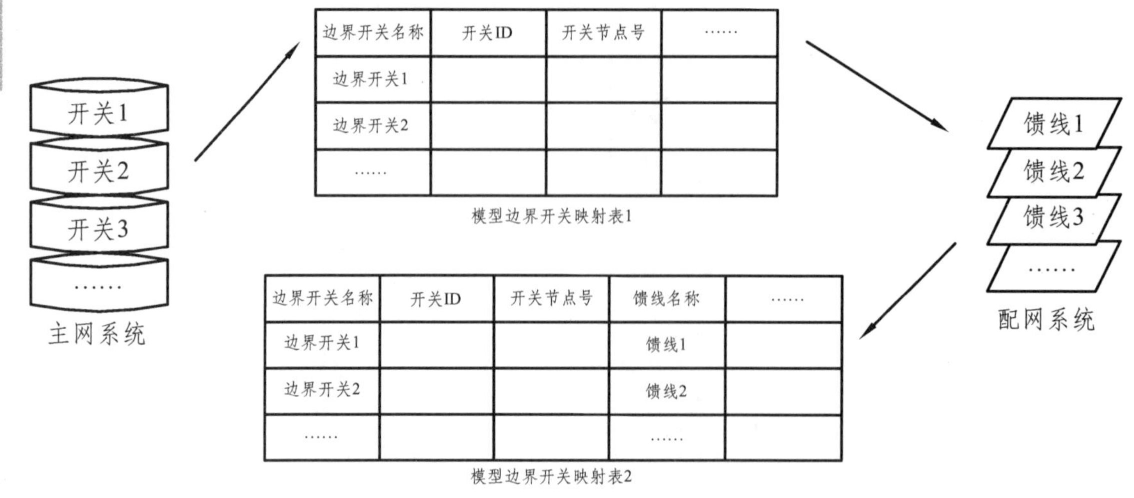

图 4-19　主配网边界开关映射

（2）边界开关拓扑信息和唯一性校验。

① 检查边界开关的拓扑信息是否准确。

在主配网两侧，对边界开关进行单设备拓扑校验，检查边界开关两侧节点号是否存在且节点号值不同，节点号值是否非法（不符合系统节点号编码规则），是否为孤立设备（孤立设备表示两侧节点号都没有相连的设备），两侧节点号是否有相连的其他设备（通过节点号在主配网数据库中查找其他的主网或配网设备）。如果主配网任一侧中，边界开关的两侧节点号不存在或节点号值相同，或节点号值非法，或边界开关为孤立设备，或边界开关找不到相连的其他设备，则表示该边界开关拓扑信息不正确，主配网模型不一致。

② 检查边界开关在主配网两侧是否唯一。

在主网侧，根据边界开关名称，检查边界开关在主网模型数据库中的个数（主网出线开关重复定义等）。如果边界开关在主网侧的数量大于一个，则主配网模型不一致。

在配网侧，根据边界开关名称，检查边界开关在配网侧模型边界开关映射表中的个数（配网边界开关映射表可能人为增加），以及所关联的馈线名称是否唯一，边界开关和馈线是否一一对应。如果边界开关在配网侧的数量大于一，或边界开关和馈线不一一对应，则主配网模型不一致。

算法描述如下：

Step1：构建待校核的主网边界设备，以开关编号为主键，节点号和所连设备 ID 为值，构建邻接表 T1；

Step2：构建待校核的配网边界设备，以开关编号为主键，节点号和所连设备 ID 为值，构建邻接表 T2；

Step3：遍历邻接表 T1 和 T2，查看每个边界开关的节点号是否非法，是否唯一。

2）边界开关参数属性校验

对每个边界开关，主配网两侧协同进行边界开关参数属性校验，如果主配网两侧边界开关参数属性不一致，则判断主配网模型不一致。

主网侧通过边界开关利用数据库查询，获取边界开关的电压参数及边界开关的所属厂站信息，配网侧通过边界开关解析抽取配网 CIM 模型文件中边界开关的电压参数及所属厂站信息（在配网模型由外部系统提供前提下），将主配网两侧获取边界开关的参数信息进行比较，查看电压参数和所属厂站信息是否完全一致，如果两侧电压参数和厂站信息不一致，表示此边界开关有误，则主配网模型不一致。

算法描述如下：

Step1：构建待校核的主网边界设备，以开关编号为主键，电压参数和所属厂站为值，构建邻接表 T1；

Step2：构建待校核的配网边界设备，以开关编号为主键，电压参数和所属厂站为值，构建邻接表 T2；

Step3：遍历邻接表 T1、T2，查看每个边界开关的电压参数与所属厂站是否一致。

3）边界开关拓扑连通性校验

以每个边界开关为起点，主网侧通过拓扑搜索算法获取边界开关与其他主网设备的连接关系，配网侧通过拓扑搜索算法获取边界开关与配网侧设备的连接关系，主网侧过滤非开关类型的设备，形成边界开关与其他主网开关的拓扑结构；配网侧也过滤非开关类的设备，形成边界开关和其他配网开关的拓扑结构，形成开关的上下游关系。此处过滤是指将非开关设备从连接关系中去除，拓扑关系图只有开关设备。

基于主网侧开关拓扑结构中，判断边界开关是否连接其他边界开关设备，基于配网侧开关拓扑结构，查看边界开关是否连接其他边界开关设备，如果边界开关在主配网任一侧未连接其他边界开关设备，即边界开关拓扑不连通，则主配网模型不一致。

算法描述如下：

Step1：构建待校核的主网边界设备拓扑结构，以开关编号为主键，所连开关设备 ID 为值，构建邻接表 T1；

Step2：构建待校核的配网边界设备拓扑结构，以开关编号为主键，所连开关设备 ID 为值，构建邻接表 T2；

Step3：遍历邻接表 T1、T2，查看边界设备每个边界开关是否有相连通的设备。

4）边界开关完整性校验

在配网侧，对边界开关进行完整性校验，对每一条馈线，在模型边界开关映射表中检查是否有一一对应的边界开关，如果每一条馈线都能找到相对应的边界开关，则表示边界开关在模型边界开关映射表中定义完整，主配网模型是一致的。

算法描述如下：

Step1：构建待校核的配网馈线设备，以馈线 ID 为主键，相对应的边界设备 ID 为值，构建邻接表 T1；

Step2：遍历邻接表 T1，查看馈线是否有一一对应的边界开关。

3. 全局拓扑校验

1）输网拓扑校验

（1）输网拓扑分析原理。

电力系统在运行情况下，网络拓扑在线分析大多均以节点导纳矩阵为基础。节点导纳矩阵随网络的结线变化而变，而电力系统中常进行开关操作，网络拓扑也将随之变化。若不能迅速而准确地随着开关所处状态的实时变化而修改结线，形成新的节点导纳矩阵，则原有节点导纳矩阵不能反映实际系统，这将导致错误的分析与判断。因此，根据实时开关状态，自动确定网络联结情况即电气节点，以及节点之间的连通情况，并在此基础上确定节点导纳矩阵，才能保证后续各种网络拓扑分析计算的正常运行。

网络拓扑分析的任务是实时处理开关信息的变化，自动划分发电厂、变电站的计算用节点，形成新的网络结线，确定连通的子网络。同时在新的网络图上分配量测，为后续的在线网络分析提供可供计算用的网络结构、参数和实时运行参数的基础数据。

网络的结线分析包括对厂站的结线分析和对系统的结线分析。

① 厂站的结线分析。

利用图模一体化技术（该技术由清华大学于 1994 年在天津 EMS 系统中首提出并实现）生成了各个厂站的节点支路连接模型，并通过线路描述厂站间的连接关系。

厂站内部拓扑结构的层次关系表示如图 4-20 所示。厂站的结线分析是确定厂站的节点由闭合的断路器或隔离刀闸连接成多少计算母线。其输入数据是断路器和其两端的母线编号和断路器状态表，输出结果是每个节点所属的计算母线。

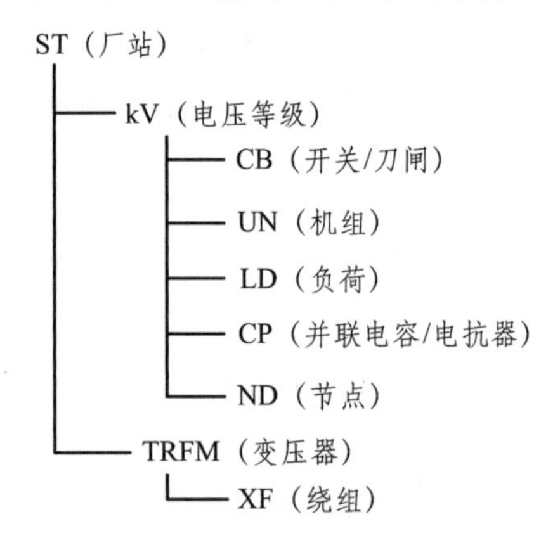

图 4-20 厂站内部拓扑结构的层次关系

把开关看作边，节点段看作顶点，在一个变电站内的所有开关将节点连通成一个网络。视开关开合状态的不同，站内的这个网络可由一个连通片组成，也可由两个（或以上）连通片组成。这可由广度优先搜索方法确定，这种搜索可以限制在各个电压岛内进行，因此可大幅度提高计算效率。以倍半开关接线方式为例，如图 4-21（a）所示的结线图可用图 4-21（b）的网络拓扑图表示。

如图 4-21（a）所示，断路器 B 和 E 打开，A、C、D、F 处于闭合状态。通过结线分析，生成了两个母线 BUS1 和 BUS2。其中 BUS1 包含了节点 1，2 和 5，而 BUS2 包含了节点 3，4 和 6。这个过程是从节点-开关模型生成母线-支路模型。

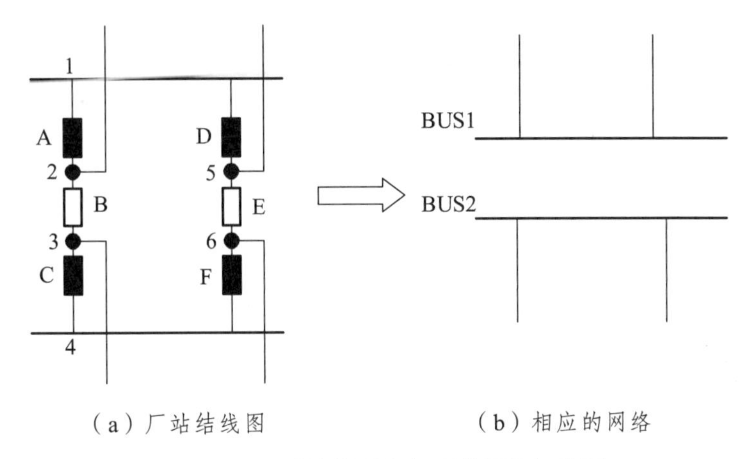

图 4-21 厂站结线图和相应的网络拓扑图

② 网络的结线分析。

厂站的结线分析确定了网络的母线，这些母线通过输电线（在不同的厂站之间）或者变压器（在同一厂站内）相互连接，组成了电力网络。网络的结线分析就是要确定由输电线和变压器连通的独立子网络，称这种在电气上连接在一起的独立网络为电气岛。同时需确定其中哪些电气岛是有源的，即电气岛内有至少一台发电机运行，且需确定向该子网络送电和哪些电气岛是无源的。

将母线看作顶点，输电线或变压器等支路看作边，用树搜索算法（深度优先搜索算法或广度优先搜索算法）确定连通子网络（岛），搜索从一个有源节点开始，保证该岛是有源的。一个岛搜索完以后，对未上岛的顶点重新开始以上过程，直至所有顶点都划归某岛为止。有源岛（即活岛）是正在运行的岛，实时网络分析是在这些岛上进行的。对于无源岛（即死岛）在计算中不予考虑。

由于每个设备，例如发电机、负荷都和一个母线段连接，厂站结线分析已获得了设备和母线的关联关系，所以可以建立设备-母线关联表。这样，依据网络拓扑结构的信息，发电机、负荷和母线的连接信息，即可开始进行网络分析计算。

（2）输网网络拓扑错误辨识。

网络拓扑错误辨识是指利用 EMS 获得的各类信息，特别是 SCADA 采集的量测信息，检测和辨识网络中错误的开关刀闸状态，从而确定正确的网络拓扑结构。远动信息的采集和传输过程会受到噪声的影响，再加上其他因素，EMS 获得的遥信信息常会出现错误，造成网络拓扑与实际情况不符，动摇了实时网络分析的数学基础，导致了错误的分析与判断。如何排除拓扑错误，确定正确的网络拓扑结构，一直是 EMS 应用中的大难题。

EMS 中的实时网络分析所研究的是周期刷新（如每隔 1 分钟刷新一次）的实时断面，因此对拓扑错误辨识的实时性要求很高。另外，实际电网结线模式复杂，还存在量测坏数据与遥信错误互相污染的问题，这也给拓扑错误成功辨识带来一定的难度。

基于规则的辨识方法通过建立逻辑规则，对网络中开关的状态进行简单而高效的“预过滤”。

① 规则法的基本依据。

规则法是指利用与开关状态相关的网络结构信息、量测信息及其他各类信息建立若干个逻辑判据，来检验电网中的开关刀闸状态是否正确合理，辨识出网络中可能存在的拓扑错误。

电力系统中的开关刀闸有很多种类，与之相关的信息种类也有很多，建立规则前应对各类开关的种类分类，对信息进行分类和集成。所建立的规则应当具有通用性，误判比漏判的危害更大，尽量减少误判与漏判发生的概率。开关遥信发生错误的主要原因如下：

开关状态在检测时抖动，开/断状态同时被检测到；通信装置或主机短时间发生中断；对于人工置位的开关状态没有及时更新；一部分开关状态没有采集遥信（取预先输入数据库的正常态）。在使用规则法进行拓扑错误辨识前，对相关的元件与信息进行分类可大大减小问题的复杂度，也使规则更加简明易懂。

网络中的物理母线可分为旁路母线和普通母线两类，根据开关元件与这两类母线的连接关系，开关元件的分类如表 4-10 所示。

表 4-10　开关元件的分类

断路器（breaker）	隔离开关（switch）
旁路断路器	串联刀闸
母联断路器	分支刀闸
母联带旁路断路器	接地刀闸
普通断路器	—

规则法所利用的信息可分成：开关状态的遥信信息；开关状态与量测量的联系；开关状态与其他开关的遥信值的联系；在时间维度上开关状态改变与潮流改变量间的联系；来自 SCADA 的辅助信息，如报警、保护动作信息、远动命令等。

② 通用的辨识规则。

准稳态条件下电网中的电压电流量完全遵循基尔霍夫定律。开关状态的改变一般会导致相关元件的投/退或母线段的分裂/合并，在量测信息上对应着明显的潮流变化。为便于理解，如图 4-22 所示列举了变电站 X 与 Y 之间的一条线路的 4 种运行状态。在这个例子中，A 和 D 是分隔线路断路器 B 和 E 与母线的隔离刀闸，C 和 F 是分隔断路器与线路自身的隔离刀闸。例中标于线路下方的数值是线路两端的有功和无功的潮流量测值，假设量测值已通过校验，即是正确可用的。情形 1 中，两端的潮流量测值都较大，这是线路两端开关刀闸都合上时，线路上的潮流分布。情形 2 中，X 侧潮流量测正常，另一端为零，可推断出 Y 侧断路器 E 断开，线路这一端实际挂接在旁路母线上，通过旁路断路器传输电能。情形 3 中，两端的有功潮流量测均为零，无功量测首端有较大的值，可推断线路在 X 侧开关为合，Y 侧断路器 E 为分，X 侧无功潮流来自于线路充电电容。情形 4 中，所有的潮流量测均为零，这时可推断线路完全退出运行，即断路器 B 和 E 此时均为分。

在利用规则进行拓扑错误辨识前，首先要根据已知的开关信息对电网作实时结线分析：自动划分发电厂和变电站的计算用节点数，形成新的网络结线，随之分配量测量和注入量等数据，为后续程序提供该结线方式下的信息与数据。

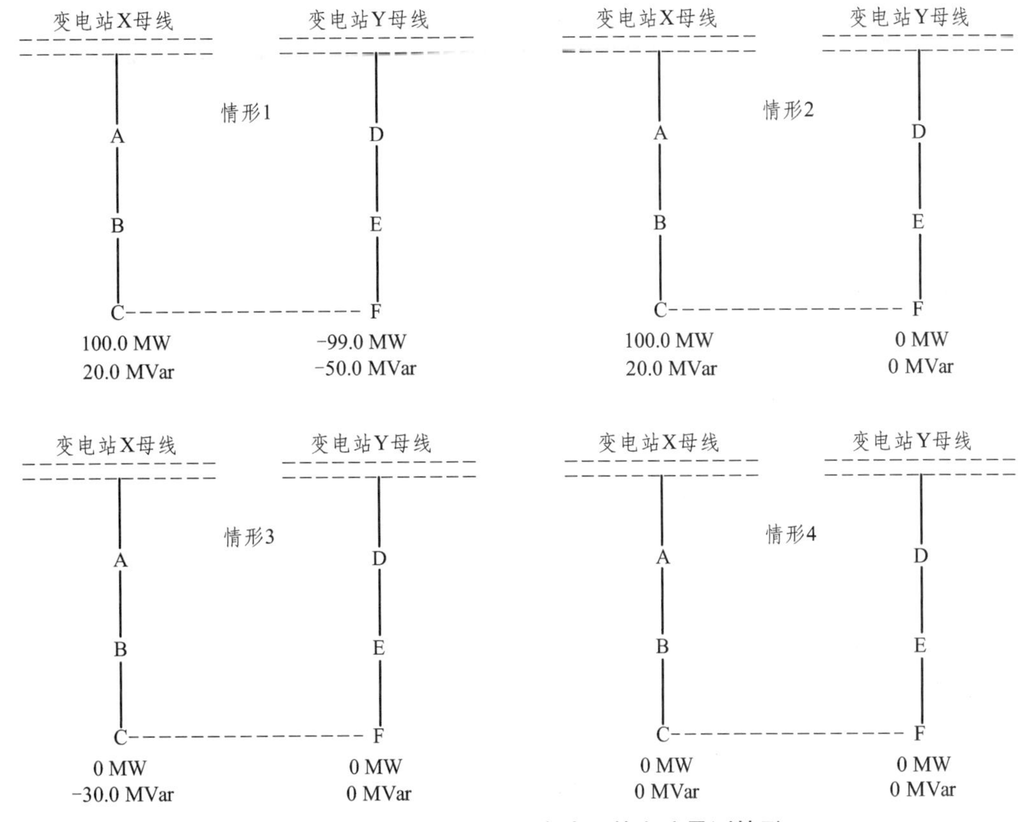

图 4-22　线路在 4 种运行方式下的潮流量测情形

电力系统实时开关状态的变化，可能是切除或投入发动机或负荷；可能使变电站的母线段对应的计算用节点发生变化；还可能引起电网开环、合环、解列或并列等。结线分析处理开关的变位信息，生成实时的网络拓扑结构，在此基础上可利用规则法对拓扑错误进行辨识。拓扑检错结束后，应更正错误的开关刀闸状态信息，重新进行全网的结线分析，形成新的拓扑结构。输网网络拓扑规则法的辨识流程如图 4-23 所示。

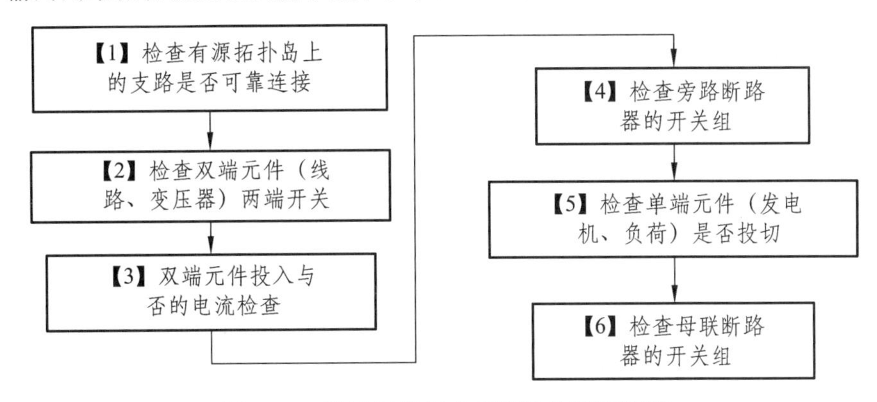

图 4-23　输网网络拓扑规则法的辨识流程

2）配网拓扑校验

（1）配网拓扑校验原理。

网络拓扑分析是指根据配电网中开关设备的开合状态确定一次设备的电气连接关系。拓扑分析的对象是节点和双端元件。网络拓扑分析的本质是图的遍历，图的点是节点，图的连接线是双端元件。图的遍历方法有深度优先和广度优先。

输电网中通常采用深度优先搜索方式遍历网络节点和支路。配电网通常是辐射状结构，没有环路或有少量环路，有些馈线末端离根节点的距离较远。深度优先搜索会搜索到馈线末端，然后回溯到之前有分支线路的节点，其搜索过的节点数目多于图中节点总数。广度优先搜索每个节点只搜索一次。因此，配电网适合用广度优先搜索进行遍历。

配电网拓扑分析采用广度优先方法，遍历整个网络，即可搜索出环路路径。配电网的运行状态通常是辐射状网络，仅在合环操作时有环路，找出网络中的环路路径是配电网拓扑分析的基础。

① 环路搜索。

配电网环路搜索，采用广度优先方法遍历，找出环路路径。广度优先搜索从馈线根节点开始，遍历过程可以形成广度优先生成树，树根是馈线根节点。节点在广度优先生成树中到根节点的距离，是节点在图中到达根节点经过支路最少的路径距离。根据节点到根节点的距离不同，将节点分为不同的层。

以如图 4-24 所示的网络拓扑图为例，描述广度优先遍历的过程。节点 1 和 2 是馈线根节点，节点 5 和 6、节点 12 和 17 之间的虚线表示这两个节点之间有联络开关，开关均断开，馈线 1 和 2 都是辐射状馈线。广度优先遍历，先访问节点 1 和 2，节点 1 和 2 是第一层节点，然后访问与节点 1、2 相连的节点 3、4，为第二层节点。节点 1 是节点 3 的父节点，节点 3 是节点 1 的子节点。同理，节点 2 是节点 4 的父节点，节点 4 是节点 2 的子节点。按此方式，每次访问除父节点外与一层节点相连的节点，访问所有的节点，得到节点的层，建立父子节点的对应关系，一个节点的父节点是唯一的，一个节点的子节点可以有多个。广度优先遍历之后各节点的层如下：

第一层：1，2；

第二层：3，4；

第三层：5，6；

第四层：7，8，9；

第五层：10，11，12，13；

第六层：14，15，16；

第七层：17。

辐射状网络，本身是一个树结构。如果节点 5 和节点 6 之间的开关闭合，两条馈线相连，构成环网，广度优先遍历的过程会有变化。访问第一层节点 1 和 2、第二层节点 3 和 4、第三层节点 5 和 6 之后，开始访问第四层节点。与节点 5 相连的节点是节点 7 和节点 6。节点 7 是第四层节点，但是节点 6 已经访问过，是第三层节点，由此设置支路 5-6 是连支支路。其余遍历过程不变，最终结果中节点所在的层也不变。支路 5-6 是连支，移出连支，网络变成辐射状，剩下的图即为广度优先生成树。

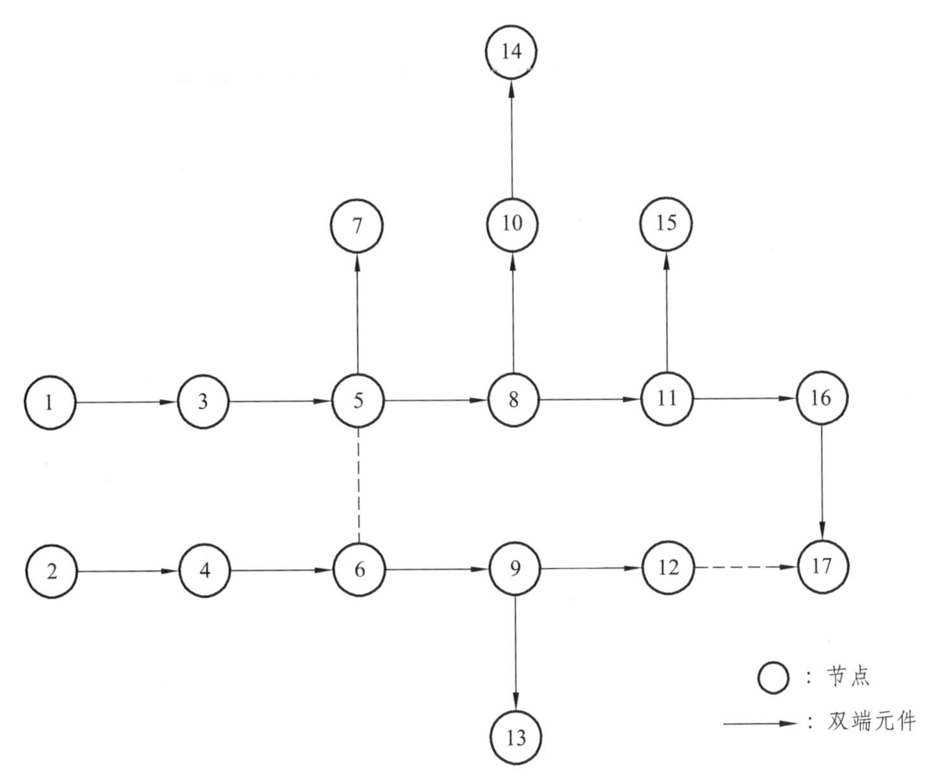

图 4-24　配电网网络拓扑结构示例

支路 5-6 是连支，从节点 5 和节点 6 开始，搜索与其父节点相连的支路，再从父节点继续搜索，重复此过程，直到搜索到馈线根节点，则搜索到环路上的所有支路。如果是一个馈线内的环路，则最后不会搜索到馈线根节点，而是搜索到同一个点。在广度优先搜索的结果中，连支两端节点的层相差 0 或 1。如果差为 1，则层数较大的节点先找出其父节点，然后再同时搜索其父节点支路。

采用广度优先遍历得到环路路径，然后标记馈线为非辐射状馈线，记录其相连的馈线。环路路径可在接线图上用不同的颜色区分，直观显示环网的存在。环路搜索的步骤如下：

广度优先遍历，对节点分层，找出连支支路；从连支支路两端点开始，搜索其父节点，找到馈线根节点或者相同的节点为止，由此找出环网路径。一个连支支路对应一个环网，找出所有的环网路径。

② 辐射状网络的拓扑搜索。

拓扑搜索是分析一个设备的供电路径和供电范围。在辐射状电网的条件下，基于广度优先遍历可得到拓扑搜索的结果。

以图 4-24 所示的网络拓扑图为例，两个联络开关都打开，分析支路 5-8 的供电路径和供电范围。支路 5-8 在馈线 1 上，只需分析馈线 1 的拓扑。按照广度优先遍历的过程，依次访问节点 1、5、3、7、8。对于双端设备来说，供电范围的搜索从层数较大的节点开始，对单端设备从设备所在节点开始。节点 10 和 11 是节点 8 的子节点，则支路 8-10、支路 8-11、节点 10 和 11 上的单端设备，均在支路 5-8 供电范围内，节点 8、10、11 均称为下游节点。继续搜索，节点 10、11 的子节点也是下游节点，其与父节点连接支路和节点上的单端设备，也在供电范围内。依此方式搜索，至广度优先遍历完成，即完成其供电范围搜索。供电范围的结果，节点 8、10、11、14、15、16、17 是下游节点，节点上的单端设备及这些节点的连接支路在支路 5-8 的供电范围内。

供电路径的搜索从层数较小的节点开始，对单端设备从设备所在节点开始。从节点 5 开始，搜索其父节点节点 3，节点 3 和节点 5 称为上游节点。继续搜索其父节点，直至搜索到馈线根节点为止。供电路径的搜索结果，按节点层的顺序，节点 1、3、5 是上游节点，其连接支路为供电路径。

在实际应用中，供电范围的设备用列表显示，供电路径的设备，按照节点的层，从根节点开始，用顺序图的形式描述节点和支路构成的供电路径。辐射状电网的拓扑搜索过程如下：

找出馈线的所有节点和支路，进行广度优先遍历，找出下游节点和供电范围内的设备。

从设备所在的上游节点开始，不断搜索其父节点，找出上游节点和供电路径。

③ 含环网络的拓扑搜索。

在环网的条件下，基于广度优先遍历方式得到的拓扑搜索结果是不完善的。环网情况下供电路径不止一个，而此方法只能得到一个路径。在广度优先遍历的基础上，需要增加深度优先搜索的步骤，找出所有的路径。

以如图 4-24 所示的网络拓扑图为例，支路 5-6 开关闭合，支路 12-17 开关断开。分析支路 5-8 的供电路径和供电范围。此支路在馈线 1 上，但馈线 1 不是辐射状馈线，因此要分析馈线 1 和馈线 2 的拓扑。广度优先遍历的结果，支路 5-6 是连支支路，节点 8、10、11、14、15、16、17 是下游节点。然后搜索供电路径，节点 1、3、5 是上游节点。

以上结果与辐射状网络的拓扑搜索结果相同，但对于含环的网络，这个结果是不完整的。含环网络的拓扑搜索，在完成辐射状网络的拓扑搜索过程后，从上游节点开始，进行深度优先搜索。深度优先搜索从一个节点开始，不断访问其相邻节点，遇到已访问的点终止。在环网拓扑搜索中，已经标记为供电路径或者供电范围的支路不再搜索，已确定的上游节点或者下游节点认为是已访问的节点。深度优先搜索过程，遇到已标记为下游节点的点，回到前一个访问点继续搜索；遇到其他的上游节点或者馈线根节点，根据深度优先搜索原理，其访问过的点构成一个路径，即其他的电源路径。

继续进行图 4-24 所示网络的拓扑搜索，馈线 1 和 2 构成环网，从节点 5 开始，进行深度优先搜索，支路 5-8 和支路 3-5 均已经标记完成，通过支路 5-6 访问节点 6，接着访问节点 6 相邻的节点 4，在访问节点 4 相邻的节点 2，节点 2 是馈线根节点，因此，节点 5、6、4、2 均是上游节点，构成一个供电路径。按照深度优先搜索的顺序，继续搜索节点 9、12、13，所有节点均被访问过，深度优先搜索完成。节点 1 和 3 的相连支路均已标记，不再进行深度优先搜索。

如果在支路 5-6 开关闭合的情况下，支路 12-17 的联络开关也闭合，则配电网中同时出现多个环。这样的情况一般很少见，只作为极端情况，验证含环网络拓扑搜索方法的鲁棒性。此时支路 5-8 已在环路上，通常的配电网分析软件不会处理这种情况，但是本算法可处理这种情况，先进行广度优先遍历，找出供电范围，然后搜索供电路径，接着从设备的上游节点开始进行深度优先搜索，找出其他供电路径，最后从设备的下游节点开始，再次进行深度优先搜索，找出其他下游节点以及供电范围设备。

环路搜索时，用广度优先遍历方法，支路 5-6 和支路 16-17 是连支支路，节点 17 变为馈线2的第六层节点，其余节点的层不变。拓扑搜索时，先按照辐射状馈线的搜索方法，用广度优先遍历，节点8、10、11、14、15、16是下游节点，节点17是馈线2的节点，供电路径搜索，节点1、3、5是上游节点。然后从节点5开始深度优先搜索，节点5、6、4、2均是上游节点。深度优先搜索过程中，从节点6搜索到节点17，然后搜索到节点16时，节点16已是下游节点，因此深度优先搜索节点9、12、13、17后，访问所有节点，供电路径搜索结束。最后从节点8开始再次进行深度优先搜索，此时所有上游节点均认为是已访问过的节点，从节点8开始访问到的节点，除上游节点外，均认为是下游节点。根据深度优先的搜索过程，节点8、10、11、14、15、16这些节点会被访问到，节点17、12、9、13等馈线2上的节点也会被访问到，认为其是下游节点。这样环网的供电路径和供电范围搜索均已完成。

拓扑搜索是从辐射状网络发展而来的拓扑分析应用，处理环网情况较为困难。本节所述的方法，在处理辐射状网络的基础上，再次进行搜索，将深度优先搜索和广度优先搜索结合，形成环网的拓扑搜索，可处理多个环网存在的情况，具有较强的鲁棒性，其步骤如下：

找出馈线的所有节点和支路，进行广度优先遍历，找出下游节点和供电范围内的设备。

从设备所在的上游节点开始，不断搜索其父节点，找出上游节点和供电路径。

从已知的上游节点开，进行深度优先搜索，不断搜索下游节点，搜索到上游节点或者馈线根节点时，形成一个供电路径。

从设备所在的下游节点开始，进行深度优先搜索，不搜索上游节点，其搜索到的节点均为供电范围内的下游节点。

（2）配网常见拓扑错误分析。

电网设备主要分为双端设备和单端设备，双端设备有断路器、熔断器、刀闸、架空线路、电缆段、配电变压器等；单端设备有接地刀闸、负荷等，设备端点校验过程中必须确保设备的连接点号及设备所属馈线正确，结合DSCADA系统的配网遥信位置进行拓扑校验。

① 设备单端挂空校验。

一般而言，拓扑连接正确的设备的一个连接点号至少指向两个设备端点，否则出现设备空挂错误。因此，凡不满足此条件，必然出现节点空挂现象。节点空挂校验确保了调控云模型的节点连接正确。

② 孤立设备校验。

造成设备孤立的原因主要有三种表现形式：首先，该设备的连接点号为空或节点不与任何设备相连导致的单个设备孤立存在；其次，设备缺失所属馈线，导致设备无法与任何馈线上的设备进行关联导致的设备孤立；最后，孤立岛式的拓扑连接关系导致该片区所有设备孤立存在；孤立设备校验确保了调控云模型的可用性，并清理了冗余台账。

③ 环路校验。

环路校验主要为可疑环路和异常环路。其中，可疑环路的形成主要来源于DSCADA系统的遥信位置与现场实际运行方式不一致造成，或由于现场确实存在当前的运行方式；而异常环路的校验主要是在深度遍历时，出现内部成环现象，此类情况通常是模型节点存在问题导致。通过环路校验，针对已有的拓扑连接进行校核，为模型计算准确提供有利支撑。

④ 主配拼接校验。

主配拼接校验主要针对配电网根节点的连接关系进行校核，通常一条辐射状馈线只存在一个正的根节点与配电网形成连接关系，当出现无法从调控云节点中获取相应馈线的根节点设备或出现根节点重复时，自动输出校验异常结果，主配拼接的校核确保了模型溯源时，从配网任意设备任意节点都能查询到与主网的连接关系，为后期的输配协同计算提供关口耦合参考点。

⑤ 设备台账校验。

设备台账校验主要针对调控云台账中存在的部分冗余台账，重复设备通常会导致节点重复，通过校验可以有效清理调控云中的冗余台账，保证调控云台账的真实可用性。

3）拓扑连通性校验技术

配电网拓扑分析的另一个应用是利用拓扑搜索，找出一个设备的供电路径和供电范围。例如一个开关，其供电路径的搜索是找出电能经过哪些开关、线路等双端元件到达此设备，这些双端元件断开或者故障，此开关就会失电。其供电范围的搜索是找出哪些开关、线路、负荷设备的供电路径经过此设备，一旦此设备故障，这些供电范围内的设备都将失电。此功能在辐射状配电网的能量管理有很好的实用性。在辐射状电网条件下，找出设备的供电路径和供电范围在广度优先遍历的基础上方便得到结果，在有环网的情况下需要进行特殊处理，配网的供电路径搜索方法如上节所示，通过拓扑分析即可获取配网任意节点至配网根节点之间的供电路径。

基于调控云“电网一张图”的建设规模，将原有的主网网络拓扑分析的方法与配电网拓扑分析方法在关口处进行拼接,即可实现在电网任意设备自下而上搜索到该设备的供电路径，而有效实现供电路径追踪的前提除了主、配网的拓扑搜索方法准确以外，还需保证主配拼接的关口节点连接准确无误，从而真正实现“电网一张图”的构想。

（三）数据校验技术

1. 输网数据校验原理

1）量测系统分析

（1）基于潮流定解原理的电网可观测性分析。

对现有量测系统进行分析，确定现有量测可计算出网络状态，这是系统可观测性分析的任务。确定网络可观测性的算法有两类：数值算法和拓扑算法。数值算法是在信息矩阵的三角分解过程中完成可观测性分析任务。这一算法概念简单，但由于数值计算舍入误差的影响，可能会造成判断上的困难或误判。拓扑算法将可观测性分析问题化为拓扑问题，通过树的搜索，判明系统的可观测性。拓扑算法只进行逻辑判断和少量整型数的计算，克服了数值算法受舍入误差影响的弱点，因而得到了广泛的应用。

本节所述基于潮流定解原理的电网可观测性分析算法是清华大学独创的技术，计算效率非常高且结果准确可靠。

① 对量测系统分析的一些基本认识。

在进行量测系统分析之前，首先要有一些基本认识：

规则 1：知道支路一端的复电压和支路潮流，可推算另一端的潮流和电压。

规则 2：知道支路一端的复电压和支路另一端的潮流，可推算支路该端的潮流和另一端的电压。

这两条原则其实包含性质 1 与性质 2：

性质 1：已知支路一断的电压和该支路一端的功率，可计算该支路另一端的电压，即该支路的支路电压是可计算的。

性质 2：网络的树支电压是一组独立变量，可由树支电压计算全网节点电压，进而算出全网潮流。

当电网中的节点可通过有潮流量测的支路连接在一起时，可找出支撑这些节点的具有潮流量测的支撑树。这些支撑树中的支路的支路电压是可以计算的，因此，全网节点电压是可以计算的，从而得到全网的潮流可计算。

规则 3：母线注入功率等于所有相连支路潮流的和，这就意味着在相连的所有支路中，若有一个支路无量测，可用母线注入功率量测代替。

规则 3 说明，通过母线注入功率量测可以扩大可观测的部分电网的规模。

利用支路 PQ 潮流量侧，通过拓扑搜索算法可将电网划分为若干部分网络，该部分网络称为量测岛。如果量测岛中有一节点的电压复向量已确定，则该量测岛为可观测岛。显然，利用规则 1、2 和 3 形成的网络是量测岛。

② 可观测性的步骤。

可观测性分析分析由以下三步组成：

Step1：先用支路潮流量测连通所有可能的母线，即从有潮流量测支路的一端连通到另一端，如此进行拓扑搜索，形成多个量测岛；拓扑搜索的方法可以是深度优先搜索（DFS），也可以是广度优先搜索（BFS）。

Step2：用可用的注入量测扩大量测岛。进一步利用量测岛的边界注入量测把多个量测岛合并成一个或若干个可观测岛。

利用前面提出的规则 1、规则 2 和规则 3 即可实现前面两步的算法，这两步的算法均针对孤立的单个量测岛的分析。最关键是如何利用各量测岛边界的注入量测合并可合并的多个可观测岛。

值得注意的是，为了保证状态估计结果的正确性，并不是所有的注入量测均可用于合并可观测岛，即注入量测存在可用与否的问题。如图 4-25 所示，每个圈代表利用支路量测和部分注量测形成的量测岛，箭头代表各量测岛边界的注入量测。图中共有 6 个量测岛和 5 个边界注入量测，通过边界节点 n_1、n_2、n_3 和 n_4 的注入量测进分析可得量测岛 1、2、3 和 4 可合并成一个量测岛，如图 4-26 所示，而 n_7 的注入不能用于岛 5 和其他量测岛的合并。可见需要给出一个判断量测岛是否可合并的原理或方法。

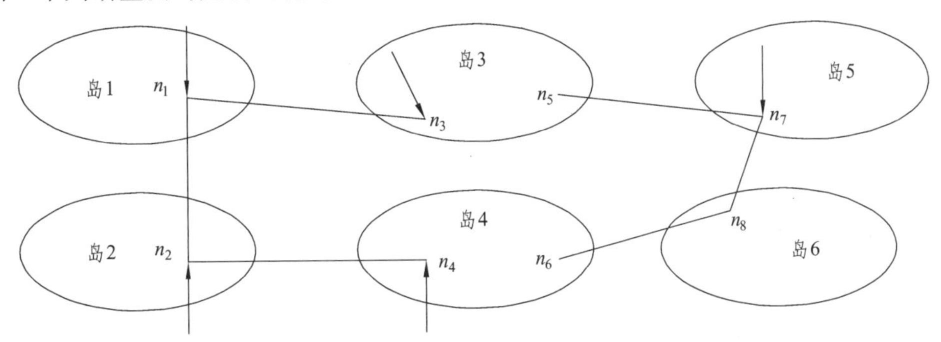

图 4-25 局部注入量测出现冗余

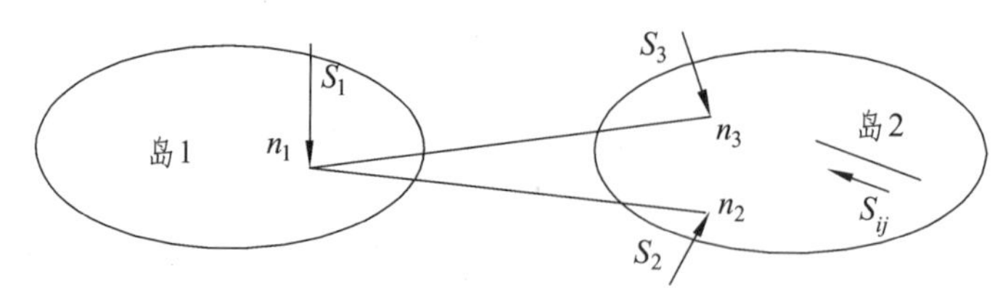

图 4-26　岛际互联系统

Step3：利用边界注入量测合并量测岛。

经过可观测性分析的第 1 和第 2 步形成若干个量测岛后，系统中的量测可分为两类：量测岛内量测和边界注入量测。同样，这时的支路可分为岛内支路和岛际互联支路。显然，由于形成量测岛时支路潮流量测已被利用，所以岛际互联支路上是不存在支路量测的。

内部网等值的概念：关键在于分析岛内量测在合并量测岛时是否起作用。根据量测岛和可观测岛的定义，量测岛内任何一节点的电压已知，则确定其他节点的状态。由于和量测岛内注入量测相连的节点的电压已知，岛内注入量测对扩大可观测岛没有贡献，可忽略。本节只保留边界注入量测和岛际互联支路，从而使量测岛的合并分析得以简化。

如图 4-27 所示，量测岛内有两个与外部相连的边界节点 1 和 2，把量测岛内与节点 1 和 2 相连的支路的潮流等值成节点 1 和 2 的注入潮流 $\dot{S}_1'$ 和 $\dot{S}_2'$。处理后，边界节点 1 和 2 的注入潮流分别为注入量测 $\dot{S}_1^m$ 与等值入潮流 $\dot{S}_1'$ 之和，以及注入量测 $\dot{S}_2^m$ 与等值入潮流 $\dot{S}_2'$ 之和。因此，图 4-27（a）可以化简为图（b），忽略岛内的网络细节。根据量测岛的定义，岛内状态变量可写成任一节点的电压复相量的函数，例如 $\dot{U}_1$，则节点 1 的等值注入潮流 $\dot{S}_1' = f_1(\dot{U}_1)$。同理，节点 2 的等值注入潮流 $\dot{S}_2' = f_2(\dot{U}_1)$。因此，如果通过相邻量测岛的边界节点电压、岛际互连支路和边界节点注入量测的约束方程可求出边界节点 1 或 2 的电压，则该量测岛可与其他岛合并。

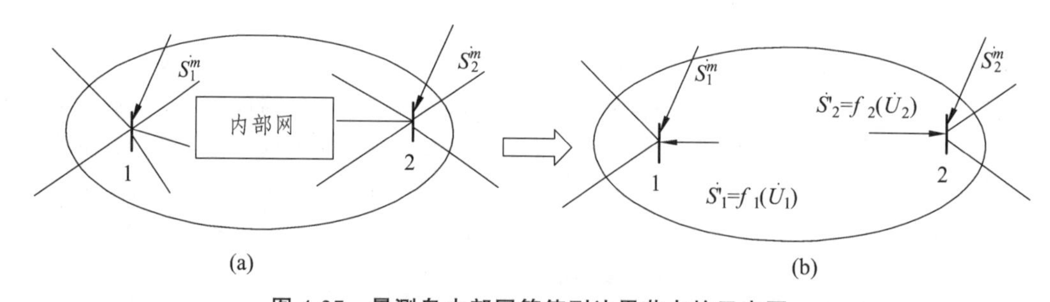

图 4-27　量测岛内部网等值到边界节点的示意图

定义：待并网，所谓待并网就是由量测岛的边界节点和岛际互连支路组成的电气上互连的网络。

通过前述分析，可得到如下量测岛合并的充分条件：

量测岛合并条件：当待并网中有一边界节点电压确定后，通过待并网注入量测的约束方程可求出其他边界节点的电压，则与待并网关联的可观测岛可合并。

节点分裂概念：观察图 4-28（a）的待并网 1 中有注入量测的边界节点可看出，由这些有注入量测的边界节点发出的岛际互联支路的对端节点是其他量测岛的边界节点，其注入量测方程是自身节点电压和与其有岛际支路直接相连的其他量测岛上边界节点电压的函数，例如节点 2 的注入量测 $\dot{S}_2^m = f_2(\dot{U}_1,\dot{U}_2,\dot{U}_3,\dot{U}_4,\dot{U}_5)$。边界节点 6 位于量测岛 V 上，且仅与没有注入量测的节点 5 有岛际支路相联，因此，节点 6 的电压不可能出现在待并网 1 中任何一个边界节点注入量测的方程中，无法通过边界节点的注入量测方程将其求出。由于类似情况的出现，不便于从整体上利用潮流可解条件分析量测岛的合并，因而采用节点分裂的处理方法，对待并网中没有注入量测的边界节点，按其所联岛际支路数分成多个独立的边界节点，分裂后的这些新生成的节点电压相等，但拓扑上彼此独立，这样，就可能使原待并网在拓扑上被分成多个更小的网络，称之为分裂后待并网。以图 4-28 为例，边界节点 3 和 5 没有注入量测，则可把边界节点 3 和 5 分裂后分别变成 3a、3b、3 c、3d 和 5a、5b、5 c、5d 等各个独立的边界节点。其中 $\dot{U}_{3a}=\dot{U}_{3b}=\dot{U}_{3c}=\dot{U}_{3d}$，$\dot{U}_{5a}=\dot{U}_{5b}=\dot{U}_{5c}=\dot{U}_{5d}$。它们对图中虚线方框外网络方程的作用与节点分裂前相同。经节点分裂后，待并网 1 在拓扑上被分成了 3 个互不相连的部分，分别称为分裂后待并网 A、B 和 C。观察分裂后待并网 A 可以看出，该网上新生成的无注入量测节点 3a、3b、3 c。通过岛际支路与有注入量测的边界节点 1、2、4 相连，保证了分裂后待并网 A 上的所有节点电压均包含在其边界节点的注入量测方程中，便于采用潮流定解条件分析分裂后待并网 A 的可观测性。原来节点 3 和 5 均没有注入量测，不能通过 1、2、4、6 的注入量测确定 5 个量测岛能否合并；利用节点分裂之后，1、2、4 3 个节点注入量测关联了 I、II、III、IV 4 个量测岛，而关联支路都是单支路，可将这 4 个岛合并。节点 6 的注入量测也是通过一条单支路和岛 IV 相连，最后所有岛均可合并。

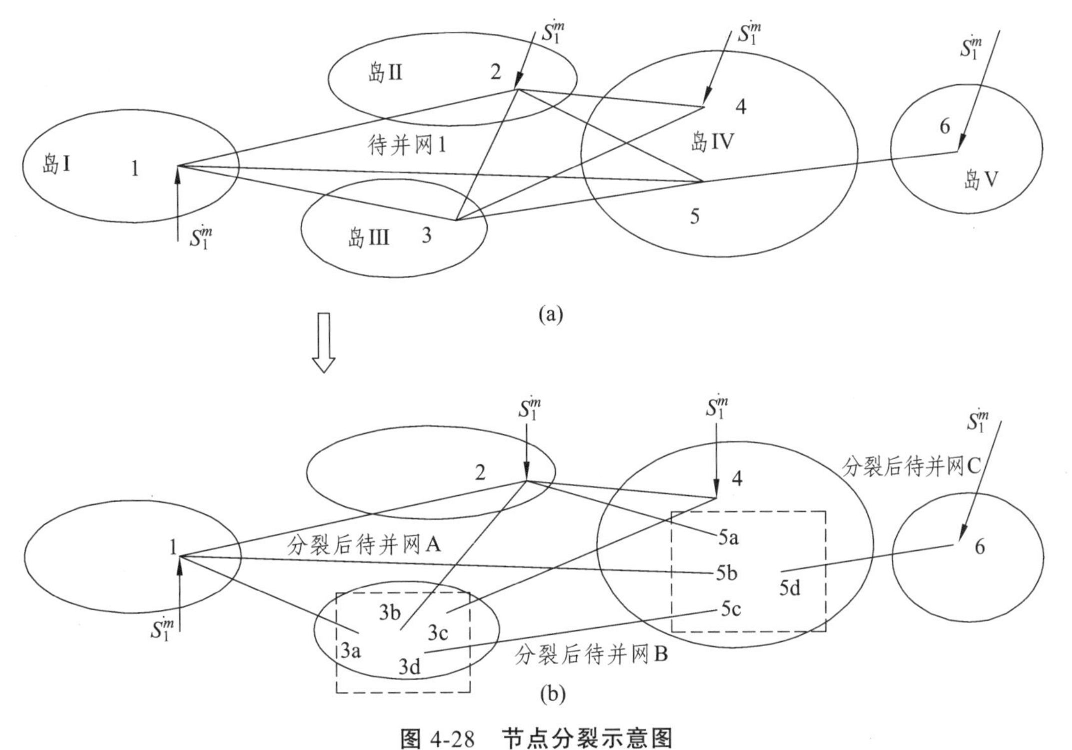

图 4-28 节点分裂示意图

节点分裂概念的引入是为了能够用一个简单的规则，即潮流定解条件来判断量测岛互联成网状时它们之间的合并问题。在应用简单的潮流定解条件对量测岛的合并进行判断之前，对没有注入量测的边界节点做节点分裂处理可有效地简化问题。

（2）基于潮流定解条件的可观测性分析。

可推导得出：判断多个量测岛是否可合并，等价于把边界节点的注入量测为已知条件和选待并网中一节点的电压已知条件，与这几个量测岛相连的待并网潮流是否可解。

根据前面的分析，利用等值方法隐去量测岛内部节点后，对无注入的边界节点按其所连岛际支路数进行节点分裂，可生成多个新的拓扑上彼此独立的无注入边界节点，此时就可由所有边界节点和连接边界节点的岛间互联支路做拓扑分析，得到若干分裂后的待并网。由于这些分裂后的待并网上不存在支路潮流量测，只有注入量测，且在含有注入量测的分裂后的待并网中，所有节点电压均包含在其上有注入量测边界节点的注入量测方程中，因此，量测岛是否可合并判断转化为分裂后待并网的潮流定解问题。由于这些分裂后的待并网散布于整个网络中，彼此互不影响，故采用节点分裂法对化简后的待并网进行分析，可将量测岛的合并问题简化。

要想求解一个潮流问题，至少要找到和未知状态量个数相等的独立方程数。设定其中一个量测岛的边界节点可作为$\{U, \theta\}$已知节点。假定分裂后待并网节点数为 n，则未知状态量个数为（$n-1$），这就要求独立方程数为（$n-1$）个，由于待并网内可能有多个边界节点在同一个量测岛上，而这些边界节点上有注入量测，可能会产生某些局部量测冗余而其他地方量测又不足的情况，因此，还不能简单地以节点注入量测数≥（$n-1$）作为潮流定解条件。

下面给出分裂后待并网上潮流可解，即分裂后待并网上节点所在量测岛可合并的判定规则。

规则：假定分裂后待并网上边界节点所在量测岛数为 n，只要分裂后待并网中有注入量测的边界节点所属的不同量测岛数≥（$n-1$），则这 n 个岛可合并。

下面对规则加以简要分析证明：由量测岛的性质可知，一个量测岛内的未知状态量最多为一个复电压，在分裂后待并网所在的 n 个量测岛中，选定一个量测岛为基准岛，因基准岛上节点电压被认为是已知量，则这 n 个量测岛所含未知状态量数最多为（$n-1$）个复电压。因此，只要能够找到（$n-1$）个独立复方程，解出各岛上的一个复电压即可将此 n 个岛合并。只要“分裂后待并网的边界节点中有注入量测节点所属量测岛数≥（$n-1$）”，即可保证至少有（$n-1$）个独立的注入复方程。若（$n-1$）个岛均含具有注入量测的边界节点，则与之同岛且同在一个分裂后，待并网无注入量测的边界节点都可作为$\{U, \theta\}$已知的节点进行处理。由于经过了节点分裂，这些注入量测的方程中含有分裂后待并网上所有节点的电压变量。将$\{U, \theta\}$节点的电压、相角方程代入这些注入方程后，并不改变原注入量测方程组的独立性，且使方程组中的未知节点电压数恰好与独立方程数相等，因此，状态量可解，这 n 个量测岛可合并。

利用潮流定解原理得出的可观测性分析方法，可通过拓扑搜索的方法确定电网的可观测区域和不可观测区域，避免了数值计算，所以其效率很高且没有数值稳定性的问题。更重要的是，以往基于拓扑分析的可观测性分析中利用注入量测扩大可观测岛的方法可能出现误判，影响结果的正确性。

（3）不可观测区域的伪量测配置。

利用上一次提出的算法计算出不可观测区域后，自动给不可观测区生成伪量测。伪量测的配置算法基本原理即为根据潮流计算的条件,为不可观测区的发电和负荷自动生成伪量测，并且去除其中一个负荷的量测，使得该区域正好到达可观测的条件。

伪量测来源包括：发电计划提供的机组有功功率和无功功率、系统/母线负荷预测提供的负荷有功功率和无功功率、前一次状态估计值，也可由人工指定。

（4）量测预过滤。

量测预过滤也称量测预检测对量测量进行状态估计计算前的统计分析，确定量测中的简单错误，其功能包括：

① 检测母线、厂站的功率量测总和是否平衡。

② 检测线路首末端功率量测是否冲突。

③ 检测母线电压量测、机组出力量测、线路和变压器功率量测是否越限。

④ 检测母线频率量测是否正确。

2）不良数据检测和辨识

不良数据是由于量测系统或远动系统故障而产生的明显偏离真实量测值的量测数据。正常的量测，其量测误差应在3σ误差范围之内，而不良数据的误差明显大于3σ。由于不良数据的产生是不可避免的，所以状态估计程序应当具有检测和辨识不良数据的功能，及时发现不良数据并将其从正常量测中挑选出来，排除它们对状态估计结果的影响，提高状态估计的可靠性。目前成熟的不良数据辨识法是基于残差分析的，分别是加权残差r_w法和正则化残差r_N法。基于残差分析辨识坏数据需要通过连续状态估计逐步剔除坏数据，因此计算量很大。清华大学提出了递归量测误差估计辨识法（RMEEI）以解决坏数据辨识的效率问题，该方法具有如下优点：

（1）可以检测和辨识出多个相关不良数据。

（2）无需重复进行状态估计计算，而用估计辨识法中的线性化公式估计残差的变化。

（3）基于正则化残差r_N法，具有很好的辨识能力（很多算法是基于加权残差r_w法，可证明r_N法比r_w法具有更优的辨识能力）。

2. 配网数据校验技术

配电网节点众多、网络结构复杂，其拓扑经常发生改变。由于配电网中遥测与遥信很少，所以在分析网络拓扑结构时只能获得一部分节点电压、支路电流和支路功率的量测，开关与刀闸的实时状态也十分匮乏，已知的量测值也可能存在错误与不良数据，随着线路的老化，线路的参数也可能发生变化。作为配电网状态估计、潮流计算等应用的基础，拓扑辨识具有十分重要的意义。由于现在配网量测较少，目前的理论算法主要是根据仅有的量测进行估计，大部分量测都没有参考对象，上节介绍的配网拓扑校验是基于已有的模型结构及遥信情况进行分析，本节是基于配网量测数据进行分析。

现有的拓扑辨识方法基本是面向输电网的，包括规则法、残差法、基于最小信息损失理论法、转移潮流法等，这些方法通常需要大量冗余量测，而配电网量测配置较少，以上拓扑辨识方法均不适合配电网。目前的拓扑辨识方法普遍没有考虑配电网的特点，据此获得的网络拓扑结构可能产生严重错误，影响配电网状态估计、潮流计算等结果。拓扑辨识是进行配电网分析计算的基础，本节主要介绍一种适合配电网特点的拓扑辨识方法。

1）拓扑辨识模型

（1）配电网 DistFlow 模型。

节点注入模型是潮流分析和优化的常用模型，它主要计算节点电压、功率注入等变量。而支路潮流模型主要考虑支路的电流和功率，较适合分析辐射状的配电网。

DistFlow 模型使用支路的有功、无功功率和节点电压幅值描述辐射状配电网的潮流，本节采用如图 4-29 所示的辐射状线路说明 DistFlow 形式的潮流方程。

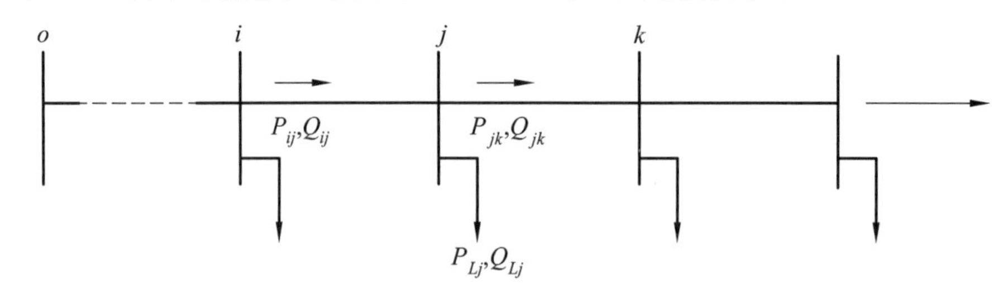

图 4-29 辐射状线路示意图

图 4-29 中，P_{ij}、Q_{ij} 为节点 i 流向节点 j 的有功和无功功率，P_{jk}、Q_{jk} 为节点 j 流向节点 k 的有功和无功功率，P_{Lj}、Q_{Lj} 为节点 j 处负荷的有功和无功功率。设线路 ij 的阻抗为 $z_{ij}=r_{ij}+\mathrm{j}x_{ij}$，则潮流方程为：

$$P_{jk}=P_{ij}-r_{ij}\frac{P_{ij}^{2}+Q_{ij}^{2}}{V_i^2}-P_{Lj} \tag{4-2}$$

$$Q_{jk}=Q_{ij}-r_{ij}\frac{P_{ij}^{2}+Q_{ij}^{2}}{V_i^2}-Q_{Lj} \tag{4-3}$$

$$V_j^2=V_i^2-2(r_{ij}P_{ij}+x_{ij}Q_{ij})+(r_{ij}^{2}+x_{ij}^{2})\frac{P_{ij}^{2}+Q_{ij}^{2}}{V_i^2} \tag{4-4}$$

式中，V_i、V_j 分别为节点 i 和节点 j 的电压幅值。若给定节点 0 的电压幅值，流出节点 0 的功率，则根据上式，可以计算出其他节点的未知量。

（2）基于混合整数二次规划的配电网拓扑辨识模型。

基于混合整数二次规划的配电网拓扑结构辨识模型，目标函数为量测值与估计值的残差的加权平均值最小，包括约束如下：

① 支路连接状态约束；

② 辐射状约束；

③ 电压与功率约束；

④ 零注入节点功率平衡约束；

⑤ 排除孤立节点约束。

电压与功率约束如式所示，通过忽略式中二次项，可将约束线性化，将问题由非凸问题转化为混合整数二次规划问题进行求解。

（3）算例分析。

采用如图 4-30 所示的 IEEE 33 节点系统，共有 37 条线路，其中虚线为常开线路，节点 2 ~ 33 都是有恒定功率的负荷。

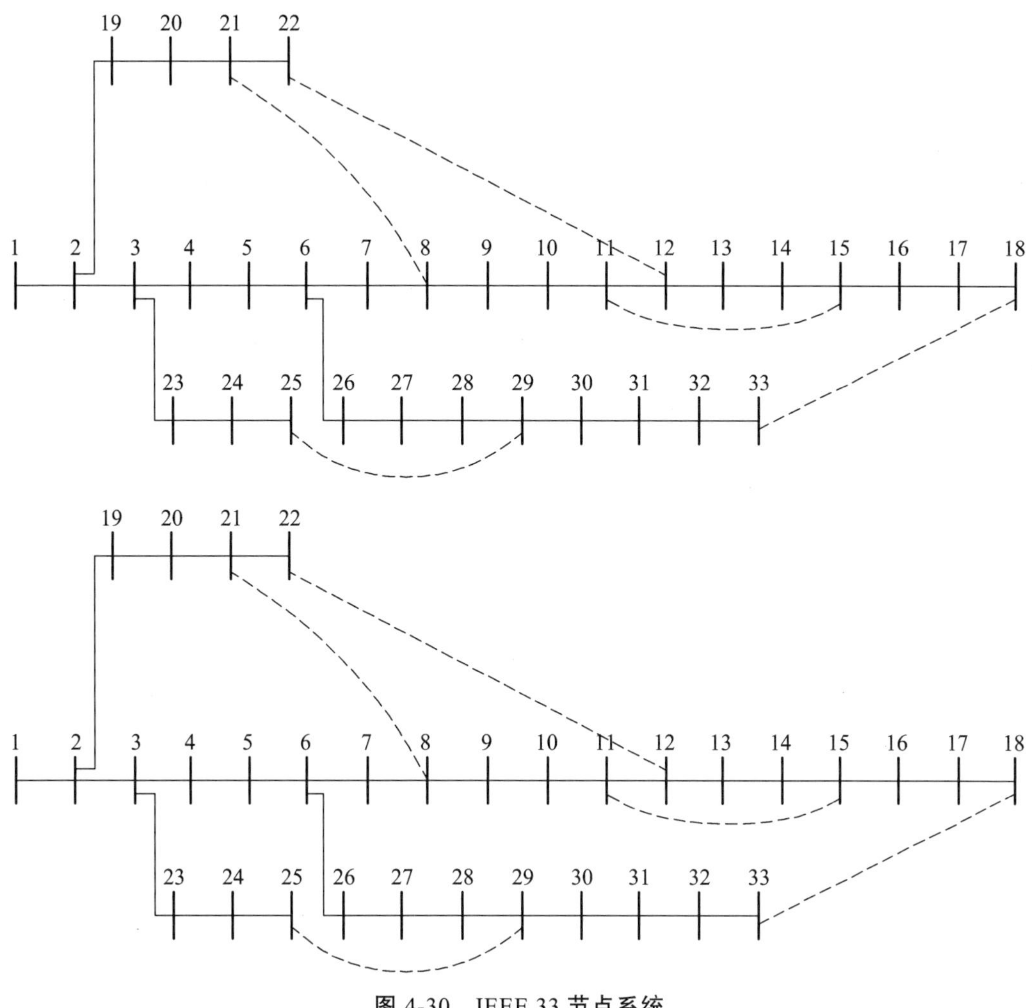

图 4-30 IEEE 33 节点系统

量测配置方案 1 如表 4-11 所示，计算时采用标幺制，电压基值为 10 kV，功率基值为 100 MVA。

表 4-11 量测配置方案 1

测量类型	测量点或支路
实时量测 P_{ij}	1-2，4-5，11-12，13-14，17-18，19-20，21-22，24-25，28-29，32-33
伪量测 S_{Li}	2-33

实时量测的误差设定为 1% ~ 3%，权重设定为 0.1，伪量测的误差设定为 10% ~ 50%，权重设定为 0.01，对于每一种量测与误差配置，进行 100 次求解，计算得出的模型求解成功率与平均准确率如表 4-12 和表 4-13 所示。

表 4-12 拓扑辨识成功率

实时量测误差	伪量测误差				
	10%	20%	30%	40%	50%
1%	100%	98%	95%	95%	94%
2%	100%	96%	92%	96%	87%
3%	97%	95%	91%	96%	93%

表 4-13 拓扑辨识准确率

实时量测误差	伪量测误差				
	10%	20%	30%	40%	50%
1%	100%	99.6%	99.0%	99.0%	98.8%
2%	100%	99.2%	98.4%	99.2%	97.5%
3%	99.4%	99.0%	98.3%	99.2%	98.8%

从表 4-12 可以看出，随着负荷伪量测误差的增大，拓扑辨识成功率降低，增大实时量测误差也会降低拓扑辨识成功率，但当伪量测误差为 50%时，增大实时量测误差会增加成功率，这是由于此时伪量测误差过大，增大实时量测误差反而易于满足网络功率约束。从表 4-13 中可看出，负荷伪量测误差及实时量测误差增大都会导致辨识准确率降低，但总体上保持了 97.5%以上的准确率。

根据计算结果，可能存在以下两种拓扑错误：

① 支路 20-21 断开，支路 8-21 接通；

② 支路 16-17 断开，支路 18-33 接通。

为此设计量测配置方案 2 如表 4-14 所示。

表 4-14 量测配置方案 2

测量类型	测量点或支路
实时量测 P_{ij}	1-2，4-5，11-12，13-14，15-16，17-18，20-21，24-25，28-29，32-33
实时量测 U_i	12，22
伪量测 S_{Li}	2-33

在这种量测配置方案下，拓扑辨识模型成功率与准确率在各种误差情形下均为 100%，说明当量测配置合适时，本节所述的拓扑辨识模型具有很高的成功率与准确率，且当量测误差较大时，也可求出正确的拓扑结构。

按照以上规则进行的拓扑错误辨识，优点在于：

① 简洁。逻辑关系简单、直观，便于理解，易于添加与修改规则。

② 快速。可逐类对网络中所有开关状态进行校核而几乎不需要数值计算，花费的时间少。

③ 稳定。量测坏数据的数值大小不会对判断结果造成影响。

它的缺点是对潮流量测量接近零值的开关状态辨识不准，解决办法是检查相关元件上的电压量测和电流幅值量测决定其是否已退出运行，从而得出正确的开关状态。

本节对基于“电网一张图”的“图-模-数”校验方法进行介绍，依据校验结果进行基础数据整治，提升主配网数据质量。

图形校验主要介绍了图模匹配校验、图元定义完整性校验、连接线与电力设备连接关系校验。模型校验中源模型校验全面验证了模型的拓扑联结及设备参数，模型关口联通性校验验证了模型合并的正确性，全局拓扑校验保证了全网模型的可用性。数据校验的输网方面主要介绍了输网量测系统、不可观测区域的伪量测配置与不良数据的辨识等。在目前配网量测较少的情况下，基于仅有的量测进行拓扑辨识分析，以此对配网数据进行校验。

第五节 “电网一张图”落地实践

一、“电网一张图”研究背景

电力系统具有即发即用、实时平衡的特点，受传统观念影响，国际国内普遍按照主网侧、配网侧，以不同电压等级分别绘制电网图进行测量、控制和分析。这种将发电测、用户侧电网天然拓扑关系割裂开来的方式，不利于电网全局协同控制和优化，造成大电网安全防控、全局分析控制的不同步和不协调。构建电网各侧发、输、供为一体的“电网一张图”，实现电力全系统数字化“血管造影”，既可感知特高压电网“大动脉”，又可表达终端配电网“毛细血管”，提升全网数据分析和安全控制能力，具有重大的价值和意义。

（1）“电网一张图”按照最直观的电网自然结构表达出来，打破了电力生产、传输和消费数据壁垒，实现电网各侧能源数据流的状态全感知，提升电网全局数据的分析能力。

（2）基于“电网一张图”图计算技术，能够实现发、输、供、用各端能源数据流的精确、快速、实时计算，从而达到快速优化调整资源，高效精准地满足客户电力需求，能较好地满足电力市场实时响应的需求。

（3）分布式电源的快速发展及储能和控制装置大规模接入，使得电网结构日趋复杂，主配网交织影响日益显现，电网特性分析和控制策略面临诸多挑战。利用“电网一张图”全拓扑结构计算大电网运行关键指标，实时评估风险并有效提供柔性电网策略，可有力支撑大电网安全可靠运行。

二、“电网一张图”实践探索

（一）探索建设“电网一张图”

结合业务实际需求，一是通过在调度主站扩展配网功能模块完成市公司主配一体化升级改造，建立调管范围内主、配网设备模型，实现主、配网拼接，构建“主配一张图”；二是完成全川发、输、变模型汇集，构建“发输变一张图”，同时贯通“营-调”两大运营数据，直观表达电能生产、传输和消费的全过程；三是对“电网一张图”进行了拓展，探索构建“水系一张图”直观表达水电耦合的能源流关系，将其打造成面向政府/发电企业等服务对象的一、二次能源数据共享平台。

（二）“电网一张图”的实践应用场景

“电网一张图”建成后，为更多基于电网图形数据的创新实践打开了“一扇门”。

1. 开展变电站负荷画像和在线可开放容量计算

利用“电网一张图”图计算技术，绘制变电站供电范围内负荷画像，可实现供电路径“导航”，以用户电源接入点为起点搜索 110 ~ 500 kV 电压等级沿途供电路径的设备剩余容量，开展线上可开放容量计算，助力阳光业扩。

2. 实现快速 EMS 实时仿真

基于图计算技术的 EMS 实时仿真系统可在 300 ms 内完成在线状态评估、100 ms 完成潮流计算和 2 s 内完成 50 组预想故障分析，在线计算效率提升 10 ~ 20 倍。

3. 主站小电流接地选线

基于“电网一张图”可实现主站端故障线路快速定位并自动生成故障处置策略。故障处置成功率 85%，故障处理时间平均小于 2 min。

4. 营配调基础数据治理

利用图计算技术开展全电压等级供电路径搜索、配网大馈线手拉手核对、主/配网孤岛设备整治、异常环路整治等工作，破解营配调数据质量治理问题，促进基础数据融合贯通。

三、“电网一张图”的未来构想及建议

一是基于“电网一张图”实现管理变革。基于“电网一张图”的全网能源流关系，可进一步优化公司内部工作流程和工作模式，推动电力生产运营模式变革。

二是建立能源数据流的分层管理机制。建立能源流数据生产、数据管理和数据应用三层管理和应用架构，着力完善电网客户资源信息，着力引入多源数据相关校核机制为后续应用提供数据资源访问接口，着力引入能源流数据有偿使用机制，以调动三方积极性。

三是提升“电网一张图”的应用价值。建议同大数据中台建设相互协同，做好“电网一张图”能源数据流的共享、完善和应用，形成跨专业的数据应用生态，提升管理质效。开发基于“电网一张图”的电网全局协同功能应用，优化电网全局安全控制策略，优化全局能源资源配置能力，提升新能源消纳能力和大电网安全运行水平。

四是推进电网全息描述。探索“通信一张图”建设，与“电网一张图”“水系一张图”融合关联，全息描述电网一、二次电网特性和运行机理，为未来智能电网和智慧电网建设奠定基础。

协同运行——输配协同功能应用

第一节 输配协同运行优化类应用

一、输配协同无功电压优化控制策略

（一）技术路线

本节介绍了通过在地区现有自动化系统上进行功能升级，扩展配网功能模块，完成输配一体化升级改造，实现输、配网拼接，并运用调控云技术实现“电网一张图”，实现基于调度技术支持系统的输网、配网、营销等多源数据融合。提出了配网三相建模技术和基于电流的潮流算法等技术，建立调管范围内输、配网设备模型，形成跨专业数据共享共用生态，面向配电网模型和量测配置，充分利用实时量测和用采数据等多源数据信息，开展配网低电压分析，实现配电网低电压校正策略分析。在确保主网电压稳定和无功备用的基础上，利用主网冗余的无功调控能力，完善输配协同电压控制功能，提升配电网供电质量和安全稳定运行能力。

1. 配电网低电压校正策略分析

1）配网精准估算

配电网由于多相混合供电、三相不平衡运行以及分布式电源的接入，输电网的建模方法和潮流算法不太适用于配电网，故采用三相建模和面向回路分析的潮流算法，实现配网状态估计和三相潮流计算。

同时，主配网间耦合性较强，输配网络参数差异大，集中式联合潮流模型不易收敛、维护困难，故提出基于配电网等值的主从分裂法。该方法收敛可靠，支持在线分布式计算，较好地解决了含环状配电网的主配一体化潮流计算问题。

在此基础上，针对配电系统的实时量测冗余度低及用采数据采集时间滞后的问题，基于调控云“电网一张图”的主配一体化网络拓扑，采用主、配网实时量测和用采历史数据混合估计方法，通过超短期预测和拟合插值获得伪量测补齐缺失实时量测，实现配网运行工况精准估算，解决了目前国内配网状态估计覆盖率低、潮流计算精度普遍偏低的问题。

鉴于当前配网自动化建设的不足，配网量测缺失严重，配网低电压的主站侧监视与 AVC 电压控制策略正是依靠配网精准估算实现。

2）配电网低电压校正策略分析

AVC 系统采集监视地区电网的网络结构与运行实时状态，基于调控云“电网一张图”的主配一体化网络拓扑，自动在线生成 220 kV、110 kV、35 kV、10 kV 等各电压等级母线的协调控制区域，通过主配一体化网络拓扑，从变电站内 10 kV 母线（配电网根节点母线）向上追溯，完成供电路径追踪并给出变电站母线供电信息；从变电站内 10 kV 母线（配电网根节点母线）向下追溯，完成配网设备供电分区。

针对各级母线的协调控制区域，系统在线自动计算上下级无功资源之间的调控灵敏度，为各级母线协调控制区域内所带配网设备的电压调节提供定量依据，具体考虑如下：

（1）区域上级主变低压侧无功注入对区域下级母线的电压灵敏度；

（2）区域上级主变分头调节对区域下级母线的电压灵敏度；

（3）区域下级母线的无功注入对区域上级站母线的电压灵敏度；

（4）区域下级母线的无功注入对区域内相邻变电站母线的电压灵敏度。

考虑地区电网的配电网实时量测和 PMS 电量数据信息，结合主配一体化状态估计和配网负荷数据精准估算，系统对配电网各设备，尤其是配网变压器的运行工况进行实时监视和统计分析。

由于配网线路呈辐射状分布，故系统会对各级协调控制区域内，配网设备总体的电压水平进行统计分析，一旦电压异常设备所占比例接近或超过阈值，系统将发出告警，并给出符合预设定值的 AVC 控制策略，下发至厂站端执行。

系统将各级协调控制区域的配电网电压统计分析情况进行历史存储，方便对历史数据开展统计分析和报表输出。

2. 输配协同无功电压控制

由于配网网架比较薄弱，普遍缺乏有效的无功电压调节手段，难以有效提高配网用电的运行效率，且部分末端变电站电压调节能力有限，考虑基于输配协同的自动电压控制，在确保主网电压稳定和无功备用的基础上，利用主网冗余的无功调控能力，可尽可能地解决部分配网低电压问题，同时满足电网的正常运行状态和预想故障状态下的安全约束条件。

为实现对 220 kV、110 kV、35 kV、10 kV 等各级母线的协调控制区域的多级电网无功电压协调控制功能，需要注意以下两点：

（1）分区内电压调节本着“从高到低”的原则，防止同一级的变压器分接头频繁动作；

（2）分区内无功调节本着“从低到高”的原则，实现无功的分层就地平衡。

根据各协调控制区域所涉及的配网电压波动情况，系统将在线计算区域内 10 kV 母线的输配协同电压期望限值：

（1）当配电网监测到整体电压偏高，同时配网自身不具备电压调节能力时，根据分区结构，计算其配网根节点 10 kV 母线的电压期望上限值，通过发出 AVC 控制策略，降低相应 10 kV 母线电压，以此达到降低配网电压的目的；

（2）当配电网监测到整体电压偏低，同时配网自身不具备电压调节能力时，根据分区结构，计算其配网根节点 10 kV 母线的电压期望下限值，通过发出 AVC 控制策略，提升相应 10 kV 母线电压，以此达到提升配网电压的目的。

根据 10 kV 母线的输配协同电压期望限值，选择合理的调节手段进行输配协同控制：

（1）当区域内配网电压整体偏高或偏低时，优先选择供电区域上级变电站作为控制目标点，根据区域内的无功电压分布情况，合理选择调节分头或投切电容器、电抗器，调整区域整体电压水平；

（2）当区域内仅局部配网出现电压偏高或偏低现象时，优先选择其配网根节点 10 kV 母线所在变电站，根据站内的无功电压分布情况，合理选择调节分头或投切电容器、电抗器。

（二）应用情况

前期，依托主配一体化系统，通过拼接输、配网历史运行数据，以主网备用无功容量满足电网异常及故障时的电压稳定为约束条件，开展自动电压无功控制效能分析，通过优化主网自动电压控制策略提升部分配网设备电压合格率，有效缓解负荷高峰时段的部分台区低电压问题，以离线方式验证输配协同电压优化控制的可行性。

在对近 200 例低电压样本进行分析时发现，运用输配协同的无功电压控制策略，可以缓解样本总数 10%～15%的低电压问题。

将配网纳入输配协同的无功电压控制范围，能够有助于提升地区电网供电电压质量，提高配网安全运行水平，降低源于配网低电压的优质服务投诉压力，同时，能够充分利用主网的冗余调控能力，有利于节约增建，减少设备损坏和缺陷处置费用。

二、配网多级负荷画像展示及最优控制策略研究

（一）技术路线

1. 主要研究内容

充分利用营销用采系统配变负荷数据、用户行业分类，主配一体化系统网络拓扑及配网相关运行信息，拓展调控云“电网一张图”大馈线精准负荷画像并完善配电网多级画像功能，以此为基础最大优化配网区域设备控制策略，有效改善重过载、低电压、线损、最优方式选择等问题。

1）实现目标

（1）改善重过载问题。

针对部分线路（包括配网馈线段）仅在波峰时段出现短时重载或过负荷的情况，利用配网多级画像对此类异常运行情况进行联络线路负荷分配调整，使运行曲线画像更优化，提出设备最优控制策略。如使线路负荷用电特征互补（峰谷互补、用电时间互补等），消除波峰重过载现象。

（2）改善低电压问题。

根据已知低电压类型特征，结合配网拓扑进行配网多级画像。使用低电压模式识别方法等，筛选可通过转供或改变负荷分配等解决的线路低电压问题类型。如调整不同性质负荷（如工业与居民互补）占比，提升末端电压水平，改善配网部分设备在时间、季节性、区域性的低电压问题。

（3）改善线损问题。

针对配网画像中线损较高的线路，调整负荷画像差异较大的联络线路断开点，调整部分高负荷、长时间、长距离线路供电策略，提高设备利用率，降低线损。

2）数据来源

（1）用采系统：配变的 P、Q、三相电压电流值（历史值）。

（2）营销系统：配变基础台账，行业分类。

（3）主配一体化系统：配变与大馈线对应关系，线路联络关系，遥信位置。

（4）调控云：线路及配变基本参数。

（5）供服系统：重过载、低电压台区等。

（6）调度自动化系统：10 kV 母线电压、站内开关 P、Q、I。

（7）同期系统：线损信息。

目前配网设备已结构化上调控云，主配一体化系统的遥信值通过人工置位上传至调控云，调控云图计算及负荷画像功能，可结合线路拓扑关系分析负荷特征，潮流计算可在调控云上部署实施，在调控云维护线路和配变的参数信息后，分析程序可基于调控云部署实施。精准配网多级画像实现平台如图 5-1 所示。

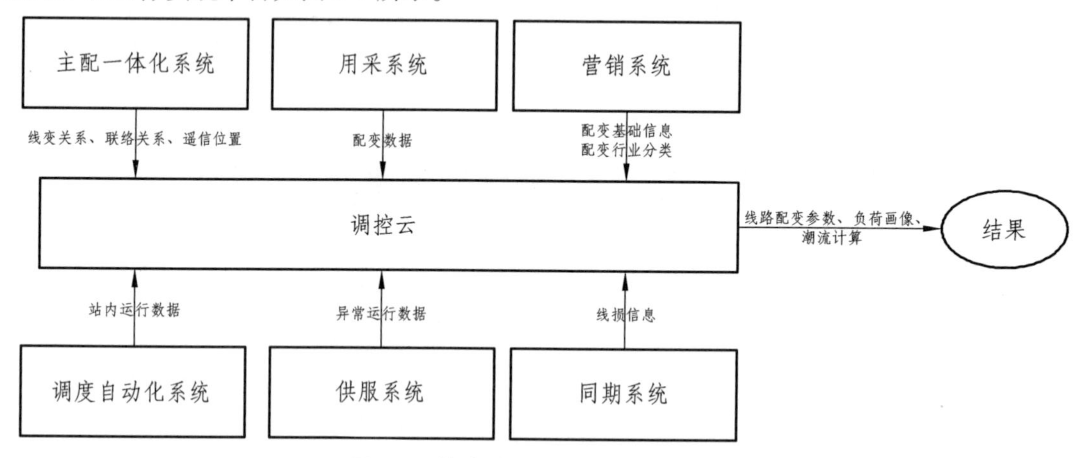

图 5-1 精准配网多级画像实现平台

针对配网多级负荷画像与最优控制策略研究关键问题，主要有以下研究内容：

（1）研究其配变负荷特性和配网结构特性，从线路重载、低电压、线损分布等多维度描述其多级画像模型。

（2）基于画像的运行关联性研究。

通过分析各类负荷曲线与馈线负载曲线的相似度，及馈线负载曲线中各类负荷曲线的占比两指标，分析不同类的负荷以及比例对线路过、重载的关联性，便于调整负荷类型及比例，以满足配网运行的安全性、可靠性和经济性。

（3）研究配网重过载、低电压、高线损等运行问题的解决方法，及配电网多种运行方式下的最优控制模型研究。

2. 主要技术思路

1）精准配网多级画像

（1）配电网运行特性分析。

根据历史运行数据提取出运行中存在重过载、低电压和高线损等问题，按照设备、线路和变电站几个类型属性，并根据出现上述问题的种类和严重程度进行分类。分类结果可包括配变重载、配变过载、配变低电压、线路重载、线路过载、线路低电压、重负荷密集等。对于这类问题的严重程度也需在分类中体现，比如过载时间长短，低电压偏离额定电压的程度。

（2）运行数据与配网拓扑的关联分析。

将配网拓扑与运行和用采数据进行关联分析，以明确配网各设备层级的运行状况。此部分可整合相关系统，进行数据库关联分析，以清晰配网运行结构。

（3）基于运行特性的配网多级精准画像。

结合调控云提供的负荷成分画像与配电网运行特性分析的结果，丰富并完善针对运行特征的配网多级精准画像，可将配网分解为配变、馈线和变电站等逐级设备进行分别画像，并形成静态画像部分和动态画像部分。

由于负荷特性是引起配网运行问题的主要对象，因此，负荷的画像以配变为单位，在分类画像中完善负荷特性指标，比如可包括不同时间尺度的最大（小）负荷、平均负荷、峰谷差、负荷率、最小负荷率等；同时分类进行负荷变化的影响因素画像，比如可定义为温度敏感性负荷、经济敏感性负荷、价格敏感性负荷、政策敏感性等；分类进行调控能力画像，比如强可调控、弱可调控、不可调控等。还可考虑与检修营销策略相关的画像。负荷画像的主要方法是确定画像评价标准，以决策树方法进行多级分类，通过聚类方法进行精细化分类。负荷固有属性的变化随时间的变化幅度较小，将其定义为静态画像。

下面以配电网用户用电行为为例，给出静态画像的相关模型。用电行为的画像核心是获得用户用电的特征，即通过真实的量测数据进行聚类分析：

$$\mathrm{SSE}(k)=\sum_{i=1}^{k}\sum_{x\in c_i}\left|x-m_i\right|^2 \tag{5-1}$$

其中，SSE 表示传统的误差平方和计算方法；k 表示该划分中的个体数量；c_i 表示第 i 个划分；x 表示 c_i 中的个体；m_i 表示样本均值。

式（5-1）描述了样本分类过程中的计算准则，再使用 K-means 聚类算法获得具有多个特征的聚类。

在传统 K-means 聚类算法的基础上，进一步采用最大熵原理进行特征精细化过滤，随机变量 x 的计算熵为：

$$H(x)=-\sum_{x\in\Omega}p(x)\ln p(x) \tag{5-2}$$

其中，Ω 为随机变量 x 取值集合；$p(x)$ 为随机变量 x 的概率。在传统 K-means 聚类分类 d 中，所有用户特性的熵为：

$$H(d)=-\sum_{i=1}^{N_d}\left(\frac{M_i}{M}\ln\frac{M_i}{M}\right) \tag{5-3}$$

其中，N_d 表示分类总数；M_i 表示第 i 个分类的总样本，M 表示总样本。

获得用户特性熵后，可以计算特征 t_i 与用户类别之间的最大相关信息熵 $D(s,d)$：

$$\begin{cases} H(t_i,d) = -\sum_{u=1}^{N_i}\sum_{v=1}^{N_d}\frac{M_{uv}}{M}\ln\frac{M_{uv}}{M} \\ I(t_i,d) = H(t_i) + H(d) - H(t_i,d) \\ D(S,d) = \frac{1}{N_S}\sum_{t=1}^{N_S}(t_i,d) \end{cases} \tag{5-4}$$

其中，M_{uv}表示特征t_i在分类v中的总样本；$I(t_i,d)$表示S中的特征t_i与分类d之间的信息相关度；S表示经过筛选后的最优特征集；N_S表示该集合中的特征数量。

获得式（5-4）后可以辨别特征与分类之间的信息相关度，进而定义相关系数$\rho(t_i,t_j)$：

$$\rho(t_i,t_j) = \frac{\mathrm{cov}(t_i,t_j)}{\rho_{t_i}\rho_{t_j}} \tag{5-5}$$

其中，$\mathrm{cov}(t_i,t_j)$表示特征t_i和t_j的协方差；ρ_{t_i}和ρ_{t_j}分别为特征t_i和t_j的标准差。

用相关系数表示特征之间的关系，还需要从最优的角度去除分类内的冗余，因此要设置冗余指标：

$$R(S) = \frac{\sum_{t_i,t_j\in S}\left|\rho_{t_it_j}\right|}{N_S^2} \tag{5-6}$$

结合式（5-5）和式（5-6），可获得最优特征分类：

$$I = \max\left\{D(S,d) - R(S)\right\} \tag{5-7}$$

利用人工智能中的深度学习方法求解式（5-7）后，即可得到用户用电特征的最优分类，从而形成用户用电特征画像。

在负荷画像基础上，运用配网运行特性的分析，有针对性地根据异常运行状态分级对配变、馈线和变电站进行逐级画像，比如配变重载、过载、低电压等属性画像，馈线过载、低电压、高线损等属性画像，以及变电站负荷高密度、联络不足等属性画像。对于某些可量化的指标可采用层次分析法等方法进行评价归类，对于不可完全量化的指标可采用模糊聚类等方法进行归属。与运行相关的画像可能由于运行方式改变而发生变化，可定义为动态画像。

通过配网精准画像，结合配网拓扑，可清晰知晓各级配网的运行状况，并为精准调控提供技术支持。

（4）基于画像的运行问题分级。

考虑到配网运行的复杂性，很难同时解决所有的运行问题，且一旦运行方式改变，可能会出现新的异常，因此基于配网的精准画像，对异常状况进行分级排序，从线路重载、低电压水平、线损分布等多个维度，运用层次分析法、熵权法等结合主客观的评分方法，利用TOPSIS 评价准则，可就异常运行进行按重要或严重程度进行排序，以辅助运行人员分批或分时调整运行策略。

（5）基于画像的调控运行辅助策略。

将配网画像情况与运行中存在的重过载、低电压和高线损进行对照，提供可供选择的运行方式：一是采取常规的多种调整方案，对调整后的配网运行状态按多维度评价打分法打分，从而选择出最优设备控制方案；二是以调整后需要达到的标准为目标，运用最优化方法进行最优方案的找寻，可采用启发式算法找出最优和次优解等再进行比较。辅助策略可较多借助负荷画像提供更为精准的调控。比如负荷画像中清晰表示了强弱调控负荷，则可对其采取调控措施，而负荷影响因素画像可准确提供调控可采用的方式。

为了避免在评估过程中由于主观或客观权重的计算不当而影响评估结果的真实性、准确性和客观性，采用基于最小改进叉熵的主客观综合赋权法确定评估指标权重，如果单纯依靠客观方法确定权重对指标原始数据要求较高，单纯依靠主观法确定权重能够反映不同专家的先验经验和偏好程度，无法反映不同决策方案指标之间数据的内在联系。因此，最小改进叉熵综合赋权方法能够有效避免主观、客观权重确定方法的缺点和不足。在求得各个评估指标权重后，利用 TOPSIS 决策方法，确定配网待评价运行方案到最优方案之间的相对贴近度，最后选取相对贴近度最小值对应的评价方案作为评价方案中最佳运行方案。

基于遗传算法优化重构模型，通过引入重载率、最低电压、线损三个指标赋予不同的权值，通过遗传算法寻找考虑这三个指标重构后的最优解，从而得到最优方案。

配电网络重构的数学模型如下：

① 目标函数。

配电网开关组合和结构发生变化后，配电网中潮流大小和方向均会发生变化，对配电网中开关进行合理配置，可减少系统中的潮流流动，以达到降低线损、消除过载、优化电能质量等目的。

考虑到要解决线路重载问题，本算例的子目标函数如式（5-8）~（5-10）所示，再对每个子目标函数赋予不同的权重系数并加权求和，以得到总的目标函数（5-11）。

$$P_{\text{zloss}} = \sum_{i \in N} K_i r_{ij} I^2{}_{ij} \tag{5-8}$$

$$P = \frac{1}{N}\sum_{i=1}^{n} p_i \ , \qquad \begin{cases} p_i = 1, \dfrac{Ii}{I_{\max}/0.7} \geqslant 1 \\ p_i = 0, \dfrac{Ii}{I_{\max}/0.7} < 1 \end{cases} \tag{5-9}$$

$$V_{\text{loss}} = \sum_{i=1}^{n_0} (1-u_i) \tag{5-10}$$

$$\min f(x) = \min[\lambda_1 P_{\text{zloss}} + \lambda_2 P + \lambda_3 V_{\text{loss}}] \tag{5-11}$$

式中，P_{zloss} 为综合网损；K_i 为各支路权重，如果该线路带有重要负荷，则此线路的重要负荷支路权重为 3，如果该线路带有一般负荷，则此线路的重要负荷支路权重为 2；P 为线路重载率；V_{loss} 为节点电压偏差；λ_1, λ_2, λ_3 为各自的权重系数，$\lambda_1+\lambda_2+\lambda_3=1$；$n$ 为配电网络中的支路数；n_0 为配电网络中的节点数；r_{ij} 为支路 ij 的负荷电流；u_i 为各节点电压。

② 约束条件。

目标函数的约束条件由潮流计算和配电网结构等组成。

支路电流不超过支路最大电流值：

$$I_{ij} \leqslant I_{ij\max} \tag{5-12}$$

式中，$I_{ij\max}$ 为支路 ij 最大允许通过量。

对于整个系统来说，功率不应小于系统负载和网损和，且必须满足平衡约束：

$$\begin{cases} P_i = P_{Li} + U_i \sum_{j=1}^{m} U_j (G_{ij} \cos\theta_{ij} + B_{ij} \sin\theta_{ij}) \\ Q_i = Q_{Li} + U_i \sum_{j=1}^{m} U_j (G_{ij} \sin\theta_{ij} - B_{ij} \cos\theta_{ij}) \end{cases} \tag{5-13}$$

式中，P_{Li} 为节点 i 的负荷功率；U_i、U_j 分别为节点 i、j 的电压；G_{ij}、B_{ij} 分别为支路 ij 的电导与电纳；θ_{ij} 为节点 i、j 的相位差。

网络拓扑约束如式（5-14）所示：

$$g_k \in G_k \tag{5-14}$$

式中，g_k 为重构后拓扑；G 为迭代后树状拓扑集，在配电网的重构过程中，保证了整个配电网是连通、无环路、无孤岛、呈辐射状的结构。

节点电压约束如式（5-15）所示：

$$V_i^{\min} \leqslant V_i \leqslant V_i^{\max} \tag{5-15}$$

（6）配网画像的动态调整。

根据调整后的运行方式和运行特性，对已改变属性的设备进行重新定义，从而实现配网画像的动态调整。

2）配网运行问题解决方法

（1）线路重过载问题。

① 负荷波动导致的线路短时过载。

如图 5-6 所示运行方式，L3 断开，根据负荷曲线，A 线路在 $t_1 \sim t_2$ 时刻出现短时过载。

可结合配网拓扑对配变精准画像，定位区域 T5 配变在 t_1、t_2 的相邻时刻 t_1'、t_2' 时刻与 A 线路负荷曲线高度拟合，这可能是引起 A 线路（馈线段）短时过负荷的主要原因。

可通过负荷画像定位 t_1'、t_2' 时刻负荷增长过多的配变，若此类配变较为集中，考虑改变运行方式，如增设断开点。

改变运行方式，将 T5 区域倒换方式至 B 线路供电：合上 L3，断开 L2。通过对 T3、T4、T5 区域负荷画像，得到 B 线路新的负荷曲线，对比线路参数，判断是否会过负荷。通过对 T1、T2 区域负荷画像，得到 A 线路新的负荷曲线，若均不过载，可调换运行方式，解决 A 线路短时过载问题。线路重过载如图 5-2 所示。

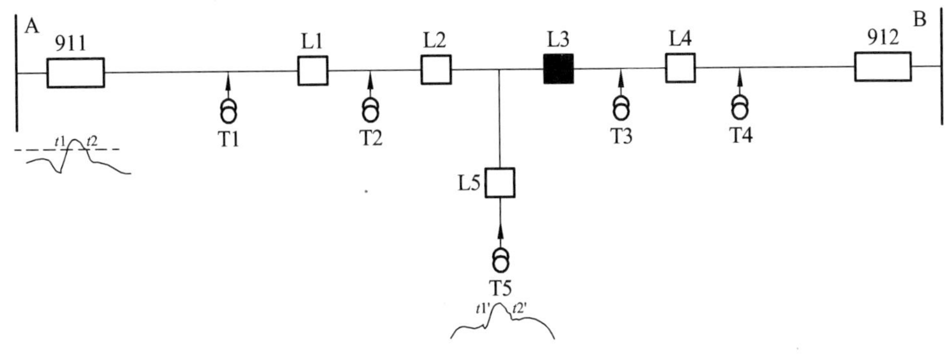

图 5-2　线路重过载

② 配变重载。

进行单台配变负荷画像，对负荷超过 80%额定容量 2 小时及以上的配变根据网络拓扑进行定位，查找负荷密集区，解决由于配变布点不足引起的配变重过载问题。

以变电站 10 kV 出线过载为例，给出配网最优的网络重构算法。

变电站出线过载后，要及时切除过载部分，因此，配网最优的网络重构过程包含两部分：未过载配网区域的最大化恢复供电、失电网络的失负荷量最小。

未过载配网区域的最大化恢复供电模型为：

$$
\begin{aligned}
&\max : f_1 = \alpha\left(P_d - \Delta P\right) \\
&\text{s.t.}\ \sum_{i=1}^{M}\left|x_i - x_{io}\right| \leqslant N_{s\max} \\
&P_{ij} - \frac{P_{ij}^2 + Q_{ij}^2}{V_i^2} r_{ij} + P_j = \sum_{k\in v(j)} P_{jk} \\
&Q_{ij} - \frac{P_{ij}^2 + Q_{ij}^2}{V_i^2} x_{ij} + Q_j = \sum_{k\in v(j)} Q_{jk} \\
&V_j^2 = V_i^2 - 2\left(r_{ij}P_{ij} + x_{ij}Q_{ij}\right) + \left(r_{ij}^2 + x_{ij}^2\right)\frac{P_{ij}^2 + Q_{ij}^2}{V_i^2} \\
&P_j' = P_j + \Delta P_{jd} \\
&Q_j' = Q_j + \Delta Q_{jd} \\
&V_i^{\min} \leqslant V_i \leqslant V_i^{\max} \\
&P_{ij}^{\min} \leqslant P_{ij} \leqslant P_{ij}^{\max} \\
&g_k \in G_k
\end{aligned}
\tag{5-16}
$$

其中，α 表示未过载配网区域中负荷节点的权值向量；P_d 表示负荷节点的有功功率列向量；ΔP 表示停止供电的负荷节点有功列向量；x_i 表示开关 i 在过载线路切除后的状态；x_{io} 表示过载线路切除前开关 i 的状态；M 表示开关总数；$N_{s\max}$ 表示开关允许的开断次数；等式约束的第二、第三、第四方程为潮流方程，P_{ij} 和 Q_{ij} 分别表示线路 ij 传输的有功功率和无功功率；V_i 和 V_j 分别表示节点 i 和 j 的电压幅值；x_{ij} 和 r_{ij} 分别表示线路 ij 的电抗和电阻；$v(j)$ 表示节点 j

关联的节点集合；P_j' 和 Q_j' 分别表示节点 j 过载线路切除后的有功注入和无功注入；ΔP_{jd} 和 ΔQ_{jd} 分别表示切除线路后节点 j 的失有功负荷和失无功负荷；$V_i^{\min}$ 和 $V_i^{\max}$ 分别表示节点 i 的电压幅值最小值和最大值；$P_{ij}^{\min}$ 和 $P_{ij}^{\max}$ 分别表示线路 ij 的允许最小值和最大值；g_k 表示节点 k 所处的网络；G_k 表示节点 k 的辐射状网络。

失电网络的失负荷量最小模型如下：

$$\begin{aligned} &\min: f_2 = \alpha \Delta P \\ &\text{s.t.} \quad \Delta P_{jd} = \beta_j P_{jd} \\ &\qquad \Delta Q_{jd} = \beta_j Q_{jd} \end{aligned} \tag{5-17}$$

其中，β_j 表示节点 j 的负荷比例系数；P_{jd} 和 Q_{jd} 分别表示节点 j 的有功负荷和无功负荷。

式（5-17）还应该服从式（5-16）中的约束条件。求解式（5-16）和式（5-17）是二层规划求解问题，利用传统非线性规划求解法即可获得最优解。

（2）低电压问题。

① 使用配变低电压模式识别方法，即对各配变进行画像，对比已知低电压类型配变画像，区分引起配变低电压的原因，分类解决。已知配变低电压类型：中性点未接地、三相负荷不平衡、配变档位不合理、配变重过载或负荷集中区、供电半径不合理、大工业生产负荷及其他。

对于前三类低电压问题，可协调运检营销解决；对于四、五、六类低电压问题，此类配变通过网络拓扑进行定位，对存在多台配变低电压的区域进行分析。对于前三类低电压问题，本节给出案例处理结果如下：首先通过筛选用采数据，获取出现过的所有低电压时刻，进一步获取低电压最严重的配变，咨询调度人员低电压参考值，输出低压曲线与实际电压的对比。

通过筛选出的配变在低电压时刻点进行调整档位，或投入电容器查看是否对电压造成影响。最后在每一个低电压时刻验证调整后可改善电压输出策略内容展示。

② 供电半径不合理导致的低电压问题。

如图 5-3 所示，运行方式 1 为 A 线路与 B 线路间联络开关 L3 断开，配变区域 T5 出现低电压。

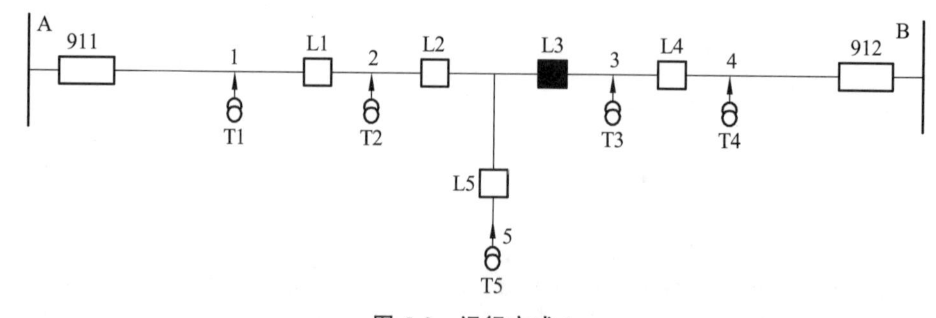

图 5-3 运行方式 1

若改变运行方式，如图 5-4 所示，以方式 2 运行时，通过潮流计算，可得到 T5 新的电压值，可判断是否解决低电压问题。

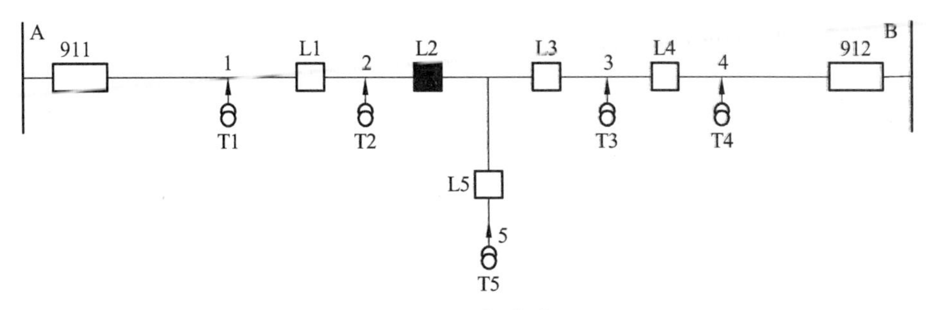

图 5-4 运行方式 2

③ 大工业生产负荷引起的低电压问题。

针对负荷性质复杂的线路，尤其是工业性质负荷占比较高的联络线，通过负荷画像，对无功分布情况和电压降落情况进行分析，从而选择合理的断开点。

如图 5-5 所示，T2、T5 区域工业负荷性质占比较高，T2 区域无功不足导致配变低电压。可通过改变运行方式，改变线路无功分布，改善低电压问题，如图 5-6 所示的方式 2。

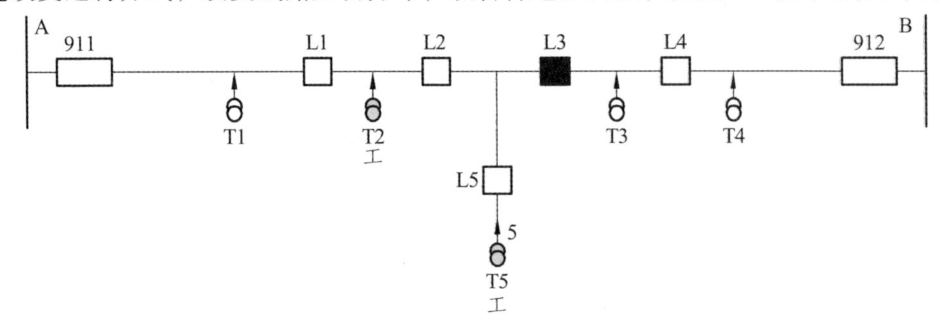

图 5-5 运行方式 1

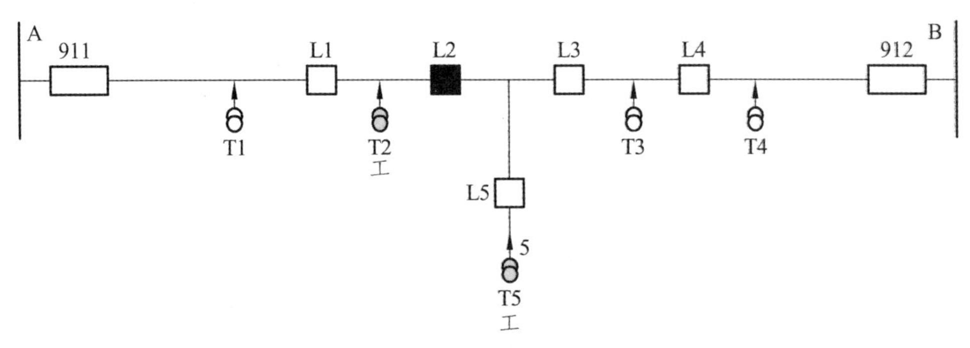

图 5-6 运行方式 2

（3）线损问题。

将同期系统定位的高损元件与网络拓扑和配变负荷性质相结合，调整负荷分布，降低线损。

通过负荷画像，定位长期轻载或空载配变区域，通过改变此类负荷分配，改善线损。

如图 5-3 和图 5-4 所示，方式 1 由于 T5 区域长期轻载运行，A 线线损较大。A 线实际线损（W 为电量，单位 kW · h）:

$$\nabla W_{A} = W_{A} - (W_{L1} + W_{L2} + W_{L5}) \tag{5-18}$$

B 线实际线损：

$$\nabla W_{B} = W_{B} - (W_{L3} + W_{L4}) \tag{5-19}$$

方式 2，A、B 线理论线损 $\nabla W_{A}'$、$\nabla W_{B}'$ 可通过潮流计算得到，若 $\nabla W_{A}' + \nabla W_{B}' < W_{A} + W_{B}$，则可选用方式 2 运行，改变运行方式后，可验证实际线损差异。

在运行方式 2 下，A 线实际线损：

$$\nabla W_{A}'' = W_{A}'' - (W_{L1} + W_{L2}) \tag{5-20}$$

B 线实际线损：

$$\nabla W_{B}'' = W_{B}'' - (W_{L1} + W_{L2}) \tag{5-21}$$

若 $\nabla W_{B}'' + W_{B}'' < W_{A} + W_{B}$，则验证选用方式 2 可行。

3）多种运行方式下的最优选择及案例分析

对于联络情况较为复杂的网络，存在多种运行方式选择。将线路重载率、低电压率、平均线损率分配不同的分值，作为一个综合指标，考量不同运行方式的合理性。

线路重载率＝线路负荷/额定容量×100%。

低电压率＝低电压台数/总配变台数×100%。

线损率＝（供电量－售电量）/供电量×100%。

平均线损率＝（线损率 1＋线损率 2＋⋯＋线损率 n）/n。

若在某一运行方式下（分组分布如表 5-1 所示），线路重载率在 70%及以上，分值为 0，线路重载率低于 70%，分值为 50；低电压率在 30%及以上，分值为 0，低电压率在 20%～30%，分值为 10，低电压率在 10%～20%，分值为 20，低电压率在 0%～10%，分值为 30；平均线损率在 40%及以上，分值为 0，平均线损率在 20%～40%，分值为 10，平均线损率在 0%～20%，分值为 20。（总分 100）

表 5-1 分值分布

类别/分值	50	30	20	10	0
重载率	<70%	—	—	—	≥70%
低电压率	—	≥0%，<10%	≥10%，<20%	≥20%，<30%	≥30%
平均线损率	—	—	≥0%，<20%	≥20%，<40%	≥40%

本节选取如图 5-7 至图 5-9 三种运行方式下的方案进行案例分析。图 5-7 至图 5-9 分别对应方案 1、2 和 3，具体如下：

如图 5-7 所示，如方式 1 所示，开关 L3、L5、L6 断开，T12 区域出现低电压（低电压率

32%），C线路线损率50%，A线路重载（重载率72%）。A线线损率为a_1，B线线损率为b_1，D线线损率为d_1，平均线损率为35%。方案1得分为10分。

如图5-8所示，将方式调整为方式2，A线路重载问题得到解决，T12区域仍旧低电压（低电压率21%），C线路线损率降至30%，A线线损率为a_2，B线线损率为b_2，D线线损率为d_2（$d_2 = d_1$），平均线损率为15%，则方案2得分为80分。

如图5-9所示，将方式调整为方式3，A线路重载问题得到解决，T12区域低电压问题解决（低电压率1%），C线路线损率降低至30%，A线线损率为a_3（$a_3 = a_2$），B线线损率为b_3（$b_3 = b_1$），D线线损率为d_3，平均线损率为35%。方案3得分为90分。

将运行方式方案按得分值进行排序，得分高的为优选方案，即方案3为优选方案。

由表5-2转供方案负荷分布可以看出，方案1由于D线供电半径不合理，负荷重导致线路重过载和远端低电压问题；方案2将D线T2、T6、T8、T11、T12配变转由B线转供；方案3将D线T2、T6配变转由A线转供，将D线T8、T11、T12配变转由C线转供。

表5-2　转供方案负荷分布

方案/供电配变	A线	B线	C线	D线
方案1	T1	T3、T4	T9、T10	T2、T5、T6、T7、T8、T11、T12
方案2	T1	T2、T3、T4、T6、T8、T11、T12	T9、T10	T5、T7
方案3	T1、T2、T6	T3、T4	T8、T9、T10、T11、T12	T5、T7

方案2解决了D线重过载率超过阈值问题，同时也导致B线远端低电压（相较方案1中D线低电压情况略有改善）；方案3通过对D线配变的二级转供，解决了D线重过载率超过阈值问题，二级转供同时平衡了供电半径，解决了远端低电压问题。通过上述方案分析对比，从侧面验证了方案3的运行方式是优选方案。

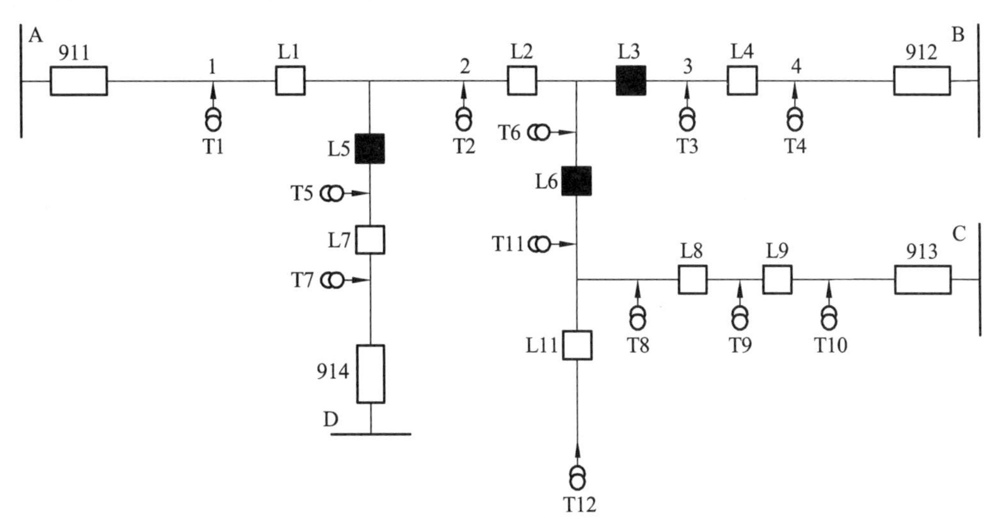

图5-7　运行方式1

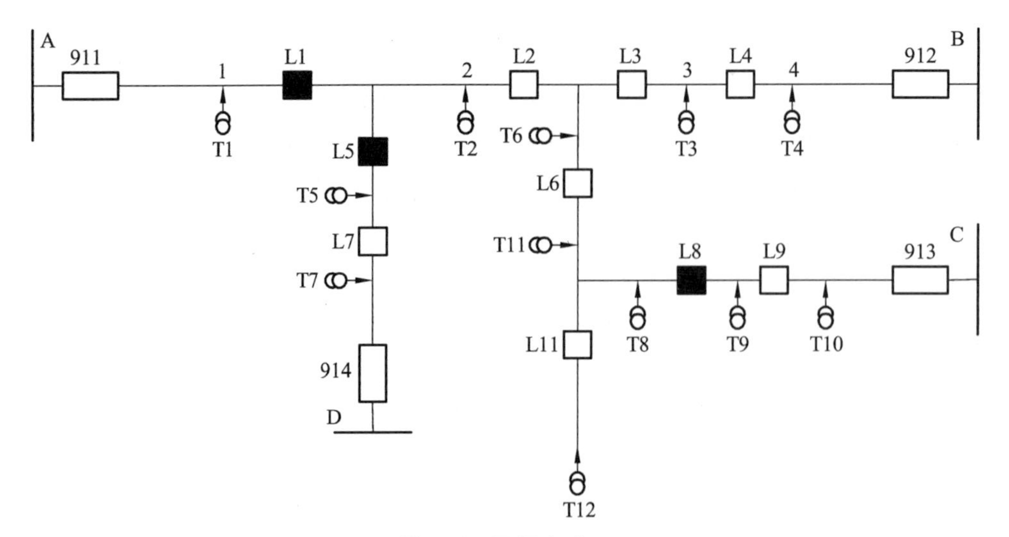

图 5-8 运行方式 2

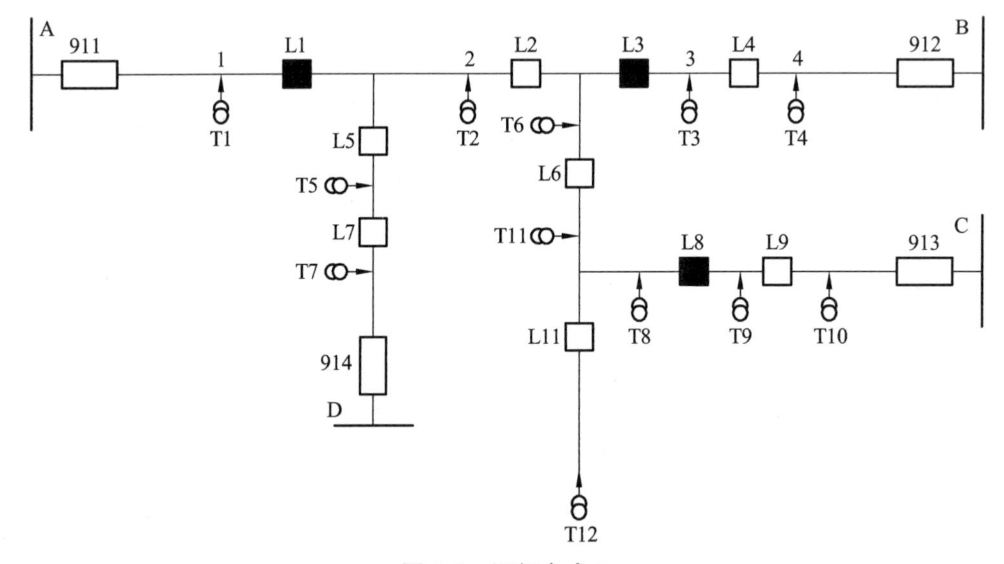

图 5-9 运行方式 3

（二）应用情况

开发地区配电网多级负荷精准画像及控制软件，应用于实际地区配电网调度运行和优化控制，可有效改善配电网重过载、低电压、线损和优化方式选择等问题。下面对软件部分功能界面进行展示。

1. 配网模型概览

（1）指标统计：基于调控云主配一体化模型、地调实时配网遥信断面、QS 文件、用采数据对相应区域的模型概况进行指标统计，如馈线数量、配网量测个数、实时配网量测个数、孤立设备个数、量测覆盖率、用采覆盖率等，帮助用户对当前电网概况有更深层的认识。

（2）孤立设备校验：基于调控云主配一体化模型、地调实时配网遥信断面输出孤立设备，帮助用户进行模型整治，为配网精准估算提供有力支撑。

（3）可疑环路统计：基于调控云主配一体化模型、地调实时配网遥信断面校验可疑环路，帮助调控人员校验遥信是否与现场运行方式一致。主要是同一大馈线的内部成环，根据校验结果整改基础数据，核实遥信位置与现场实际一致。

（4）异常环路统计：基于调控云主配一体化模型、地调实时配网遥信断面校验出现设备节点重复导致的异常环路，帮助用户对模型进行整改。主要是不同大馈线间构成的环路，根据校验结果进行配网图模整治，保证配网拓扑的正确性。

2. 输配协同状态估计

（1）配网状态估计主页展示：基于调控云主配一体化模型、地调实时配网遥信断面、QS文件，并结合用采数据估算出当前电网各节点的运行状况，对于不可观测的点，通过状态估计推算出精度更高的电力系统的各种电气量，扩大了配电网的可观测范围，有效改善了配电网量测少造成的“盲调”问题。

（2）量测统计：对当前电网的根节点量测及部分配网量测进行展示。

（3）数据校核：根据主配一体化模型拓扑结构，校验出主配未拼接、缺少根节点量测、用采采集异常等问题，并将问题进行输出，供用户进行分析整改。

3. 输配系统潮流计算

（1）配网潮流计算主页展示：根据配网状态估计的结果提供有效潮流断面，帮助用户进行研究分析，基于断面计算出每一节点的潮流分布，便于进一步对电力系统的运行情况进行分析。主要展示网络潮流计算的模型、参数、计算结果以及对运行信息的统计等。

（2）输配协同计算：通过输网与配网分别独立计算，并在关口处耦合，主配网间仅传递配网的等值信息（边界上的功率和电压）。

（3）断面装载：将基于有效数据计算的状态估计历史断面进行管理，筛选指定断面装载至系统供用户进行分析。

（4）供电路径追踪：在任意指定设备上搜索供电路径，并针对每一级设备进行展示。

4. 配网精准负荷画像

（1）分级负荷画像主页：通过对历史断面的分析，在负荷画像的主页面，直观展示当前地区设备重过载、低电压、三相不平衡等概况统计。

（2）历史异常情况统计：通过对历史断面的分析，对当前地区设备重过载、低电压、三相不平衡等情况进行详细展示，如重过载次数、重过载时长等。

（3）指定设备历史异常情况统计：通过对历史断面的分析，对指定设备异常情况进行分析，如对配变的重过载时间、重过载程度等情况进行统计分析。

（4）线损统计：对大馈线的线损进行分析展示，如对比展示某一条大馈线的配变总负荷与馈线的出力值，展示线损率与网损率等。

5. 配网多级优化控制

（1）网络重构方案对比：基于有效断面的历史策略分析统计，从而对用户的方式调整起到引导作用，用户可根据实际情况进行方案选择。

（2）最优策略调整：基于有效断面自动筛选出最优的转供开关，从而解决配电网出现的过负荷/低电压等问题，针对部分比较复杂的网络结构，实现负荷的二级转供。

第二节　输配协同调度控制类应用

一、小电流接地选线与自动隔离

（一）技术路线

1. 针对中性点不接地系统——IQ 选线法

1）相电流变化理论推导

对于某中性点不接地系统，如图 5-10 所示，假设 10 kV 某线路 A 相发生金属性接地，A 相电压 U_a 降低为 0，B、C 相电压升高为线电压，由于有对地电容存在，该站所有出线 B、C 相对地电容电流 I_{cb}、I_{cc} 汇集到变压器绕组，流入 A 相接地点，接地后接地线路 A 相电容电流等于 I_{cb} 与 I_{cc} 的矢量和。

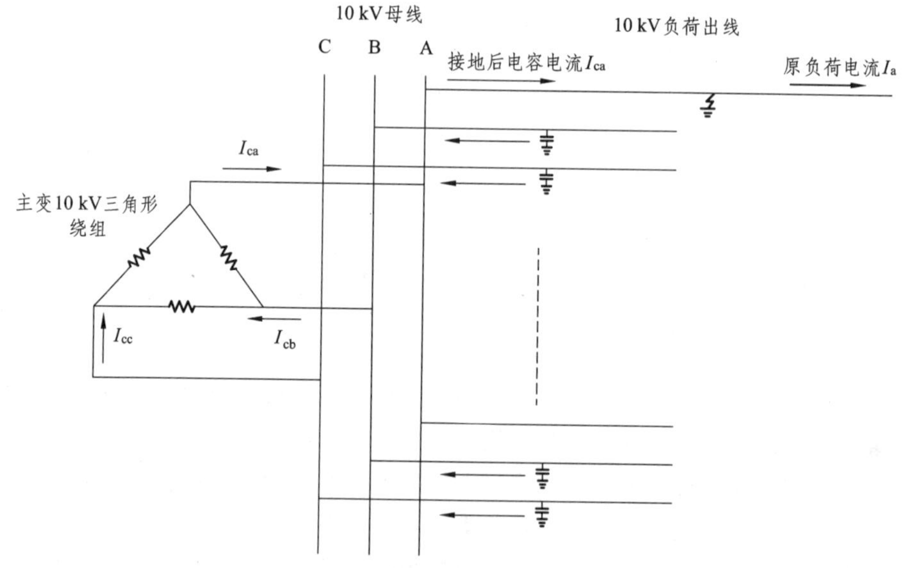

图 5-10　中性点不接地系统小电流接地示意图

下面以矢量图来分析接地前后电流的变化，如图 5-11 所示。B、C 相对地电容电流 I_{cb}、I_{cc} 分别滞后于接地后 B、C 相对地电压 90°，矢量相加后得到接地线路 A 相电容电流 I_{ca}，其相位超前于原 A 相电压 90°。

引入原负荷电流进行分析，如图 5-12 所示，大多数 10 kV 配网线路属于电阻性负荷，功率因数角θ较小，相电流方向与相电压方向几乎一致。由于接地故障导致系统出现对地电容电流，接地线路故障后的 A 相电流等于原负荷电流与接地线路 A 相电容电流的矢量和，将大于原负荷电流 I_a。而非接地线路故障后的 A 相电压降低为 0，导致 A 相对地电容电流为 0，因此，非接地线路故障后的 A 相电流变化很小。同时，可从图 5-12 中发现，当接地线路 A 相电容电流一定时，负荷电流 I_{fh} 越大，接地线路接地后 A 相电流变化量 $I_{ph}-I_a$ 将越小，即相电流数值的变化越不明显。

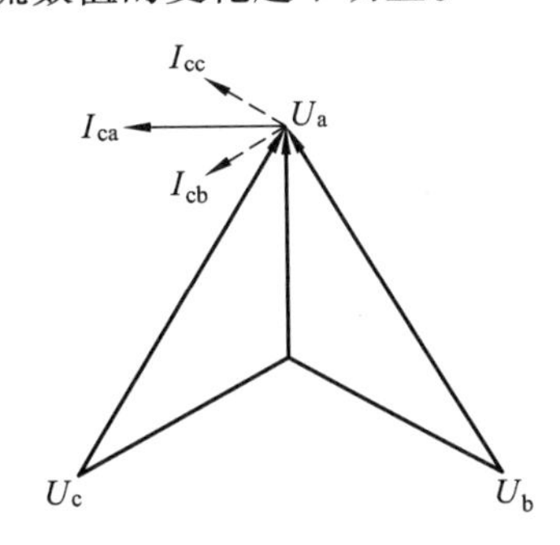

图 5-11　接地后电容电流矢量图

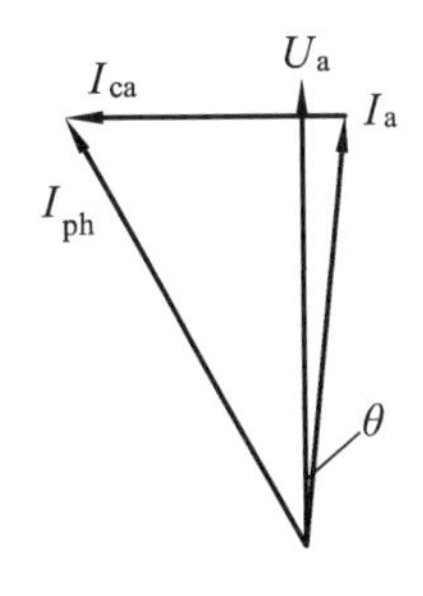

图 5-12　中性点不接地系统接地前后电流变化矢量图

2）无功变化理论推导

10 kV 线路相电流的变化量不仅受负荷变化影响，且接地前负荷电流越大，相电流变化量越不明显，这些将影响到电流判据的准确性。考虑此问题，在电流变化的基础上提出无功变化，其理论推导如下：

目前，主网 10 kV 负荷绝大多数是使用两表法进行瞬时功率测量，两表法测量瞬时功率原理如式 5-22 所示：

$$\begin{aligned} S_0 &= U_a I_a + U_c I_c + U_b I_b \\ &= U_a I_a + U_c I_c + U_b(-I_a - I_c) \\ &= (U_a - U_b) I_a + (U_c - U_b) I_c \\ &= U_{ab} I_a + U_{cb} I_c \end{aligned} \tag{5-22}$$

当 A 相发生单相接地后，如上节所述，由于对地电容电流的存在，A 相 CT 测量到的电流为接地后的相电流 $I_{ph}=I_a+I_{ca}$，此时两表法测得的功率如式（5-23）所示：

$$\begin{aligned} S_1 &= U_{ab}(I_a + I_{ca}) + U_{cb} I_c \\ &= U_{ab} I_a + U_{cb} I_c + U_{ab} I_{ca} \end{aligned} \tag{5-23}$$

故障前后为：

$$\Delta S = S_1 - S_0 = U_{ab} I_{ca} \tag{5-24}$$

其中，U_{ab}、I_{ca} 为接地电容电流产生的功率，即接地前后功率的变化量。

由图 5-11 可以看出，U_{ab} 相位滞后 I_{ca} 相位 60°，即接地电容电流产生的无功可由式（5-25）表示：

$$\begin{aligned}\Delta Q &= \Delta S\sin\theta \\ &= U_{ab}I_{ca}\sin(-60°) \\ &= -\frac{\sqrt{3}}{2}U_{ab}I_{ca}\end{aligned} \tag{5-25}$$

从上式可以看出：U_{ab}为母线线电压，接地前后不发生变化，其值为 10 kV，因此，接地线路的无功功率变化量仅由接地点电流 I_{ca} 决定，与负荷大小无关，接地点电流越大，无功变化越大。非接地线路的无功变化仅由本线路对地电容电流决定，其无功变化量将远小于接地线路。

3）IQ 选线法选线判据

根据上面关于接地前后无功及电流变化的分析，发现接地后存在以下 2 个现象：

（1）接地线路的电流变化将大于非接地线路，接地前故障线路电流越小，接地线路电流变化越大；

（2）接地线路的无功功率有较大变化，而其他非接地线路无功变化量很小，接地前故障线路电流越大，接地线路无功变化越大。

以此为基础，提出一种基于无功及电流变化量的主站端接地选线判据，形成 IQ 选线法的电流判据和无功判据。判据方式是通过计算母线上各条线路在发生接地故障前后的相电流变化量和无功变化量，分别对相电流变化量、无功功率变化量设定加权系数，计算出各条线路为接地线路的概率，以此形成选线策略。如式（5-26）所示：

$$\begin{aligned}&\delta_i = m\frac{|\Delta I_i|}{\sum|\Delta I|}+n\frac{|\Delta Q_i|}{\sum|\Delta Q|} \\ &m\in[0,1], n\in[0,1], m+n=1\end{aligned} \tag{5-26}$$

其中，δ_i 为第 i 条线路的接地概率，$|\Delta I_i|$ 为第 i 条线路的电流变化量，$|\Delta Q_i|$ 为第 i 条线路的无功变化量，$\sum|\Delta I|$ 为所有出线电流变化量之和，$\sum|\Delta Q|$ 为所有出线无功变化量之和，电流变化的权重系数为 m，无功变化权重系数为 n。根据上式计算出每条出线的接地概率，概率最高者为接地线路。

根据前面理论分析及实际运行效果来看，无功的变化比电流变化更能反映实际接地情况，因此，在实际应用中，接地选线程序设置无功变化权重系数 $n=0.7$，高于电流变化权重系数 $m=0.3$。

2. 针对中性点经消弧线圈接地系统——动态补偿法

1）零序电流变化理论推导

对于已投入消弧线圈装置的变电站即中性点不接地系统，如图 5-13 所示，假设 10 kV 某线路 A 相发生金属性接地，A 相电压 U_a 降低为 0，B、C 相电压升高为线电压，由于有对地电容存在，该站所有出线 B、C 相对地电容电流 I_{cb}、I_{cc} 汇集到变压器绕组，流入 A 相接地点，与不接地系统不同的是，消弧线圈会产生感性电流，对接地的电容电流进行补偿，接地后接地线路 A 相电容电流等于 I_{cb}、I_{cc}、I_L 的矢量和。

如图 5-14 所示，大多数 10 kV 配网线路属于电阻性负荷，功率因数角θ较小，相电流方向与相电压方向几乎一致。由于接地故障导致系统出现对地电容电流，消弧线圈产生感性电流补偿电容电流，消弧线圈投入不同的档位会产生不同大小的感性电流，接地线路故障后的 A 相电流等于原负荷电流、对地电容电流、消弧线圈补偿的感性电流的矢量和。

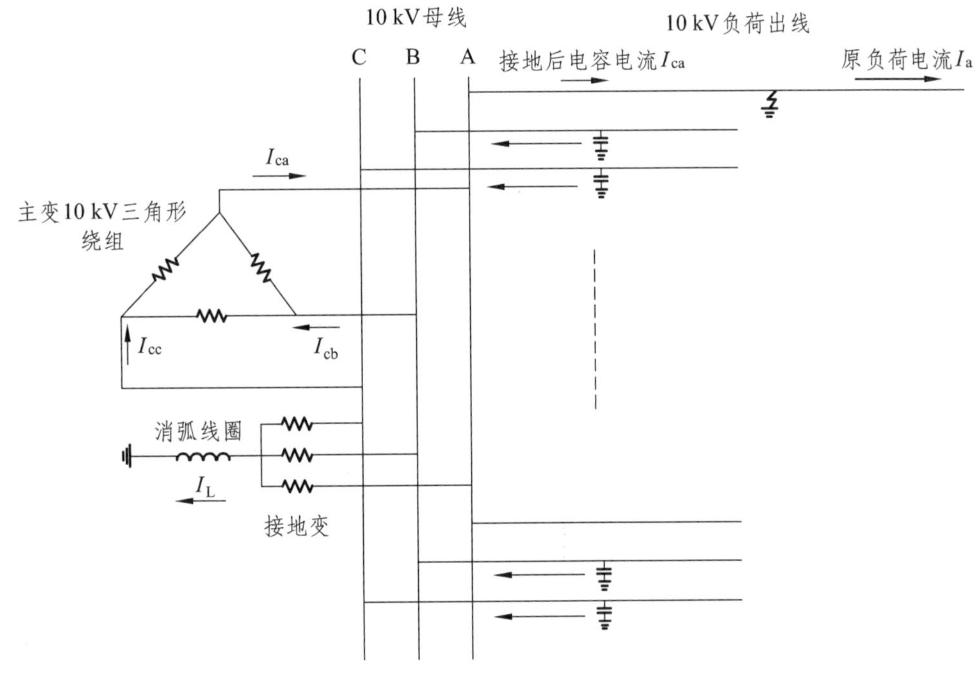

图 5-13 中性点经消弧线圈接地系统小电流接地示意图

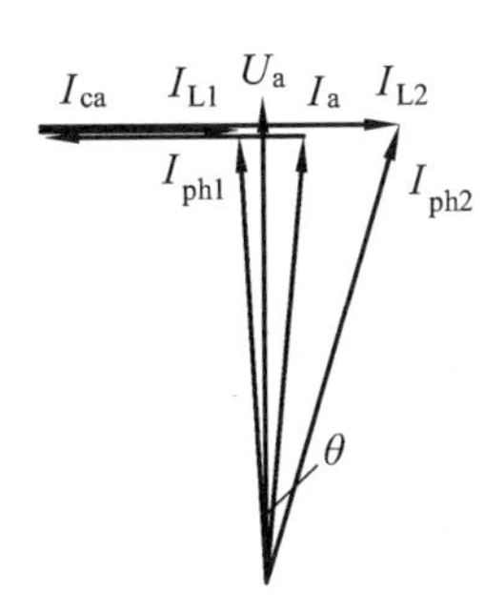

图 5-14 中性点不接地系统接地前后电流变化矢量图

最终故障后电流 I_{ph} 如式（5-27）所示：

$$\dot{I}_{ph} = \dot{I}_a + \dot{I}_{ca} + \dot{I}_L \tag{5-27}$$

结合图 5-14 可以看出，故障后的 A 相电流 I_{ph} 相较于原负荷电流 I_a 幅值增加很小，甚至可能小于原负荷电流。因此，无法直接利用相电流和无功变化等特征量判断接地线路。针对该情况，提出动态补偿试拉法——由于接地故障发生后，消弧线圈档位不变，补偿的电感电流不发生变化，这时，对接地后电容电流最大的线路进行试拉，整段母线上总的电容电流减少，接地点的电流会增加，电流增加大小为试拉线路的对地电容电流，反过来即可通过试拉后其他线路的零序电流及无功变化量进行选线。

当某 10 kV 线路 1 的 A 相发生接地故障时，对于非接地线路 i，其三相对地电容电流如式（5-28）所示：

$$\begin{cases} \dot{I}_{\mathrm{A}i}=0 \\ \dot{I}_{\mathrm{B}i}=\mathrm{j}\dot{U}_{\mathrm{BG}}\omega C_{0i} \\ \dot{I}_{\mathrm{C}i}=\mathrm{j}\dot{U}_{\mathrm{CG}}\omega C_{0i} \end{cases} \tag{5-28}$$

当中性点不接地时，非接地线路 i 流过的容性电流如式（5-29）所示：

$$3\dot{I}_{0i}=\dot{I}_{\mathrm{A}i}+\dot{I}_{\mathrm{B}i}+\dot{I}_{\mathrm{C}i}=-\mathrm{j}3\omega C_{0i}\dot{E}_{\mathrm{A}} \tag{5-29}$$

当中性点不接地时，接地线路 1 流过的容性电流如式（5-30）所示：

$$3\dot{I}_{01}=\dot{I}_{\mathrm{A}1}+\dot{I}_{\mathrm{B}1}+\dot{I}_{\mathrm{C}1}=\mathrm{j}3\omega(C_{0\Sigma}-C_{01})\dot{E}_{\mathrm{A}} \tag{5-30}$$

当中性点经消弧线圈接地时，其在中性点电压的作用下产生电感电流为 $\dot{I}_{\mathrm{L}}=-\dot{E}_{\mathrm{A}}/X_{\mathrm{L}}=\mathrm{j}\dot{E}_{\mathrm{A}}/\omega L$，其将经接地点沿接地相返回，故此时接地线路流过的零序电流如式（5-31）所示：

$$3\dot{I}'_{01}=3\dot{I}_{01}-\dot{I}_{\mathrm{L}}=\mathrm{j}\left(3\omega C_{0\Sigma}-3\omega C_{01}-\frac{1}{\omega L}\right)\dot{E}_{\mathrm{A}} \tag{5-31}$$

当任意试拉开一条线路 i 时，如果此线路为非接地线路（其零序电流幅值为 $3I_{0i}=3\omega C_{0i}E_{\mathrm{A}}$），接地点将不再流过被拉掉线路的对地电容电流，接地线路流过的零序电流将随之变化，如式（5-32）所示：

$$\begin{aligned} 3\dot{I}_{01}'' &= 3\dot{I}_{01}'-3\dot{I}_{0i} \\ &= \mathrm{j}\left(3\omega C_{0\Sigma}-3\omega C_{01}-\frac{1}{\omega L}-3\omega C_{0i}\right)\dot{E}_{\mathrm{A}} \end{aligned} \tag{5-32}$$

由于一般消弧线圈工作在过补偿状态，感性电流分量大于容性电流分量，因此，当容性电流降低时，故障线路的零序电流幅值将增大，可根据试拉前后所有线路零序电流的变化量进行选线，零序电流值由小变大且变化最大，约等于被试拉线路的零序电流值的线路，即为真正的故障接地线路。

2）动态补偿法选线判据

经上述分析可知，对于中性点不接地系统，接地线路的零序电流值将远大于其他线路的零序电流值，调度主站端可根据零序电流幅值大小进行选线；然而对于中性点经消弧线圈接地系统，由于消弧线圈电感电流的作用，接地线路的零序电流经补偿后将变小，甚至小于大多数不接地线路的零序电流。

故障线路的选线判据如式（5-33）所示：

$$\Delta I_{\mathrm{f0}}=\min\{|\Delta 3I''_{01}-\max(3I_{0i})|\} \tag{5-33}$$

综上所述，动态补偿法选线流程图如图 5-15 所示。

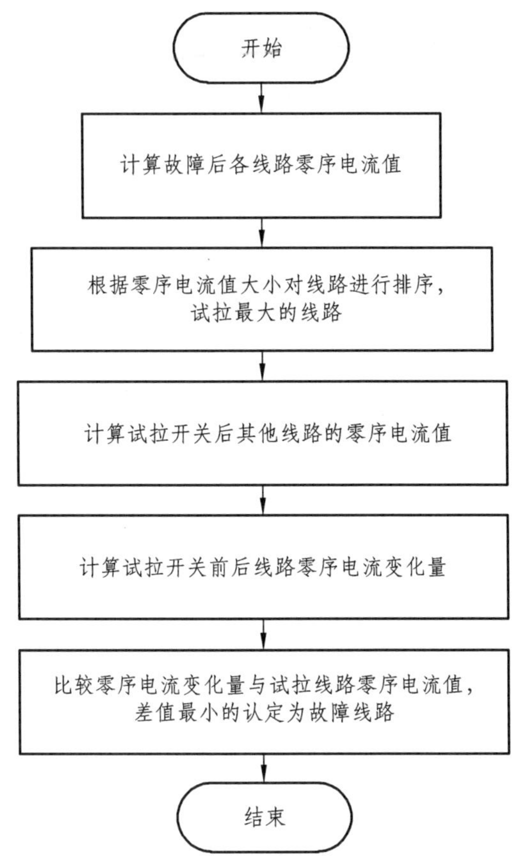

图 5-15　动态补偿法选线流程图

3. 综合选线策略

实际运行的电网系统中，部分厂站存在消弧线圈，部分厂站没有消弧线圈，为综合考虑联众运行方式的不同，结合 IQ 选线法与动态补偿法，提出综合选线策略系统，直接部署在主站系统中，通过设定阈值，自动判断使用 IQ 法或动态补偿法，以提高选线成功概率。流程图如图 5-16 所示。

当系统出现接地时，小电流接地选线模块根据遥测判断补偿状态，若接地系统处在欠补偿状态或无补偿状态，系统根据全部接地线路零序电流的最大值判断使用的排序策略。当零序电流大于设定的阈值 a 时，系统根据零序电流变化量进行排序；当零序电流小于设定的阈值 a 时，使用 IQ 法进行排序。此时系统只会计算一次排序结果，调度员可根据该结果按顺序分合开关。若接地系统处在过补偿状态下，小电流接地选线模块会使用动态补偿法进行排序判断，根据全部接地线路零序电流的最大值判断第一次试拉线路。当零序电流大于设定的阈值 b 时，试拉线路为零序电流最大的线路；当零序电流小于设定的阈值 b 时，试拉线路为无功功率变化量最大的线路。若试拉线路不是接地线路，则会再次根据试拉过后各 10 kV 出线的遥测变化量再次计算排序。试拉后零序电流变化量大于阈值 c，则会根据零序电流变化量进行排序，且每一次拉开线路、母线接地未复归都会再次根据零序电流变化量再次排序；试拉后零序电流变化量小于阈值 c，则会根据无功功率变化量进行排序，且每一次拉开线路、母线接地未复归，都会再次根据无功功率变化量再次排序。动态补偿法由于每次拉开线路均会重新出现策略，调度员可根据每次策略排序第一的线路进行试拉。

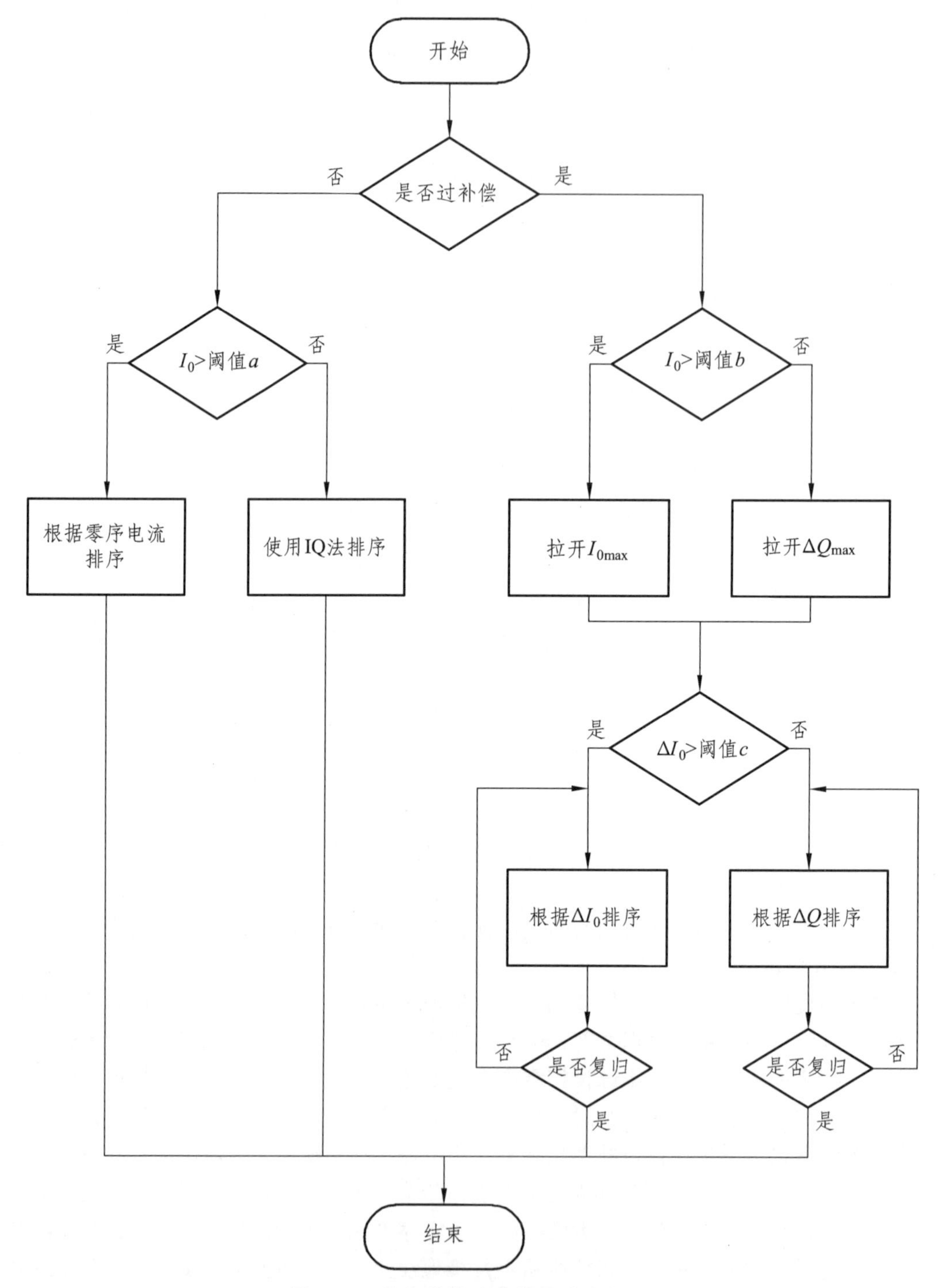

图 5-16 综合选线法选线策略流程图

（二）应用情况

通过主站端小电流接地综合选线方法，小电流接地选线成功率已大幅提高，基于该方法，逐步研发人工控制、半闭环控制、全闭环控制等人机交互故障隔离方式。

1. 小电流接地选线控制模式

（1）人工控制：智能电网调度控制系统检测到可疑接地时，根据采集的实时运行数据通过主站端综合选线系统，对接地母线上各条出线的接地概率进行排序，小电流接地选线模块只显示策略排序结果，不会控制开关分合操作，开关的分合依旧由监控员操作，选线模块仅作为辅助策略。

（2）半闭环控制：智能电网调度控制系统检测到可疑接地时，小电流接地选线模块显示策略排序结果，同时可以人工在模块中确认开关分合顺序，通过下发确定指令，系统自动对选择线路按顺序进行分合。相较于人工控制，半闭环控制人工操作量仅需确认线路排序，无需对每一条线路进行人工分合，操作时间减少，有效缩短故障持续时间。

（3）全闭环控制：智能电网调度控制系统检测到可疑接地时，根据小电流接地选线模块的策略排序结果，在通过模块化的校验规则后，直接由系统自行下达控制指令，自动进行开关拉合，不再需要监控员人工拉合开关，极大提高故障隔离速度。

2. 全闭环控制的校验规则

由于全闭环控制由系统直接进行开关的分合操作，无需人工确认，因此需要足够安全的校验程序。设置模块化的校验规则可以在系统中配置与设置参数，可根据运行要求灵活选择。同时可根据自动控制系统的运行情况收集反馈信息，及时调整程序，方便程序的快速优化与迭代。目前已有的校验方式包括：

（1）重要负荷校验：校验所控制开关是否为重要负荷开关，重要负荷可通过人工设定的方式进行设置。

（2）保电负荷校验：校验所控制开关是否为保电线路，保电线路可以通过挂保电牌的方式进行设置。

（3）人工遥控校验：校验自动控制厂站在设定的阈值时间段内，以及自动控制过程中是否出现人工控制。

（4）点号校验：校验智能电网调度控制系统中数字控制表和下行遥控信息表相关信息的一致性；

（5）范围校验：校验控制开关是否属于接地母线所连的负荷开关。

（6）遥信状态校验：校验所控制开关的源状态和目标态的一致性。

（7）遥信质量码校验：校验遥信质量码是否正常。

（8）遥测品质校验：校验遥测质量码是否正常。

（9）遥测频率校验：校验遥测刷新频率是否满足设定阈值。

（10）通道校验：校验数据传输速率、刷新情况以及通信规约是否满足设定要求。

（11）流程校验：校验控制指令下发后，控制开关的遥信状态是否改变。

3. 总体流程

结合小电流接地故障选线系统与校验规则，在主网部署全自动控制系统。全自动控制系统的流程如图 5-17 所示。

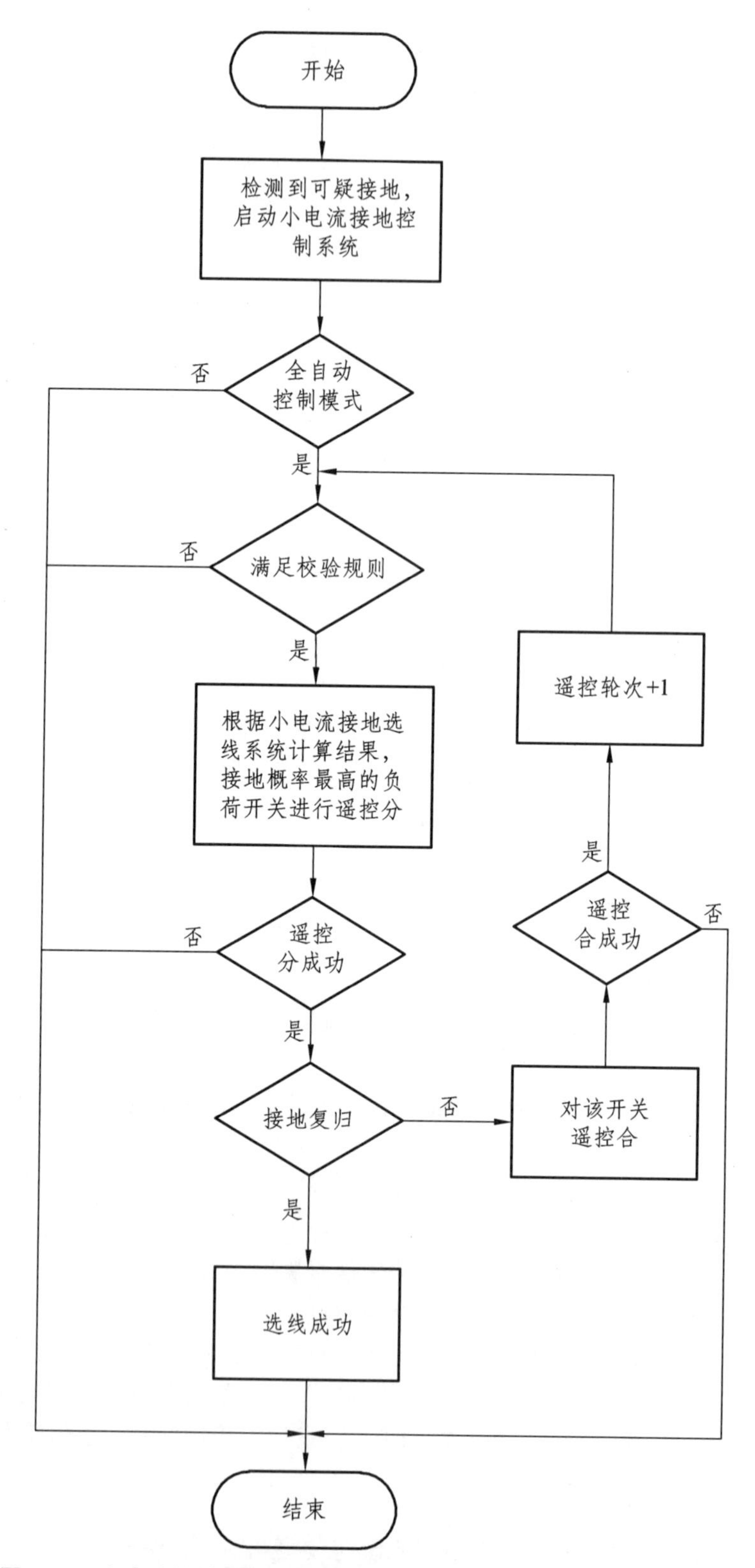

图 5-17 小电流接地选线自动控制流程图

系统自动控制具体步骤如下：

步骤 1：基于智能电网调度控制系统，当通过数据传输通道上传的母线电压，视为出现可疑接地，小电流接地选线系统根据采集的实时运行数据对接地母线上各条出线的接地概率进行排序。

步骤 2：根据自动控制校验规则，对是否满足自动控制启用条件进行校验，若校验不通过，结束自动控制流程。

步骤 3：基于智能电网调度控制系统，根据小电流接地选线技术计算的各条出线的接地概率，对概率最高的线路下发遥控分指令，进行遥控分闸。

步骤 4：遥控分指令下发后，经过设定的时间后，通过数据通道上传数据，智能电网调度控制系统检测到遥信状态发生对应变化，则判断该负荷开关的自动控制分完成。

步骤 5：负荷开关自动控制分完成后，等待设定的时间，若设定时间内母线接地复归，则判断选线成功，结束自动控制流程。

步骤 6：负荷开关自动控制分完成后，等待设定的时间，若设定时间内母线接地并未复归，则判断选线未成功，智能电网调度控制系统对该控制开关下发遥控合指令。

步骤 7：遥控合指令下发后经过设定的时间后，通过数据通道上传数据，智能电网调度控制系统检测到遥信状态发生对应变化，则判断该负荷开关的自动控制合成功，完成单轮自动控制，自动控制轮次计数加一。

步骤 8：自动控制轮次小于指定值时，返回步骤 2 继续判断接地概率最高的负荷。自动控制轮次大于指定值时，请求人工介入，结束自动控制流程。

使用本方法不需要加装额外的硬件设施，能够实现快速接地故障隔离，避免故障范围扩大，降低线路长时间单相接地造成安全隐患的可能性，保障配电网安全稳定运行，提升社会经济效益。

4. 人机交互界面

基于上述技术，依托输配协同调度控制系统，研发部署小电流接地选线在线分析模块，搭建人机交互界面，便于值班员发现和处置相关故障。

人机交互界面包括系统参数设定窗口、正在接地母线窗口、历史接地记录窗口、选线策略排序窗口和接地信息窗口。

（1）参数设定窗口：直接展示系统默认参数设置，便于在需要时修改相关参数，调整系统选线策略因素。

（2）正在接地母线窗口：展示全部正在接地的母线，方便调度员或监控员处理，可以点选母线，在选线策略窗口中查看详细的排序信息。

（3）历史记录窗口：可查看历史接地信息，通过关联二级界面，查询接地前后接地母线下的各线路遥测等信息。

（4）选线策略窗口：点选正在接地母线，该窗口会展示选线模块计算的策略结果，同时会提示调度员线路信息，如保电、挂牌、重要符合等。根据不同的控制模式及接地方式，调度员依据排序对接地故障进行处置。

（5）系统接地信息窗口：展示系统的接地方式和补偿方式，辅助调度员判断故障类型，确定处理方式。

5. 效益分析

通过对于接地故障的理论模型分析和运行数据校验，提出了适用不同场景、精准识别、全闭环自动执行的故障分析及隔离方法：针对中性点不接地系统，提出了基于“IQ 选线法”的选线策略；针对经消弧线圈接地系统，提出了基于“动态补偿分析法”的选线策略；面向故障快速切除需求，基于调度自动化系统实现了全自动的闭环控制。大幅度提高了单相接地故障的处理速度与准确性。单相接地故障处理时间由 30 min 缩短为 1 min 左右，接地故障线路选线成功率从 50%提升至 85%，平均拉路条数由过往 3.6 次下降至 1.2 次。显著降低了多回同沟电缆事故和森林、草原起火的风险，有力保障了电网设备的安全运行和人员的安全生产。

二、输配协同在线合环校验

（一）主配网合环操作校核关键技术

1. 研究思路

本功能主要用到的理论是电力系统潮流计算和电路分析的原理，包括合环点选择后的拓扑搜索、合环端口阻抗的求取、合环电流的求解等。调度员在进行合环操作之前，必须详细了解各处的接线方式、电压、潮流分布和继电保护现有情况，对操作过程中的潮流变化进行充分的预计和分析，确保该操作能够满足下述条件：

（1）保持相位一致，在初次合环或进行可能引起相位变化的检修之后的合环操作均需要先进行相位测定。

（2）合环后，各元件不致过载，各结点电压不应超出规定值。

（3）系统的继电保护应能够适应环网的运行方式。

针对配电网合环的问题，应用了相应的计算方法和技术。首先，从智能电网调度控制系统中获取实时数据，将相关信息存入合环分析的计算库中；提供相应的界面让使用者进行合环点的设定，之后在全网实时方式的基础上，利用广度优先算法对合环路径进行搜索，然后对环路所经过的电压等级、路径上变压器的接线方式进行校验。

在端口阻抗的求解方面，本研究摒弃了传统的对合环路径阻抗进行累加的粗略计算法，采取了基于在线全网导纳阵部分求逆的方法，使得端口阻抗的计算结果更加准确；之后建立一阶 *RL* 电网络，用待定常数法求取合环电流的强制分量和自由分量，从而得到合环电流的时域特性，得到了冲击电流的最大冲击值和稳态值，进一步得到了两端 10 kV 出线配电线路在合环后的电流变化。根据这些信息，结合 10 kV 配电线路的速断保护和过流保护的整定值和整定时间，可判断出线的保护装置在合环后是否会动作。

由配电网络环流产生的原因可知，若合环点两侧有电压差（电压数值差或相位差）或者两侧的短路阻抗不同，合环后会出现环流，这可能引起环路内继电器动作而跳闸。根据上一章所总结的内容可知，为了避免合环操作时出现过大的环流，使合环操作顺利进行，一般合环操作需满足以下条件：

（1）保证参与合环的变电站中，10 kV 母线的相序和相位相同。

（2）尽量满足合环点两侧的电压值相同或非常相近。

（3）参与合环的两变电站到合环点的综合阻抗不宜相差过大。

（4）适当调整合环点两侧负荷的大小和功率因数，使两侧相差不致过大，避免造成不能合环。

（5）合环两侧负荷之和不应超过两侧开关之一的额定负荷，否则即使条件均满足也不能互相替代。

以上条件为理想条件，在实际的配电网络运行过程中，相位差在 5°以内，合环即无问题。但由于系统结构不同，部分系统合环相位差允许 10°～15°，电压差允许在 10%以内。在合环操作前，对合环环流一般需要计算，进行模拟或实时工况合环试验，根据计算和试验结果确定合环时允许的相位差和电压差。进行合环操作时，若相位差和电压差不符合允许要求，须进行调整。

与输电网相比，配电网的网络结构有着明显的差异：

（1）网络结构的差异。配电网具有闭环结构和开环运行的特性，稳态运行时网络结构多呈辐射状，只有在发生故障或倒换负荷时，才有可能出现短时环网运行情况，而输电系统通常是环网状；发输电系统中存在大量的发电机节点（*PV* 节点），而配电系统中一般均为负荷节点（*PQ* 节点），配电系统潮流方程的线性度较发输电系统为高。这决定了简单高效的前推回代法适合于配电潮流计算，但对非线性度较高的发输电潮流，传统的前推回代法则很难获得好的收敛性能。

（2）网络参数的差异。配电网的线路总长度比输电线路长且分支线多、线径小，导致配电网的 *R*/*X* 值较高，多数情况大于 1，且线路的充电电容可以忽略，配网潮流方程的雅可比矩阵的数值条件一般较差。由于配电线路的 *R*/*X* 较大，无法满足 *PQ* 解耦法，故在输电网中常用的快速解耦法在配电网中则难以收敛。

2. 配网合环电流计算理论

通过潮流计算可得到整个网络的运行状态，包括系统各节点（母线）的电压、线路上的功率分布以及功率损耗等，在此基础上对所关心的合环出线电流进行分析。

其计算流程如下：

（1）读取数据，初始化计算数据库；

（2）计算分环情况下的基态潮流；

（3）计算环路阻抗；

（4）计算合环电流；

（5）合并合环节点；

（6）计算全网潮流；

（7）写计算结果。

合环操作后，配电网存在环路，在此利用戴维南定理对前推回代法进行改进，使其适应弱环网的潮流计算。

首先，在合环点将环网打开，用开关之前的功率模拟开环前的状态，并获得合环点的电压矢量值；再求得戴维南等效阻抗，由此获得合环电流值。具体来说，首先将环网打开，计算出合环点的开口电压；计算戴维南等效阻抗，传统的方法是从合环点向上搜索，将相关的支路阻抗相加所得；根据开口电压和戴维南等效阻抗，得到合环电流；得到环路的转移功率，修改合环端口的负荷注入量；重新对全网进行新的潮流计算，得出全网的状态。

3. 输配协同的合环计算流程

基于输配协同的配网合环风险分析方法总体流程方案如图 5-18 所示。

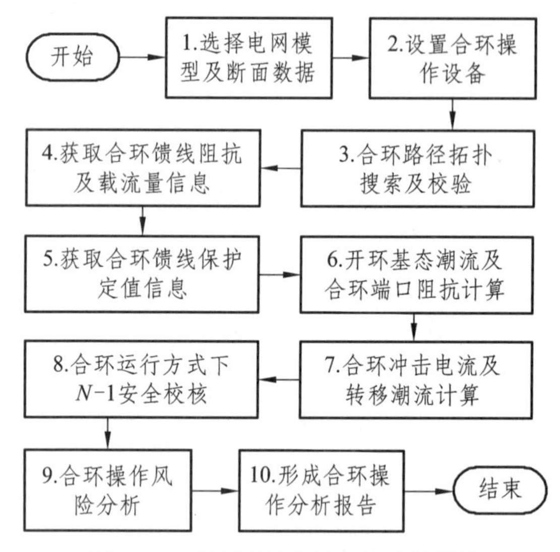

图 5-18　合环风险分析方法总体流程

（1）选择电网模型及断面数据，可使用本地区调度控制系统状态估计提供的数据断面，也可采用全省状态估计数据断面。全省状态估计数据断面是基于省调调度控制系统模型中心下发的全省状态估计数据文件（简称 QS 文件），通过设备名称和本地调度系统建立一一对应，在计算时合环分析软件可使用全省 QS 文件模型，也可以基于全省 QS 文件模型进行外网等值处理，形成只包含本地区及边界区域的电网模型。

（2）合环路径拓扑搜索及校验，需要校验环路内的变压器接线组别之差为零。

（3）合环馈线阻抗及限值信息，可从本地区配电自动化系统获取合环馈线的分段信息，包括长度、类型及载流量，也可以人工修正合环馈线阻抗和载流量。

（4）合环馈线保护定值信息，从本地继电保护在线监视与分析系统获取合环线路的继电保护定值信息，包括速断、过流保护定值信息，也可人工修正合环馈线保护定值信息。

4. 配网合环电流计算

根据合环设备的电源点，其配网合环方式可以分为以下情况：

（1）相同 220 kV 片网，不同 110 kV 线路分区；

（2）不同 220 kV 片网之间的馈线联络；

（3）不同 500 kV 片网之间的馈线联络。

典型的 10 kV 合环运行方式如图 5-19 所示。目前在输电网调度控制系统中一般将 10 kV 馈线等值为负荷模型，在输电网高级应用软件中作为等值注入进行计算。受基础数据质量影响，目前配网状态估计、潮流计算结果准确性尚未达到实用化要求，因此，本节主要基于主网状态估计和潮流计算结果，采用戴维南等值电路以及合环馈线等值支路模型的方式建立相应的合环分析等值数学模型，可适用于不同合环方式的配电网合环冲击电流计算。

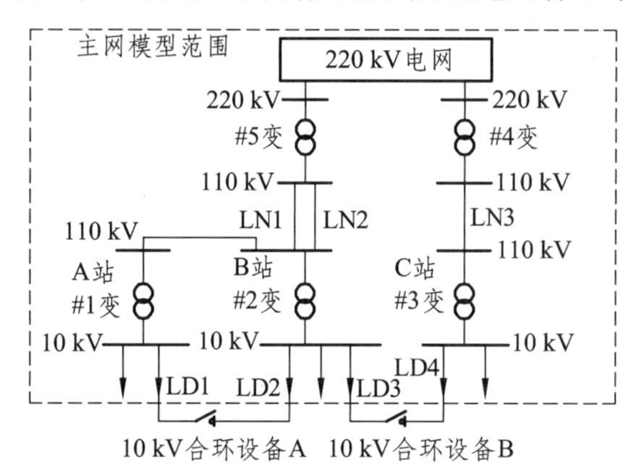

图 5-19　典型 10 kV 合环运行方式示意图

稳态潮流计算是合环电流分析的基础，常用的潮流计算方法有牛顿法、*PQ* 分解法、前推回代法等。本节使用的电网模型主要是主网模型，不进行配网模型详细潮流计算，采用牛顿法或 *PQ* 分解法，即可实现稳态潮流计算。

1）冲击电流等值电路计算

合环端口的阻抗由两部分组成，如式（5-34）所示：

$$Z = Z_t + Z_h \tag{5-34}$$

式中，Z 为合环端口阻抗；合环之前电网的端口阻抗即为两电气母线 i 与 j 之间的阻抗 Z_t；Z_h 为合环线路阻抗。传统的求取方法是画出环路的路径，将路径上各支路的阻抗求和，这是一个粗略的方法，当支路较复杂时，会引起计算误差。本模块中采用基于到哪矩阵的求取方法。

对于该电气岛，已知其导纳阵 Y_B，要求解两电气母线 i 与 j 之间的阻抗 Z 。由于有：

$$Z_t = Z_{ii} + Z_{jj} - 2Z_{ij} = Z_i + Z_j \tag{5-35}$$

可对导纳阵进行部分求逆，以求得 Z 。由于阻抗阵是导纳阵的逆阵，则有：

$$Y_B Z_K = I \tag{5-36}$$

因此可得：

$$\begin{bmatrix} y_{12} & y_{22} & \cdots & y_{1n} \\ y_{21} & y_{22} & \cdots & y_{2n} \\ \vdots & \vdots & & \vdots \\ y_{n1} & y_{n2} & \cdots & y_{nn} \end{bmatrix}_{n\times n} \begin{bmatrix} \vdots \\ z_i \\ \vdots \\ -z_j \\ \vdots \end{bmatrix}_{n\times 1} = \begin{bmatrix} 0 \\ 1 \\ \vdots \\ -1 \\ 0 \end{bmatrix}_{n\times 1} \tag{5-37}$$

其中，Z_{ii} 为母线 i 自阻抗，Z_{jj} 为母线 j 自阻抗，Z_{ij} 为母线 i 和母线 j 互阻抗，Y_{ij} 为导纳阵中元素，n 为导纳阵阶数，即该电气岛电气节点数。

式（5-37）是一组线性方程，可直接采用按行消去、按行回代的高斯消去法求解。对于电力系统来说，求解该方程有三个特点：

（1）由于导纳阵是稀疏阵，整个过程中需要运用稀疏技术；

（2）导纳矩阵的对角元是一行中的主元素，绝对值最大，因此在解该方程时不必增加选择主元的步骤；

（3）由于端口阻抗只需求取一次，不必采用因子表法，此时可将方程右侧的常数列代入消去和回代。

首先进行消去和规格化以求得上三角阵，再按行回代以求取 Z_i 和 Z_j，之后通过式（5-35）求得 Z_t，再通过式（5-34）求得端口阻抗 Z。

根据等值发电机理论，合环电流计算可以看作一阶 RL 串联电路在正弦输入情况下的零状态响应，如图 5-20 所示。

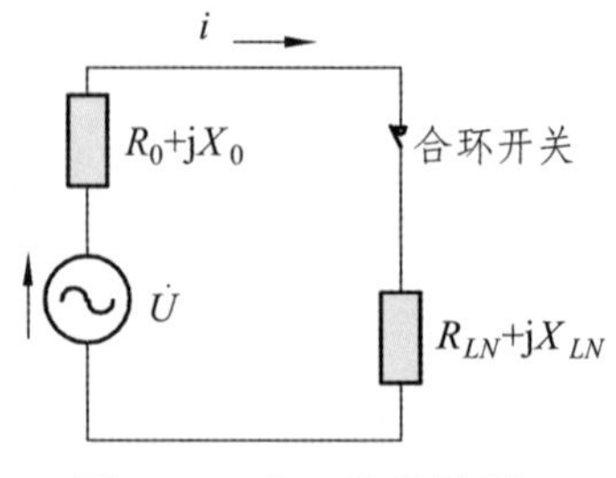

图 5-20　合环等值模型 1

设合环前基态潮流计算得到的 10 kV 母线电压分别为 $\dot{U}_i = U_i\angle\theta_i$、$\dot{U}_j = U_j\angle\theta_j$，端口等值阻抗为 $R_0 + \mathrm{j}X_0$，10 kV 馈线阻抗为 $R_{LN} + \mathrm{j}X_{LN}$，则图 5-20 中电压源的电压为：

$$\dot{U} = (U_i\cos\theta_i - U_j\cos\theta_j) + img(U_i\sin\theta_i - U_j\sin\theta_j) \tag{5-38}$$

由于无法得知配网功率的具体分配，可根据合环相关的两条 10 kV 母线的电压矢量，相关 10 kV 配网出线的功率值和两条合环电缆的参数求得合环点两端的电压矢量，如下：

$$\Delta U_i = \frac{P_i' r_i + Q_i' x_i}{U_i'} \tag{5-39}$$

$$\delta U_i = \frac{P_i' x_i - Q_i' r_i}{U_i'} \tag{5-40}$$

$$\Delta U_j = \frac{P_j' r_j + Q_j' x_j}{U_j'} \tag{5-41}$$

$$\delta U_j = \frac{P_j' x_j - Q_j' r_j}{U_j'} \tag{5-42}$$

$$U_i = \sqrt{(U_i' - \Delta U_i)^2 + (\delta U_i)^2} \tag{5-43}$$

$$\theta_i = \theta_i' + \arctan\frac{-\delta U_i}{(U_i' - \Delta U_i)} \tag{5-44}$$

$$U_j = \sqrt{(U_j' - \Delta U_j)^2 + (\delta U_j)^2} \tag{5-45}$$

$$\theta_j = \theta_j' + \arctan\frac{-\delta U_j}{(U_j' - \Delta U_j)} \tag{5-46}$$

其中，ΔU_i、ΔU_j 为相关母线 i 和 j 到合环点的电压压降横分量；δU_i、δU_j 为相关母线 i 和 j

到合环点的电压压降纵分量；r_i、x_i为母线i到合环点的电缆电阻和电抗；r_j、x_j为母线j到合环点的电缆电阻和电抗；U_i'、θ_i'为母线i的电压幅值和相角；U_j'、θ_j'为母线j的电压幅值和相角。

对于RL电路，外施电压源为正弦电压，如下：

$$u_s = U_{\mathrm{m}} \sin(\omega t + \varphi_u) \tag{5-47}$$

其中，u_s为合环电压表达式，U_m为理想电源的幅值，φ_u为合环时电源电压的初相角，取决于合环的时刻，故可称作接入相位角。ω为角速度，t为时间。合环后，电路方程如下：

$$Ri + L\frac{\mathrm{d}i}{\mathrm{d}t} = U_{\mathrm{m}} \sin(\omega t + \varphi_u) \tag{5-48}$$

其中，R、L为一阶RL电路的电阻和电抗，其通解为$i = i' + i''$，其中自有分量$i'' = A\mathrm{e}^{-\frac{t}{\tau}}$，$\tau = \frac{L}{R}$为时间常数，可通过端口阻抗求出，$i'$为如式（5-49）所示方程的特解：

$$Ri' + L\frac{\mathrm{d}i'}{\mathrm{d}t} = U_{\mathrm{m}} \sin(\omega t + \varphi_u) \tag{5-49}$$

根据待定常数法，设：

$$i' = I_{\mathrm{m}} \sin(\omega t + \theta) \tag{5-50}$$

其中，I_m和θ为特定常数，将式（5-50）代入式（5-49），得：

$$RI_{\mathrm{m}} \sin(\omega t + \theta) + \omega L I_{\mathrm{m}} \cos(\omega t + \theta) = U_{\mathrm{m}} \sin(\omega t + \varphi_u) \tag{5-51}$$

可求解得：

$$\begin{cases} I_{\mathrm{m}} = \dfrac{U_{\mathrm{m}}}{|Z|} = \dfrac{U_{\mathrm{m}}}{\sqrt{R^2 + (\omega L)^2}} \\ \theta = \varphi_u - \delta \end{cases} \tag{5-52}$$

其中，设$\tan\delta = \frac{\omega L}{R}$，因此可得到方程（5-48）的通解：

$$i = \frac{U_{\mathrm{m}}}{|Z|} \sin(\omega t + \varphi_u - \delta) + A\mathrm{e}^{-\frac{t}{\tau}} \tag{5-53}$$

由于在进行合环操作之前，$i(0_+) = i(0_-) = 0$，则：

$$\frac{U_{\mathrm{m}}}{|Z|} \sin(\varphi_u - \delta) + A = 0 \tag{5-54}$$

得出A，且有$\tau = \frac{L}{R}$，将其代入式（5-32），最终能够得到合环冲击电流的表达式：

$$i = \frac{U_{\mathrm{m}}}{|Z|} \sin(\omega t + \varphi_u - \delta) - \frac{U_{\mathrm{m}}}{|Z|} \sin(\varphi_u - \delta)\mathrm{e}^{-\frac{R}{L}t} \tag{5-55}$$

根据上式可以看出，合环电流由前半部的强制分量和后半部分的自由分量组成，其状态与合环时电源电压的初相角即接入相位角有关，当 $\varphi_u = \delta$ 时，后半部自由分量为 0，即合环后直接进入稳态。

在进行合环操作前，应预计合环后可能产生的极致情况。当 $\phi_u = \delta \pm \frac{\pi}{2}$ 时，有式（5-56）:

$$i = \frac{U_m}{|Z|}\sin\left(\omega t \pm \frac{\pi}{2}\right) - \frac{U_m}{|Z|}e^{-\frac{R}{L}t} \tag{5-56}$$

可以明显看出：$\tau = \frac{L}{R}$ 越大，自由分量的衰减越慢。大约经过半个周期的时间，冲击电流几乎为稳态电流的最大值的 2 倍。

2）合环运行方式下合环馈线稳态潮流计算

在合环前，端口电压为 U_{ij}，阻抗为 Z_t，如图 5-21 所示。

合环操作后，阻抗变为 $Z = Z_t + Z_h$，可以得知：

$$\dot{I} = \frac{\dot{U}_{ij}}{Z_t + Z_h} \tag{5-57}$$

由 $S_{ij} = U_i \overset{*}{I}_{ij}$，即可求出合环点的合环潮流值 P_{ij} 和 Q_{ij}。

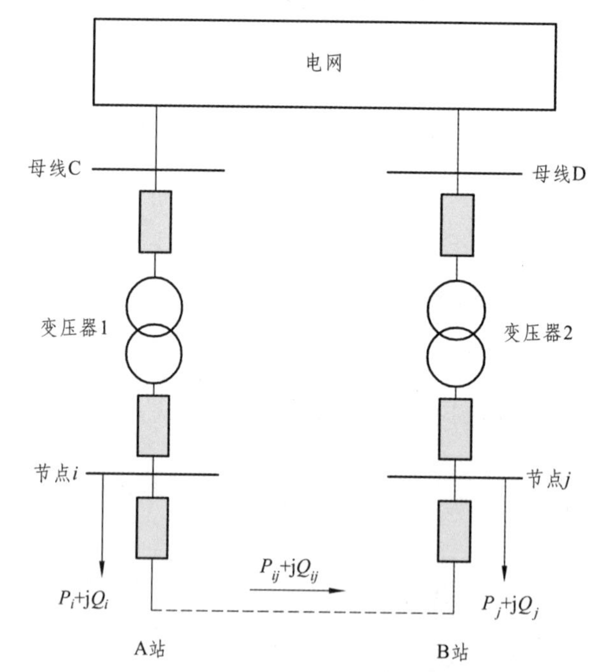

图 5-21 合环后的潮流变化

图 5-21 中，等效后的注入量计算公式分别为：

$$P_i' = P_i + P_{ij} \tag{5-58}$$

$$Q_i' = Q_i + Q_{ij} \tag{5-59}$$

$$P_j' = P_j - P_{ij} \tag{5-60}$$

$$Q_j' = Q_j - Q_{ij} \tag{5-61}$$

其中，S_{ij} 为合环支路视在功率；U_i 为母线 i 的电压；I_{ij} 为合环支路的电流；P_{ij}、Q_{ij} 分别为合环支路上的有功和无功潮流；P_i、Q_i、P_j、Q_j 分别为等效注入前母线 i 和 j 的有功、无功注入；P_i'、Q_i'、P_j'、Q_j' 分别为等效注入后母线 i 和 j 的有功、无功注入。根据叠加原理，在计算得到合环转移功率后，将其叠加到合环馈线初始潮流（即主网高级应用分析软件中对应的负荷功率）上，即可得到合环馈线站内开关处的稳态潮流，修正合环对应的 10 kV 节点注入后，基于主网模型进行常规的潮流计算，即可得到合环运行方式下的主网潮流分布。

（二）应用情况

对于已具有 D5000 的 PAS 状态估计、潮流计算等高级应用功能的系统，这为合环潮流计算系统提供了良好的基础条件。合环潮流计算的计算模型无需另外建立和维护，它与初始断面数据均可直接从状态估计或潮流计算模块获取，也可从 CASE 管理中获取历史断面数据，对于实现了基于省地一体化的合环潮流计算功能，进行合环潮流计算时，可使用地调本地的状态估计模型断面，也可使用省调下发的全省全模型状态估计 QS 文件得到的模型。基于 QS 文件分析支持以下两种模式：

（1）地调基于全省全模型进行潮流计算。

（2）地调基于全省模型进行外网等值处理进行合环潮流计算。

对任何潮流模拟操作计算，将数据断面取出后，还可手动设置电网的运行方式，作为研究某种方式下合环风险的需要。

获得实时数据断面或历史数据断面后，便可根据调度方式的需要，改变电网的运行方式，以满足研究合环潮流功能的需要。

1. 合环参数设置

可进入 D5000 系统的厂站接线图，在合环操作相关的 10 kV 配网出线上进行合环操作点的设置。

之后，在合环操作风险分析主界面设置合环线路的线路参数，包括电阻、电抗或线路类型、长度等，设置保护整定值参数，包括首端速断保护整定值、首端过流保护整定值、末端速断保护整定值、末端过流保护整定值等。

2. 合环潮流计算

完成合环设置之后，在合环操作风险分析主界面中单击“保存参数”按钮。单击“校验合环通路”按钮进行拓扑搜索和检验。检验的主要内容是检查设置的合环点能否形成环路。当检验完成时，则会返回提示消息告诉使用者能否通过环路搜索检验。

当通过环路搜索拓扑检验时，可单击界面上的“合环拓扑展现”按钮，查看合环环路的拓扑展现图，图中包括了合环经过的厂站及环路上每条支路的名称等信息，对合环支路给予直观的表现。

单击“合环电流计算”按钮，系统将按照当前载入断面和录入参数进行潮流计算，校验是否满足合环要求。

单击“合环电流结果”和“详细越限信息”按钮，可查看合环点 10 kV 配网出线电流和电流特性的信息。同时，可根据需要导出合环报告进一步分析。

三、低频减载智能决策系统

（一）区域电网低频减载方案设计方法

区域电网低频减载方案设计一般由省调度中心负责完成，其目的是通过合理安排低频减载装置在各地区的频率定值、延时定值及切除量，从而尽可能提高低频减载方案整体对系统的不同运行方式、不同干扰地点及不同功率缺额的适应能力，并获得较好的频率动态响应过程。

在工程应用层面，目前我国电力系统中普遍采用基于频率逐级恢复的传统方法进行低频减载方案的设计，通过低频保护装置整定频率的递减依次将减载方案分成不同的轮次，各轮次保护装置动作响应延时分别整定并规定一定的负荷控制切除比例，在电网出现大功率缺额引起频率下降时,通过逐级切除一定比例的负荷使得电网系统频率逐步恢复至正常运行水平，其原理简单，不需要复杂的继电器。该方法采用离线方式整定各轮次动作频率和负荷切除量，未充分考虑系统输电网运行方式变化，主要根据专家经验，基于等值单机模型对系统进行仿真计算得到。

在方法研究层面，由于电力系统运行方式、负荷特性、电源结构等不断发生变化，按年度整定的低频减载方案难以满足全国互联电网发展背景下系统安全稳定运行的要求，区域电网低频减载方案设计方法研究方向主要以减少减载负荷量以及频率恢复快速响应为优化目标，考虑故障状态下影响减载量的主要因素，实现低频减载方案自适应输电网运行方式变化、电源结构变化、负荷特性变化等情况下的动态优化以及在线整定能力提升。

本节对区域电网传统法低频减载方案设计方法原理进行介绍，并对低频减载方案自适应动态优化方法研究现状进行概述。

1. 传统低频减载方案设计方法

传统低频减载方案设计将系统等值为单机模型，按照每一轮次频率整定值计算相应的负荷切除量，按轮次切除负荷。因此，低频减载方案的设计包括基本轮和特殊轮频率阈值 f_i、动态延时 Δt_i 以及每轮的负荷有功切除量 P_{Li}。基本轮的功能主要在于快速阻止频率下降，为了达到这个目的，低频减载方案中基本轮的总切负荷量大于系统可能发生的最大功率缺额，制止系统下降频率的效果与每级的切负荷量有关，切负荷量越多，抑制频率下降的效果越好，但切负荷量过大时可能出现频率超调的情况。特殊轮的任务是使频率恢复到额定频率范围内。

1）低频减载方案设计流程

（1）确定最大功率缺额和低频减载切负荷总量：系统的运行状态会影响系统可能出现的最大功率缺额，一般情况下，确定最大功率缺额需按照电力系统内同时失去两个最大电源进行计算。同时，低频减载作为保障电力系统安全稳定运行的第三道防线，应该考虑可能发生的后续事故，因此，最大功率缺额略大于系统中两个最大电源所占比例。全系统中低频减载装置切负荷总量数值稍大于全系统可能发生的最大功率缺额。大型电力系统中，低频减载装置总切负荷量约占全系统总负荷大小的 30%，中小型系统中，低频减载装置总切负荷量所占比例较高，一般为全系统总负荷大小的 40% ~ 50%。

（2）首末两级动作频率的整定：低频减载方案中首级动作值的选择与系统中备用容量总量和投入速度有关，充分利用系统中的旋转备用可减少负荷的切除总量，降低电力系统经济方面的损失。在我国电力系统中，从考虑最严重情况出发，低频减载首级动作频率通常为 49.0Hz 左右。

（3）低频减载轮次及整定延时的确定：低频减载装置轮数的确定主要取决于首级和末级的动作频率和频率继电器本身存在的误差，我国低频减载方案中级差为 0.2 Hz 左右，根据首末级动作频率及级差可计算低频减载装置轮数 n 为：

$$n=(f_{\text{first}}-f_{\text{last}})/\Delta f+1 \tag{5-62}$$

式中，f_{first} 为首级动作频率，f_{last} 为末级动作频率，Δf 为级差。动作延时的存在主要是为了保证低频减载装置中各轮次逐轮动作，同时避免在系统震荡或测量错误等情况下发生误动，按照工程上经验值进行整定，一般情况下低频减载装置的动作延时为 0.2 ~ 0.3 s。各轮次动作延时的不同将会影响低频减载装置的效果。当整定延时较大时，系统频率持续下降，导致整个低频减载过程中动作轮次增加，切除更多的系统负荷，从而可能出现频率超调现象。基本轮切负荷总量的增加会防止特殊轮的进一步动作。针对实际电网，主要通过离线低频减载仿真的方式考虑延时的影响，根据仿真结果选择合适的延时大小。

2）单机带集中负荷等值模型

《电力系统自动低频减负荷技术规定》中规定，我国低频减载方案将复杂电力系统等值为单机带集中负荷模型，从而利用等值模型的频率变化过程代替系统平均频率的动态变化过程，最终进行低频减载方案的分析，并要求在单机模型中得到的低频减载方案要到多机系统中进行校验，满足要求即可应用相应的低频减载方案。

为了将多机系统进行简化，主要考虑主要矛盾对电力系统频率的影响，可将多机系统等值为恒定输出功率发电机带集中负荷模型。假设电力系统发电机组电气联系较为紧密，各节点之间的频率特性近似相同，系统中每台发电机的转子之间摇摆可忽略不计，系统的统一频率定义为系统惯性中心的角速度。传统的低频减载算法中将系统等值为单机带集中负荷的简单模型，其转子运动方程为：

$$M\frac{\mathrm{d}w}{\mathrm{d}t}=T_m-T_e \tag{5-63}$$

$$T_m=\frac{P_m}{w} \tag{5-64}$$

$$T_e=\frac{P_L}{w} \tag{5-65}$$

式中：

$$M=\frac{\sum S_jM_j}{\sum S_j} \tag{5-66}$$

$$P_L=P_0\left(\frac{f}{f_0}\right)^{K_L} \tag{5-67}$$

式中，S_j为发电机 j 的额定容量；M_j发电机 j 的转子惯性时间常数；M 为系统等值发电机的转子惯性时间常数；P_L为 $f=f_0$时负荷总有功功率；f_0为系统额定频率；K_L为负荷频率因子。在恒定输出功率情况下，P_m为常数。可得到系统频率标幺值随时间的变化关系：

$$\begin{cases}\dfrac{\Delta f}{f}=\dfrac{\Delta w}{w}=\dfrac{P_m-P_L}{P_m+(K_L-1)P_L}(1-\mathrm{e}^{-At})\\ A=\dfrac{P_m+(K_L-1)P_L}{wM}\end{cases} \tag{5-68}$$

将式（5-68）与初始频率相乘，可得到频率变化的绝对值，进而得到恒定输出功率发电机带集中负荷模型 t 时刻等值模型的频率为：

$$f_t=f_0\left[1+\frac{P_m-P_L}{P_m+(K_L-1)P_L}(1-\mathrm{e}^{-At})\right] \tag{5-69}$$

3）频率逐级恢复低频减载方案减载量计算

根据式（5-68）可推导得到每一轮的减载负荷量与恢复频率之间的关系：

$$\Delta P_{Li}=\frac{K_L(f_{hf}-f_i)}{f_0-K_L(f_0-f_{hf})}\left(1-\sum_{j=1}^{i-1}\Delta P_{Lj}\right)\quad i=1,2,\cdots,n \tag{5-70}$$

当逐级恢复频率为额定频率时：

$$\Delta P_{Li}=\frac{K_L(f_0-f_i)}{f_0}\left(1-\sum_{j=1}^{i-1}\Delta P_{Lj}\right)\quad i=1,2,\cdots,n \tag{5-71}$$

式中，ΔP_{Li}为第 i 轮的切负荷量，f_i为第 i 轮的启动频率，f_{hf}为该轮的恢复频率。

2. 动态自适应低频减载方案优化方法研究概述

关于动态自适应区域电网低频减载方案的优化方法研究主要分为三个方面：一是采用单机等值模型对传统法进行优化，提升方案自适应频率变化的能力；二是考虑多机等值模型，建立考虑多种影响减载因素的优化模型，并求解得到减载方案；三是考虑新能源装机容量不断增加形势下低频减载方案的设计。以下分别对三方面研究现状进行概述：

1）采用单机等值模型的低频减载方案研究现状[54-57]

在传统法的基础上，相关研究成果提出自适应低频减载方案设计方法，自适应法根据单机频率响应模型，按照初始频率变化率确定功率缺额。由于系统总体转动惯量一定，当系统发生故障，产生功率缺额时，由于初始功率缺额大小不同，频率的下降速度也随之改变。根据频率下降速度的快慢，可得到对应该功率缺额，进而得到低频减载装置的切负荷量。自适应法的实现依赖于智能电网和广域测量技术的支撑，主要以扰动估算方法为基础，考虑负荷节点重要级别、负荷电压调节特性、电压稳定性等影响，针对不同扰动因素在线计算减载总量，可自适应不同严重程度的故障扰动。实际系统中，自适应法根据频率变化率直接计算扰动大小，对频率初始变化率测量精度有较高要求，同时由于电力系统动态变化，系统总体转动惯量并不是定值，难以对扰动大小进行准确估计，因此，工程应用难度较大。

半自适应法是对传统法的改进，是一种介于传统法和自适应法之间的方法。传统法对于大小不同的扰动，切负荷方案不变，系统中扰动情况并不是一成不变的。为了提高电力系统出现严重故障时可快速切除负荷的能力，半自适应法中将频率变化率引入低频减载装置整定计算。但半自适应法引入的频率变化率只影响第一个轮次的负荷切除量，剩余轮次仍按照传统法进行负荷切除的配置。从实际电网运行角度来看，当系统发生严重故障时，相对于传统法半自适应法只改变首轮切负荷量，未从根本上解决传统法的不足。

2）采用多机系统仿真的低频减载方案研究现状[58-59]

多机系统仿真低频减载方案中利用多机系统的时域仿真，得到系统的频率变化，可提高低频减载方案的可靠性和适应性。通常考虑低频减载总切负荷量最小为优化目标，并考虑不同运行方式、功率缺额程度以及故障发生概率等，建立基于组合优化的低频减载整定数学模型，而对于大系统来说，多机系统仿真求解低频减载方案最优结果存在计算量大，要想真正解决多机系统仿真，还需要高性能暂态稳定计算程序的支持。

3）考虑新能源发展的低频减载方案研究现状[60-61]

随着光伏、风机等新能源机组装机容量的不断增加，电网的运行模式将会产生较大变化。以风力发电机组为例，风电对系统频率的影响主要由两方面组成：一是当系统存在功率不平衡问题时，系统低频减载装置根据功率缺额情况启动，但由于风电机组出力随机性影响，导致得到错误低频减载方案，造成系统更大的损失，因此处理风电的波动特性对于频率控制有重要的作用；二是由于风电机组和同步发电机电磁特性不同，风电机组不具备改善系统惯性的能力，随着风电机组的大规模接入，原有的低频减载方案已无法适应当前新能源渗透水平的电网。目前，国内外对于大规模新能源并网的低频减载方案研究较少，有相关学者考虑高风电渗透率下低频减载方案的制定，针对风机出力的波动性和对系统惯性影响，提出对系统功率缺额和系统等值惯性时间常数的修正，同时考虑负荷特性构建低频减载的选址模型。也有相关学者研究了系统故障后，孤岛运行方式下分布式发电与负荷供需平衡的关系，运用萤火虫和粒子群相结合的优化算法，得到使系统负载剩余量最大，且能够在允许范围内改善母线电压分布的优化低频减载方案。但总的来说，现有低频减载方案中较少考虑新能源装机对系统的影响，国内国外由于电网发展现状不同，对于低频减载方案影响考虑存在差异，因此，高新能源渗透率的电力系统低频减载方案还需要更多的研究。

（二）配电网低频减载执行方案多维评估与协同响应技术

本节主要介绍配电网层面低频减载现场执行方案多维度评估决策技术、负荷特性分析以及低频减载执行方案编排技术。

1. 低频减载执行方案多维度评估决策技术

以电网低频减载方案为例，介绍配电网层面低频减载执行方案多维度评估决策方法，所分析低频减载方案分为 8 个轮次，包括 5 个基本轮和 3 个特殊轮。

1）负荷控制比例计算

计算一定时间区间中现场执行低频减载方案的第 j 轮次在每日每 15 分钟一个时刻点共 96 点，各点总的控制负荷为：

$$P_{jn}=\sum_{m=1}^{l}P_{jnm} \tag{5-72}$$

式中，j 表示低频减载实施方案规定的轮次，$j=1$ 到 $j=5$ 分别表示基一轮到基五轮，$j=6$ 到 $j=8$ 分别表示特一轮到特三轮；m 表示现有低频减载方案在第 j 轮次下对应的第 m 条配电线路；l 表示该轮次下总的线路条数，$n=1, 2, \cdots, 96$。

将每日 96 点各点总的轮次下的控制负荷表示为 P_{cn}，计算公式为：

$$P_{cn}=\sum_{j=1}^{8}P_{jn} \tag{5-73}$$

以 P_{tn} 表示在 n 点时刻的全网系统负荷，可计算在各时刻下各轮次的切负荷控制比例及总轮次的切负荷控制比例为：

$$\begin{cases}\sigma_{jn}=\dfrac{P_{jn}}{P_{tn}}\\ \sigma_{n}=\dfrac{P_{cn}}{P_{tn}}\end{cases} \tag{5-74}$$

2）负荷控制合格率计算

以 $\sigma_{\min j}$ 表示第 j 轮次下的切负荷控制比例合格下限，计算各轮次及总轮次在各时刻点负荷控制率为：

$$\begin{cases}\eta_{\text{control}jn}=\dfrac{\sigma_{jn}}{\sigma_{\min j}}\\ \eta_{\text{control}n}=\dfrac{\sigma_{n}}{\sigma_{\min j}}\end{cases} \tag{5-75}$$

由 $\eta_{\text{control}jn}$、$\eta_{\text{control}n}$（$j=1, 2, \cdots, 8$；$n=1, 2, \cdots, 96$）可绘出各轮次及整体方案每日的 96 点负荷控制率曲线，用于每日直观观察负荷控制率变化情况，在选取时间区间内统计各时刻点最大、平均及最小控制率。以各轮次在各时刻点的负荷控制率 $\eta_{\text{control}jn}$ 作为各轮次及总轮次在各时刻点执行是否合格的评判指标。

3）负荷控制偏差计算

以上限倍数为 1.25 为例，说明负荷控制偏差计算方法。为使负荷控制率尽量稳定在合格区间[1，1.25]的中间阶段，提高执行方案负荷控制率的抗负荷波动能力，以合格区间平均负荷控制率 1.125 作为负荷偏差量计算基准，控制负荷偏差量计算公式如下：

$$\begin{cases}\Delta P=(\sigma_{jn}-1.125\cdot\sigma_{\min j})\cdot P_{tn}/100 & \sigma_{jn}>1.125\cdot\sigma_{\min j}\\ \Delta P=-(1.125\cdot\sigma_{\min j}-\sigma_{jn})\cdot P_{tn}/100 & \sigma_{jn}<1.125\cdot\sigma_{\min j}\\ \Delta P=0 & \sigma_{jn}=1.125\cdot\sigma_{\min j}\end{cases} \tag{5-76}$$

对高出的偏差量用正偏差量表示，对不足的偏差量用负偏差量表示，可计算各轮次在各点的负荷控制偏差量，统计得到各轮次每日的平均负荷控制偏差量，以及选取时间区间内各轮次的平均负荷偏差量。

4）低频减载执行方案稳定性评价

（1）曲线相似度计算。为评估执行方案曲线时刻点维度内整体抗负荷波动能力，即评价方案的适应性强弱，设计曲线相似度作为评价指标，计算各轮次下组合线路控制负荷曲线及总的控制负荷曲线与全网系统负荷曲线相似度，相似度越高说明方案的适应性越强。

（2）切负荷控制率波动率计算。切负荷控制率合格区间为[1，1.25]，区间长度为 0.25，为体现方案下各轮次及总轮次下切负荷控制率波动情况，采用切负荷控制率波动率进行描述，每日计算一个值，其计算方法为用每日 96 点最大切负荷控制率减去每日 96 点最小切负荷控制率的差值，再除以 0.25，若某轮次某日切负荷控制波动率大于 1，说明其组合线路下切负荷控制率变化范围已超出合格区间长度。切负荷控制率波动率越小，证明方案越稳定，抗负荷波动能力越强。

2. 负荷特性分析

当现场执行的低频减载方案在出现执行结果偏离要求时，需要针对各轮次中由评估系统给出的负荷控制偏差率，分别参考线路负荷特性分析统计，从备用线路新增或从原有方案中退出相应负荷水平的线路，从而使调整后的方案满足合格率，这就需要通过线路负荷特性分析来精确研究各线路长期统计下的平均负荷水平及变化规律，为线路的调整提供数据支撑。负荷特性分析主要分为日负荷特性分析及月度负荷特性分析，日负荷特性分析指标除了包括常用的日最大负荷、日最小负荷、日平均负荷、日峰谷差、日丰谷差率、日负荷率统计指标外，还包括线路负荷曲线与全网负荷曲线趋势相似度、配电线路负荷曲线波动率指标，同时统计各指标日间的变化率情况；月负荷特性分析主要包括月最大负荷、月最小负荷、月平均负荷以及月内典型日负荷曲线分析。

1）曲线间趋势相似度指标计算

曲线相似度的计算归结于求不同 96 点序列之间相似程度的计算。常用的计算两个序列相似程度的指标包括欧式距离、海明距离、相关系数、相似系数等。其中，皮尔逊相关系数方法能从整体维度体现向量之间的相关程度，其变化范围为[－1，1]，当相关系数为 1 时，表示两个向量间完全正相关；当相关系数为－1 时，表示两个向量间完全负相关，可将相关系数用于负荷曲线间整体变化趋势相似度的描述指标。以计算各轮次组合线路下负荷曲线与全网系统负荷曲线相似度为例，以 $P_{ja}=(P_{ja1},\ P_{ja2},\ \cdots,\ P_{ja96})$ 表示以某轮次组合线路某天 96 点负荷中最大负荷为基准的 96 点标幺序列，以 $P_{ta}=(P_{ta1},\ P_{ta2},\ \cdots,\ P_{ta96})$ 表示以全网系统负荷同一天 96 点负荷中最大负荷为基准的 96 点标幺序列，给出相关系数的计算方法如下：

$$r=\frac{\sum_{k=1}^{96}(P_{jak}-P_{jave})(P_{tak}-P_{tave})}{\sqrt{\sum_{k=1}^{96}(P_{jak}-P_{jave})^2\sum_{k=1}^{96}(P_{tak}-P_{tave})^2}} \tag{5-77}$$

2）负荷曲线趋势波动率计算

线路或低频减载方案轮次组合线路的变化趋势稳定性影响低频减载实施方案在96点曲线维度下负荷控制的稳定性。为描述线路负荷或轮次负荷曲线在一段时间内负荷水平波动情况，采用日平均负荷与某时段内平均负荷的偏差波动情况计算负荷波动率，其计算过程如下：

（1）确定分析时域范围，设选定时段为 n 天。

（2）计算日平均负荷。

$$p_{\text{dave.}i}=\sum_{j=1}^{96}p_{\text{d},ij}/96 \tag{5-78}$$

其中，$p_{\text{dave.}i}$ 表示第 i 日平均负荷，$p_{\text{d.}ij}$ 表示第 i 日第 j 个时刻点的负荷，$i=1,2,\cdots,n$；$j=1,2,\cdots,96$。

（3）计算时段平均负荷。

$$p_{\text{ave}}=\frac{\sum_{i=1}^{n}p_{\text{dave.}i}}{n} \tag{5-79}$$

其中，p_{ave} 表示时段平均负荷。

（4）计算平均负荷波动率。

$$\alpha_{\text{p}}=\frac{\sum_{i=1}^{n}\sqrt{\left(\frac{p_{\text{dave.}i}-p_{\text{ave}}}{p_{\text{ave}}}\right)^2}}{n} \tag{5-80}$$

其中，α_{p} 表示平均负荷波动率。

3. 低频减载执行方案编排技术

地市电网对低频减载传统调整方法，采用以全网及各线路年最大负荷等单一负荷水平为基准，根据所下达的减载策略中要求的轮次减载控制负荷比例进行线路分配，其调整周期长，在上级调度需要对减载策略进行动态优化、调整各轮次减载比例时，现有方法难以快速且有效响应。此外，在实时负荷变动情况下，现有轮次线路调整方法难以具备较好的执行时效性，增加了后期方案调整的频度，而受现场各线路保护装置调整时间、周期限制，又难以在短期内进行方案频繁调整。针对上述问题，为提高方案的适应性及稳定性，采用每日96时刻点负荷曲线，以某一轮次 j 为例，描述理想情况下线路分配优化模型：

$$\begin{aligned}&\min\sum_{n=1}^{96}\left|\sigma_{jn}-\frac{1+v}{2}\sigma_{j.\text{demand}}\right|/96\\&\text{s.t.}\quad 1\leqslant\sigma_{jn}/\sigma_{j.\text{demand}}\leqslant v,\quad n=1,2,\cdots,96\end{aligned} \tag{5-81}$$

上式优化目标为满足各时刻点控制切负荷比例在减载策略所规定的比例区间的条件下，实现轮次组合线路负荷曲线96点时刻下平均控制切负荷偏差率最小，从而得到最优轮次调整线路集合。实际中，受线路负荷特性的限制及负荷数据因临时检修等原因存在异常点等的影响，某一特定轮次线路组合下的控制负荷总量难以确保 96 时刻点均在合格范围，选择在分析时段日均 96 点中合格数量最多，且平均控制切负荷偏差率最小的线路组合为最优组合方案。以各轮次得到的负荷 96 点典型曲线各时刻点负荷除以全网 96 点典型曲线对应时刻点负荷所计算的负荷占比，以及控制切负荷平均合格比例差值的绝对值的平均值最小为目标，建立低频减载方案多轮次生成优化目标函数：

$$\min\left(\sum_{r=1}^{N_R}\sum_{t=1}^{T}(C_r^R\Delta E_{1r,t}+C_r^R\Delta E_{2r,t})\right) \tag{5-82}$$

其中，$\Delta E_{1r,t}$ 表示第 r 轮次在 t 时刻负荷占比对应负荷与平均切负荷比例对应负荷之间的正偏差，$\Delta E_{2r,t}$ 表示第 r 轮次在 t 时刻按负荷占比计算对应负荷与按平均切负荷比例计算对应负荷之间的负偏差；T 为总时段；N_R 为总轮次数量；C_r^R 为偏差系数。

考虑约束条件为保证每时间梯度每个时段所切负荷尽可能趋近于每轮次平均被切负荷比例对应负荷，如：

$$Aver\_R_r * SystemLoad_t \leqslant \sum_{i=1}^{N_L} LineLoad_{i,t}\alpha_{i,r} + \Delta E_{1r,t} - \Delta E_{2r,t} \leqslant Aver\_R_r * SystemLoad_t \tag{5-83}$$

其中，$\alpha_{i,r}$ 表示线路的被切状态变量，其值为 0 时表示线路 i 不安排切负荷，其值为 1 时表示线路 i 被安排在轮次 r 下进行切负荷；$Aver\_R_r$ 表示轮次 r 的控制切负荷平均合格比例；$SystemLoad_t$ 表示全网典型负荷曲线 t 时刻对应负荷；$LineLoad_{i,t}$ 表示线路 i 典型负荷曲线 t 时刻对应负荷；N_L 表示线路总数。

（三）配电网低频减载执行方案评估决策系统应用

基于上述低频减载执行方案多维度评估以及协同响应方法理论支撑，实现低频减载执行方案评估决策应用系统的研发，应用数据挖掘分析及预测技术，实现集现场低频减载执行方案在线实时监控、多维度精细化评估及测试比选、负荷分析、方案编制及优化决策、数据及方案管理、权限管理等集于一体的功能。

1. 低频减载执行方案实时监测

根据地区低频减载管理工作中实际评估方法，实现方案监测评估功能，统计量主要包括当前已投入应用方案下，基本轮及特殊轮各轮次控制负荷、总方案控制负荷情况及合格率情况，根据实时采集负荷自动更新监测数据，同时提供方案近期评估结果速查功能。

2. 低频减载执行方案多维度评估

低频减载实施方案多维度评估涵盖从方案整体到分轮次精细化评估两大方面内容。整体方案评估可视化展示整体方案在分析时段每日执行合格率，并统计合格率分布情况。采用层层递进的思路细化展示选取分析日各时刻点方案轮次合格率分布及各时刻点各轮次详细执行数据。方案分轮次精细化评估按日维度展示所分析轮次、时间段轮次每日的执行情况，包括轮次合格率、负荷控制率波动率、每日与全网系统负荷曲线相似度及控制偏差率，并按时刻点维度提供详细的数据记录，并提供导出功能。

3. 低频减载执行方案多时域测试比选

方案测试是方案调整优化可行性的必要技术方法。根据时间维度分为虚拟测试和预估测试，方案虚拟测试为基于历史负荷数据的方案回测，提供多套方案在相同基础数据下的执行情况对比，适用于在负荷较稳定时期方案调整优化的参考。方案预估测试为根据预测曲线进行方案执行情况的提前预估，适用于负荷波动时期方案动态化调整参考。

4. 低频减载执行方案智能化编制与优化

低频减载执行方案智能化编制与优化功能分为全新方案整体生成及方案局部优化两部分。

1）全新方案整体生成

全新方案整体生成为采用方案整体生成算法，基于多目标优化模型及约束条件，实现整套低频减载执行方案的生成，一般适用于在减载策略调整后需要整体方案修改的场景。

2）方案局部优化

低频减载执行方案局部优化为在方案部分轮次出现执行合格率不理想的情况下所进行的局部优化调整，使得合格率较优的轮次保持线路组成成分不变，而合格率较低的轮次进行局部调整，从而使得在方案整体合格率提升的同时，线路整定调整工作量最小化，大大减轻运行维护人员现场线路整定值调整工作量，减少不必要的人力及物力投入。

5. 负荷特性分析

负荷分析实现对全网系统、低频减载实施方案各轮次以及单条配网线路负荷的精细化分析。分析指标包含常用的负荷特性描述性指标，如最大负荷、最小负荷、平均负荷、峰谷差、负荷率等，对方案生成与优化提供基础数据、个性化的设计负荷曲线相似度、曲线波动率指标，同时提供各描述性指标的相对变化率，为方案执行异常情况溯源提供数据支撑，此外，提供曲线特性指标，如典型负荷曲线。

1）系统负荷特性分析

系统负荷特性分析提供日维度及月维度的详细特性指标展示。

2）轮次负荷特性分析

轮次负荷特性分析分轮次进行负荷特性指标分析，提供日维度及月维度两维度的负荷分析结果可视化展示。

6. 系统管理

系统管理分为系统使用权限管理及系统设置两部分功能。

1）权限管理

权限管理为提供用户访问权限设置编辑的功能，可添加或删除用户，及对不同用户设置不同的系统功能界面访问权限。

2）系统设置

系统设置提供手动修改切负荷控制率和轮次控制比例的功能，可根据上级调度低频减载策略规定的减载比例调整而进行动态调整，响应减载策略对减载比例动态化响应需求。

第三节 输配协同调度管理类应用

一、停电信息精准推送

（一）技术路线

1. 营配调模型贯通与信息交互分析技术研究

1）主配网模型无缝融合技术

主网系统将边界模型信息自动同步至配网系统（商用库同步），包括主网 10 kV 开关的ID、名称、末端节点号（从母线出发搜索到该断路器所连接的末端节点，可能是负荷节点或开关刀闸端点），配网系统中新增“模型边界映射表”，收到主网系统同步过来的边界信息后存入该表，并将边界开关与馈线进行一一对应。配网模型导入工具从模型边界映射表中获取边界模型，结合模型文件中的馈线信息，通过“名称匹配 + 人工确认”的方式实现主网设备的自动映射，将馈线中与边界设备相连接的首段馈线段节点号更新为边界开关的节点号，完成主配网模型的拼接，并实现基于馈线映射的无缝融合，保证主配网模型的连通性和可用性，双方在模型共享时可做到无缝对接。

2）主配一体拓扑分析技术

传统的供电路径分析仅基于主网或配网模型独立运行，主网调控系统由于系统建模的关系无法获得 10 kV 以下电压等级的电网拓扑信息，而配网调控系统的建模只到 10 kV 馈线，无法获取较高电压等级网络拓扑信息。

主配一体的供电路径分析及展示功能基于主配一体化模型，通过拓扑搜索，自动生成设备（用户）的供电路径图，显示某设备（用户）的上级供电网络情况，即通过在设备（用户）上进行图形操作，可快速实现该设备上级电源点的逐级追溯，直至找到 220 kV 以上高压环网为止，且以自动成图的方式更加直观、动态地反映出该设备的供电安全性。

基于输配协同的网络拓扑分析，可进一步在此基础上开展输配协同的供电范围分析和电源点追溯等功能。例如，主网设备检修操作前，通常需要分析由其所供的负荷情况，以评估该设备停运造成的影响，通过输配协同的供电范围分析，通过从待检修设备作为拓扑分析的根节点，向低电压等级进行拓扑追踪，精准掌握该设备所供负荷情况，以综合评估该设备检修操作的影响。同时，当需要分析某个负荷由几处电源点进行供电时，通过输配协同的电源点追溯功能，通过将待分析负荷作为拓扑分析的起始节点，向高电压等级进行拓扑追踪，精准掌握负荷的电源点信息，以精益化评估该负荷的供电可靠性。

3）基于多数据源的调配用信息交互技术

主配一体化智能调度控制系统与生产管理系统（PMS2.0 系统）、调度管理系统（OMS 智能检修决策系统模块）、营销业务系统（SG186 系统）、供电服务指挥系统等进行模型数据交互，涉及调配用三类模型。

主网模型来源于主配一体化系统，主网模型按调度标准命名要求，在系统中进行标准维护，使用调度标准命名作为唯一标识；配网模型来源于 PMS 2.0 系统，使用 PMS 编码作为唯一标识；OMS 系统获取主配网标准模型，在检修单填报流程中对相应设备进行模型点选和操作选择，最终得到带主配网标准模型的检修计划申请单；用户侧以营销 SG186 系统为源，用户以户号为唯一标识，关联客户联系电话，便于停电信息短信通知；供电服务指挥系统集成 PMS 2.0 系统和营销系统的数据，通过低压用户与其所属表箱、表箱与其所属变压器进行营配贯通，完成“站-线-变-箱-户”的贯通匹配。

4）主配一体化智能调度控制系统业务数据交互方法

（1）主配网检修计划停电信息精准推送流程如下：

计划检修人员在 OMS 系统填写计划停电检修工单（包括断开点设备、检修设备、转供方案等），由相关部门审核完成后，OMS 系统程序将该计划停电检修单推送至主配一体化系统；主配一体化系统收到检修单后调用计划停电智能分析模块，进行停电范围分析和风险分析，并将该计划影响的 10 kV 配变列表发给供电服务指挥系统；供电服务指挥系统通过户变关系分析出该计划停电影响的具体用户，最后通过短信形式对用户进行停电告知。

（2）主配网故障停电信息精准推送流程如下：

主配一体化系统实时监测电网运行状态，智能捕捉电网故障，待系统自愈动作完毕后，电网故障停电智能分析功能会根据电网潮流和运行方式，分析出故障停电影响的真实配变，并将影响配变信息通过三区接口传送至供服系统；供电服务指挥系统通过户-变关系，分析出该故障停电影响的具体用户，最后通过短信形式对用户进行停电告知。

2. 主配一体故障捕捉与智能分析技术研究

综合营、配、调各系统的多源数据，实现在发生开关事故跳闸时迅速捕捉故障，统计电网损失负荷、重合闸及备自投恢复负荷、损失用户数、各类重要用户及保供电用户数等数据，并通过供服系统向电力客户推送停电信息。总体实现架构如图 5-22 所示。

1）基于时序信号的电网故障在线监视

系统的 10 kV 接线形式通常为单母线方式，不存在双母线回路，对于电压的监视也较为简单。现有调度自动化系统中对于各母线多采集 Uab 线电压，当线电压跌至某个阈值以下或跌落一定百分比时，可判定为母线失压，同时结合线路跳闸的告警辅助完成故障监视。

对于线路跳闸的监视分为 110 kV 以上变电站交流线路与 10 kV 馈线线路的监视，模型上可简化为双端线路与单端线路。

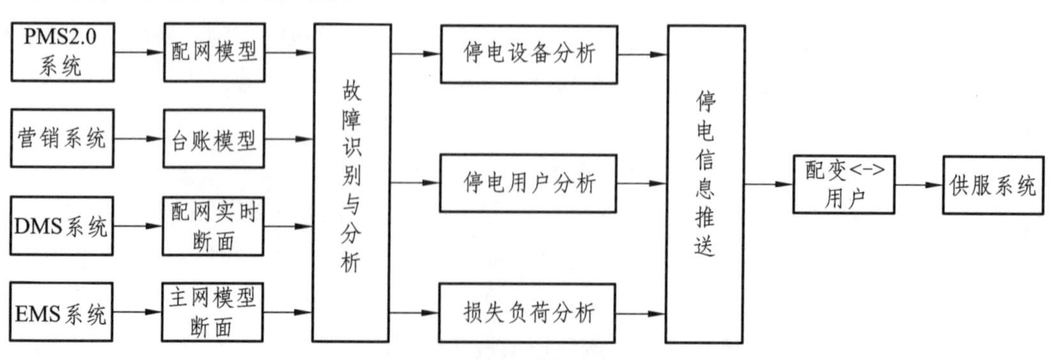

图 5-22 故障捕捉与停电推送架构图

（1）双端线路的事故分闸及合闸事件，如图 5-23 所示。

一条线路存在 4 种状态：供电、停电、充电（合闸）、充电（分闸）；供电状态为两端均带电，停电状态为两端均失电，充电状态为一端带电另一端失电。

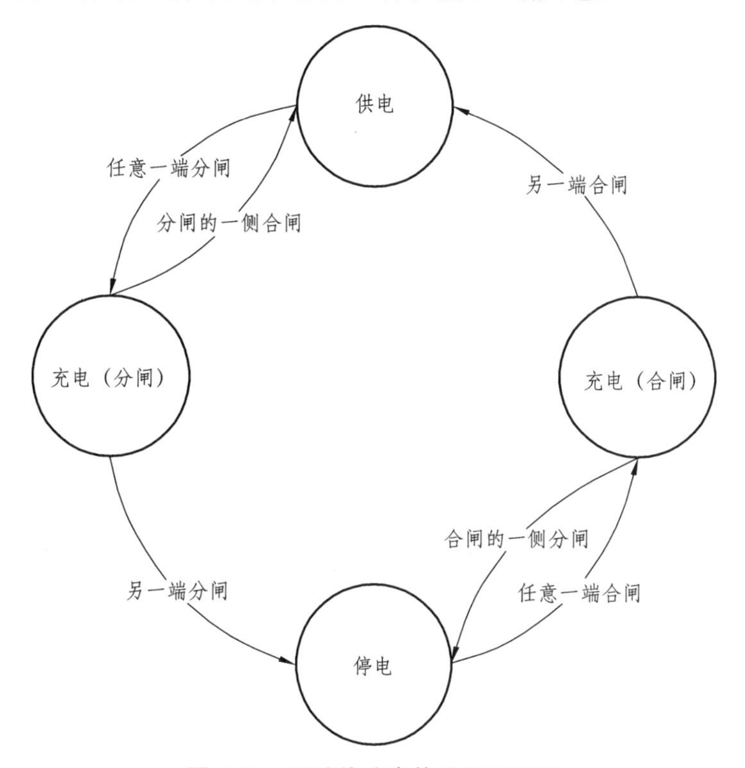

图 5-23 双端线路事故分闸原理图

一条线路在供电状态下，任意一端开关事故跳闸，则产生线路跳闸事件，线路进入充电状态，此时的充电状态登记为充电（分闸）状态。

一条线路在停电状态下，任意一端开关合闸，则产生线路恢复供电事件，线路同样进入充电状态，此时的充电状态登记为充电（合闸）状态。

处于充电（分闸）状态下的线路，有以下两种情况：

① 若带电的一端继续事故分闸，则不再产生线路跳闸事件，线路进入停电状态；

② 若失电的一端合闸，则产生线路恢复供电事件，线路进入供电状态。

处于充电（合闸）状态下的线路，有以下两种情况：

① 若失电的一端继续合闸，则不再产生线路恢复供电事件，线路进入供电状态；

② 若带电的一端事故分闸，则产生线路跳闸事件，线路进入停电状态。

跳闸事件中记录跳闸前 10 s 线路上的有功，作为本次跳闸的损失负荷；合闸事件中记录合闸后 10 s 线路上的有功，作为本次复电的恢复负荷。

（2）单端线路的分闸与合闸事件：对于 10 kV 等单端线路，分合闸事件直接取自负荷关联的开关，不存在状态转换，开关分闸则产生线路跳闸事件，开关合闸则产生线路恢复供电事件。

(3)检修线路:正在检修的线路若按(1)中流程所述产生线路跳闸时,在事件中增加“检修”标记。

(4)自动重合闸事件:自动重合闸的开关直接为所连线路产生线路重合闸事件,记录合闸后 10 s 线路上的有功(需要通过将开关重合闸保护信号关联开关设备才能实现重合闸判断)。

重合后又跳开(10 s 内跳开)的线路,判断为重合闸不成功。重合闸状态说明:“1”表示重合闸未动作;“2”表示已有重合闸动作,但重合闸失败;“3”表示重合闸成功且不影响负荷;“4”表示重合闸成功,但损失负荷超过 95%。

2)基于规则库的设备故障诊断逻辑

电网发生故障后,综合智能告警模块通过接收分别来自本级调度中心 SCADA 模块和二次设备(保信)模块的故障信息,并经过综合处理后,实现故障的输出与展示,其数据接收与处理流程如图 5-24 所示。

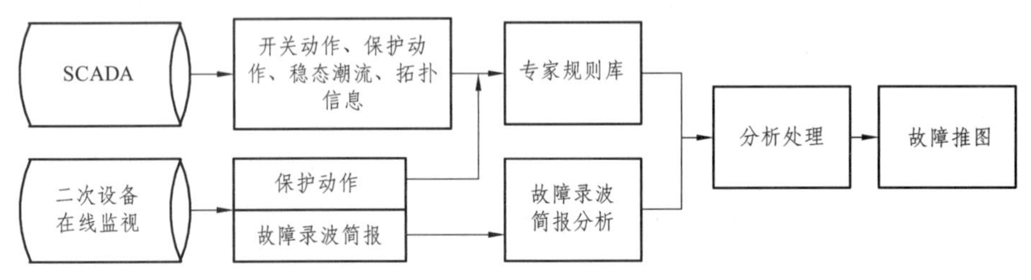

图 5-24　基于视则库的设备故障诊断逻辑

其中本级调度中心的 SCADA 模块主要提供:硬接点保护动作(遥信、YX 或 SOE)信息、厂站事故总动作(YX 或 SOE)信息、开关动作(YX 或 SOE)信息、设备量测及网络拓扑结构变化信息,二次设备在线监视与分析模块(保信)主要提供带时标的 103 软保护动作信息,基于规则的设备故障逻辑诊断模块在对上述数据进行综合分析处理的基础上,采取逻辑组合的方式,实现设备故障的逻辑诊断与推理,最终将故障结果发送至综合智能告警的故障信息综合处理模块。

二次设备模块主要提供包括故障一次设备、故障发生时刻、故障相别、重合情况、故障测距、短路电流以及故障录波文件等信息在内的故障录波简报数据,并将上述数据作为二次设备模块故障诊断的结果信息发送至综合智能告警的故障信息综合处理模块。

3)基于网络拓扑搜索的停电范围分析

停电范围分析可根据网络拓扑搜索发现停电设备及范围,包括厂站、变压器、线路、线路分段和重要用户,具备故障分析的联动功能,利用局部快速拓扑,分析网络结构,直观地给出受影响的停电范围分析结果,同时快速统计出设备信息。

停电范围分析的核心是网络接线分析。根据电网接线连接关系、断路器和隔离开关的状态(分/合)生成电网的计算母线模型,同时分析电网设备的带电状态,并按设备的拓扑连接关系和带电状态划分电气活岛和电气死岛,在不带电的设备记录中置不带电标志。其中设备、断路器和隔离开关状态来源可以是状态估计的实时计算结果或 SCADA 采集结果,也可是检修计划或模拟操作的设置结果。分析完成的结果按照显示需要写入数据库。网络结线分析可处理各种厂站结线方式。

停电结果统计：根据停电范围分析的结果，对停电设备和停电厂站进行统计。统计的范围包括失电厂站信息以及停电的线路、母线、变压器及负荷。

4）配网故障损失负荷分析

基于运行数据及配网故障监视诊断结果，综合考虑用户自身应急电源恢复负荷，可实现配网故障损失负荷的计算：

$$\text{配网故障损失负荷} = \sum (\text{故障影响用户最近的计量断面数值} - \text{用户自身应急电源恢复负荷})$$

其数据来源主要包括如下几个部分：

（1）配变信息、配变量测数据和用户自身应急电源恢复负荷；

（2）实时运方与运行数据；

（3）故障诊断结果。

后台进程实时监听扫描到配网故障监视诊断及故障恢复结果信息，启动计算程序，根据故障区域及配网实时运方搜索下游影响用户，根据用户量测数据及用户自身应急电源恢复负荷配置信息，计算配网损失负荷。

5）基于重要用户的故障影响分析

当系统具备完善的用户信息，且可应用拓扑分析技术实现主配用模型的贯通时，基于主配网故障监视诊断结果，结合重要用户相关属性信息，可实现故障影响用户的统计分析。

故障影响用户计算功能主要用于统计分析故障影响用户数（中/低压用户）、影响用户中重要用户数量与比例、重要用户时户数累加、保供电用户比例、敏感用户比例等信息：

$$\text{故障影响重要用户比例} = \sum \text{故障影响重要用户数} / \sum \text{故障影响用户总数};$$

$$\text{故障影响重要用户时户数累加} = \sum (\text{故障影响重要用户} \times \text{用户停电小时});$$

$$\text{故障影响保供电用户比例} = \sum \text{故障影响保供电用户数} / \sum \text{故障影响用户总数};$$

$$\text{故障影响敏感用户比例} = \sum \text{故障影响敏感用户数} / \sum \text{故障影响用户总数}。$$

其数据来源主要如下：

（1）用户信息、重要用户信息、保供电用户信息、敏感用户信息及停电小时数；

（2）配网实时运方与运行数据；

（3）配网故障诊断结果；

（4）主网故障影响配网 10 kV 站内母线或 10 kV 出线断路器。

后台进程实时监听扫描主配网故障监视诊断结果及故障恢复结果信息，启动计算程序，根据故障影响区域及配网实时运方搜索下游影响用户信息，根据各类用户属性信息及用户停电时长，统计故障影响用户信息。

3. 主配一体检修计划停电范围分析技术研究

1）基于检修单的信息交互

OMS 系统将申请的检修单自动生成 XML 文件或者 E 文件，自动推送至调度自动化系统，实现系统的有效融合。

自动化系统获取到申请单后，自动解析并导入检修单的停复电时间、检修内容以及检修设备、停电设备等信息，并通过设备资产 ID、设备名称等字段与自动化系统中的设备自行匹配。精确的设备信息匹配是保证运行方式安排的基础。

经过后台分析后生成运方安排及停电范围，自动生成运方批复文件返供 OMS 系统调阅，停电用户列表文件供配抢系统调阅。系统数据流程图和功能结构图分别如图 5-25 和 5-26 所示。

2）停电范围分析数学模型

停电范围分析数学模型由恢复目标和约束条件组成，在实际中可根据不同的情况、恢复目标和侧重点形成对该问题的不同数学表述。

（1）目标函数。

$$\max f_1=\lambda_1\sum_{i=1}^{n}(w_ip_i)+\lambda_2\frac{1}{\sum_{i=1}^{n}(w_ic_i)}+\lambda_3\sum_{k=1}^{N_x-1}\sum_{j=1}^{N_x-k}\left[\partial(w_{q(k)}-w_{q(k+j)})\right] \quad (5\text{-}84)$$

其中，λ_1、λ_2、λ_3 分别表示负荷恢复量、负荷优先级和开关操作次数的权重系数；w_i 表示负荷 i 是否投入，投入为 1，否则为 0；p_i 表示负荷 i 的有功；w_i 表示负荷 i 是否投入，投入为 1，否则为 0；c_i 表示负荷 i 投运需要的开关操作次数；N_x 示第 x 个投入的负荷；$w_{q(k)}$ 表示负荷 k 的重要性系数；∂ 为权重因子，若 $w_{q(k)}>w_{q(k+j)}$，则 $\partial=1$，若 $w_{q(k)}<w_{q(k+j)}$，则 $\partial=0$。

（2）约束条件。

在失电区域恢复问题中，约束条件包括等式约束和不等式约束。等式约束是潮流方程，在求解目标函数计算潮流时自动满足，不等式约束包括支路容量约束和节点电压约束。

支路容量约束为：

$$P_i\leqslant P_{i.\max} \quad (5\text{-}85)$$

式中，P_i 为支路容量计算值，$P_{i.\max}$ 为支路容量限值。

节点电压约束为：

$$V_{i.\min}\leqslant V_i\leqslant V_{i.\max} \quad (5\text{-}86)$$

式中，$V_{i.\min}$，$V_{i.\max}$ 分别为电网节点电压允许范围的最小值和最大值。

网络拓扑约束：恢复后电网保持辐射状运行方式。

（3）计算流程。

首先考虑失电区的失电负荷，其次考虑开关动作次数。如果同时存在多个失电区域，将这些区域按照失电负荷的大小排列按次序恢复。在搜索中排除那些无法满足辐射状拓扑约束的开关对，只考虑那些一端直接连接在待恢复区域，另一端连在正常的供电线路上的联络开关。这样的考虑能使得满足要求的联络开关数有限，大大降低了搜索空间，也降低了开关组合的空间维数。在此基础上，如果找到一组符合要求的开关，均要进行潮流计算，检查此恢复方案是否能满足节点电压和支路电流约束。若同时发生电压越限和电流越限，优先考虑电流越限。对于没有满足约束条件的情况，则通过失电区分割，调整停电区运行方式，采用多个联络开关进行恢复，以满足约束条件。

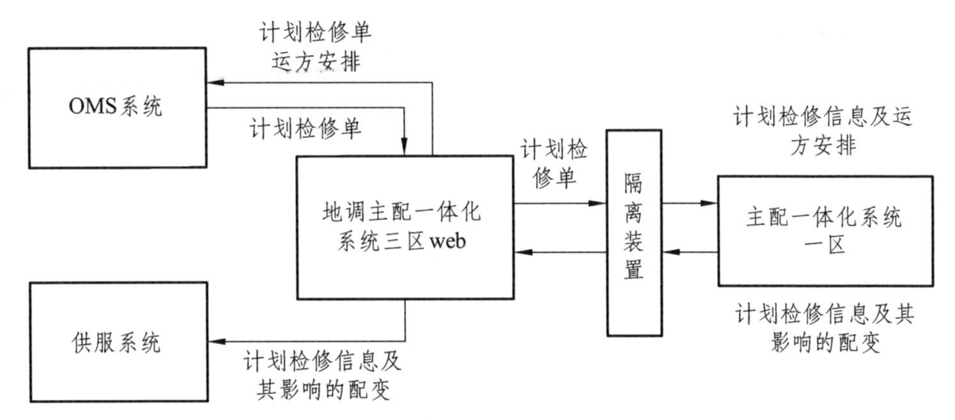

图 5-25　信息交互数据流程图

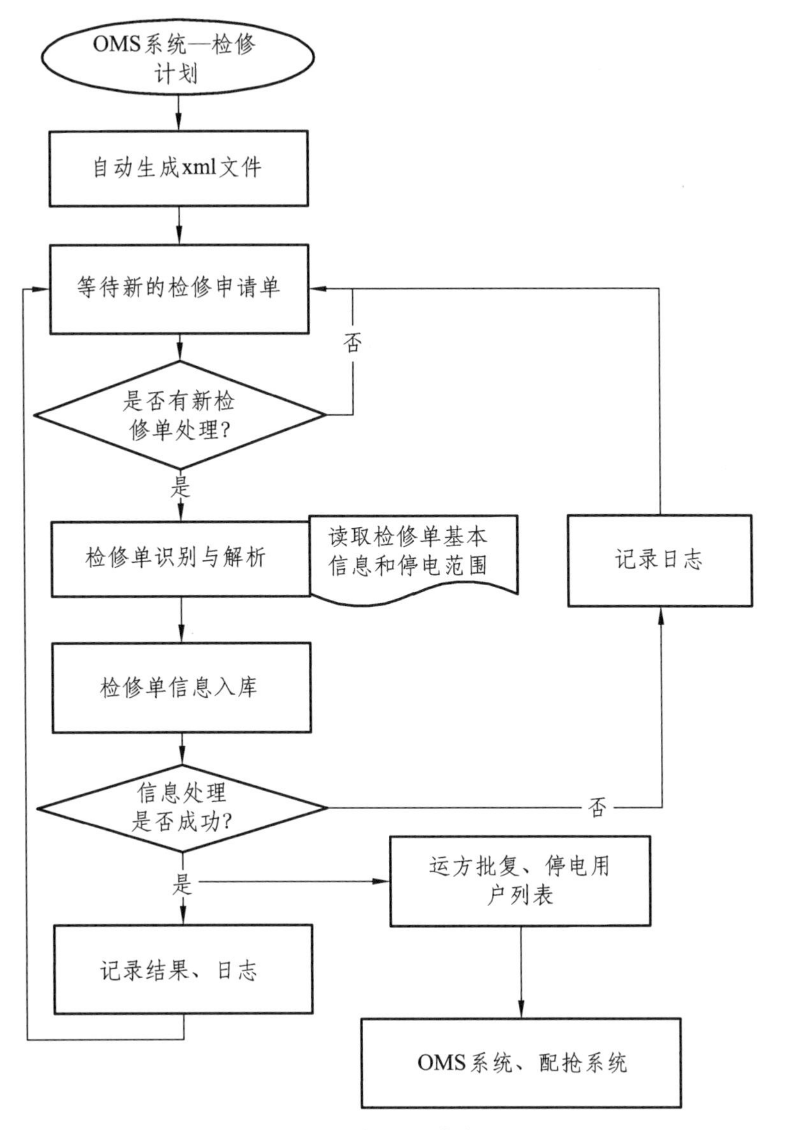

图 5-26　信息交互功能流程图

如图 5-27 所示为线路检修各检修阶段停电范围分析示意流程，开关 A-C 之间线路为检修内容，根据各个不同时段的停电范围得到操作开关的转供操作。在检修前负荷转供阶段，是将此线路上的下游开关 C 断开，联络开关 E 合上，此阶段的停电用户为 b；在检修阶段将开关 A 和 C 都断开，此时停电用户为 a；恢复阶段将开关 A 合上，此时联络 D 开关为合上状态，虽然 C 为断开状态，但此时无停电用户。恢复阶段一般是将停电开关重新合上，需要注意的是检修阶段操作的开关如果最初为分，则不能作为停电开关，恢复送电时也不能算作恢复开关；检修后运方调整阶段，先断开联络开关 E，会造成负荷 b 失电，再合上开关 C，此时就会无停电用户，无停电用户主要取决于合上开关 C 的时间。

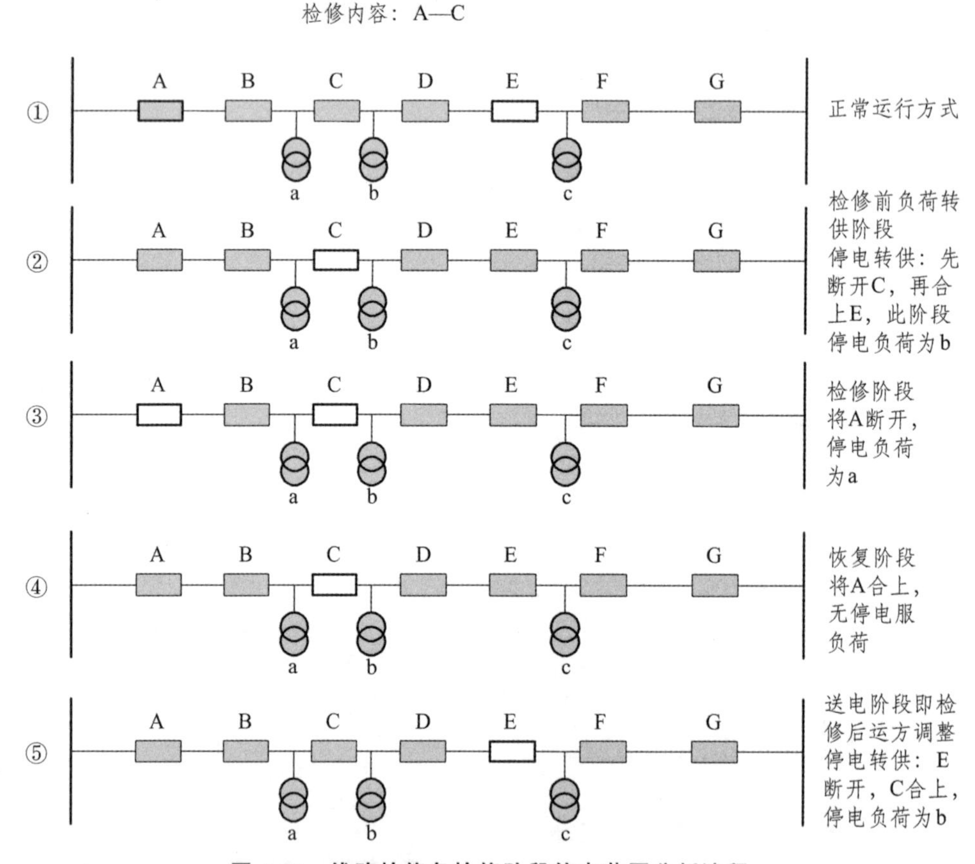

图 5-27　线路检修各检修阶段停电范围分析流程

3）运方批复策略自动生成

运方批复的过程是指停电策略和转供策略生成的过程，为保证批复策略的有效性和实用性，针对指定时间段内的检修计划集，对检修计划停电范围及运方批复策略进行精益化分析，从保电安全、双电源供电安全、重复停电、电源过载等方面进行风险分析，对电网造成风险的方案根据风险大小、对电网影响程度，对该方案做排除或备选处理。

检修方式下电网风险分析如下：

检修方式下的风险评估，属于短期的评估，组件所处的外部环境和自身工况随时间变化不断变化，设备的故障率也受到运行工况和外部因素的影响，故要基于实时的故障数据和运行状态得出设备的实时故障率作为基础数据，以提高检修方式下风险评估的准确性和及时性。

为方便分析月检修方式下的风险，需采用相应的恢复措施。以月检修为例，月检修方式下的风险评估流程如图 5-28 所示。

首先获取当前运行方式，结合当月检修计划表，恢复当前检修操作，从而形成全接线方式，对全接线方式下的地区电网进行风险评估，得出当前全接线风险。接下来，在全接线的基础上拼接下一月检修计划，形成电网检修运行方式，并对检修方式下的地区电网进行风险评估，从而得到下月每日检修风险。最后用检修风险对比全接线风险，得出检修增量风险。

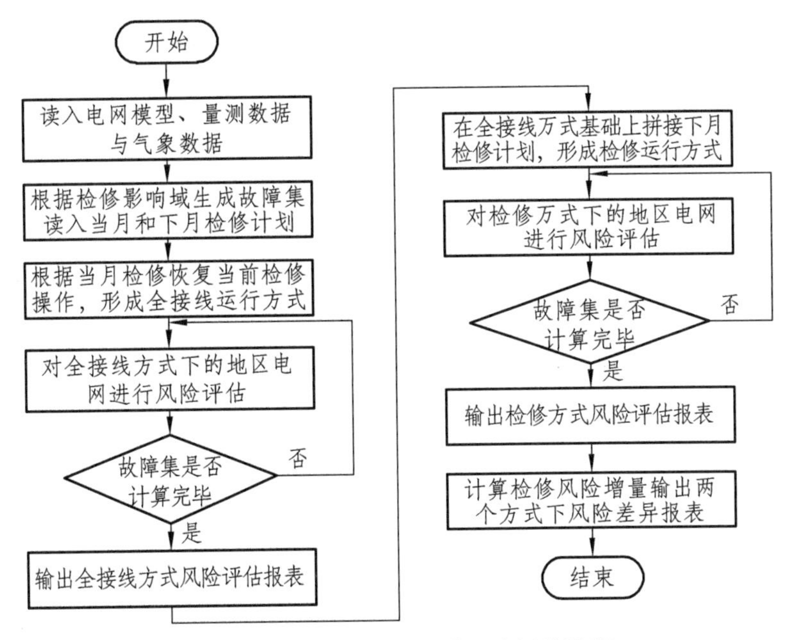

图 5-28 月检修方式下的风险评估流程

检修方式下的风险评估是运行方式调整的参考依据，根据风险评估的结果，采取有效的风险防控手段，以改善电网在检修方式下的安全水平。对于检修风险评估，由于地区电网安自装置的影响，电网拓扑结构和运行方式会因设备检修发生改变，故障也会导致分区的变动，系统的运行风险也会随之变化，加大了风险评估的难度。所以，采取的检修风险分析方法是对得到的风险评估重点分析，由于检修造成的增量风险，而对于风险没有变化的预想故障，可不予以关注。

根据全接线方式和检修方式下的风险对比，对风险增量报表进行分析，筛选出在检修方式下，风险值增大和风险等级增高的预想故障；针对每个增量风险，基于灵敏度算法在全接线方式下，计算每个检修操作对于预想故障元件的灵敏度进行排序，找出灵敏度最大的检修，即为关键检修。找出此项关键检修后，将此检修操作计划重新调整，调整其检修时间，并避免与预想故障元件同时检修，以消除电网隐含的风险。检修风险分析流程如图5-29所示。

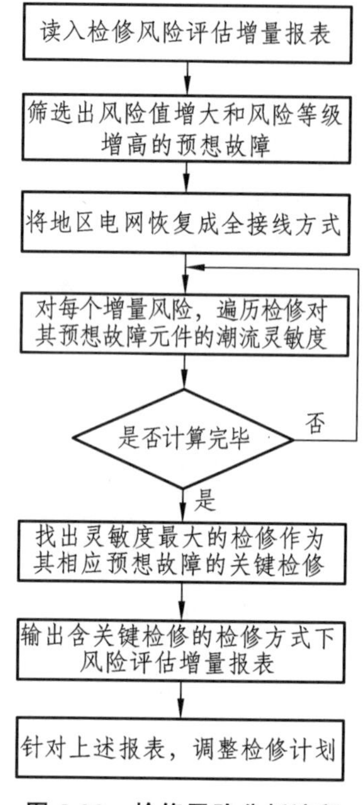

图 5-29 检修风险分析流程

（二）应用情况

OMS 系统将计划检修单推送至地调 EMS 系统三区，经反向隔离装置送至一区。部署在一区的计划检修停电范围分析程序，根据检修单的停电信息，结合网络拓扑情况，分析出该检修计划影响的停电范围，生成停电配变列表。通过正向隔离装置送至三区，再推送至供电服务指挥系统和调控云平台，供电服务指挥系统负责停电信息精准推送，以及调控云平台负责停电信息的汇总分析。

二、基于停复电信息的故障研判

（一）技术路线

为提高配网线路运行管理水平，全国各地都在进行配网线路设备远动装置的安装（主要有 FTD、DTU、故障指示器等），通过将线路设备的运行状况（遥信、遥测）送往配网调度控制中心，提高配网可测、可观和可控能力。目前，配网线路仅有少部分设备安装了远动装置，信息采集量不足，其中还包括一些设备地理位置的原因，信号质量的稳定性也不够，配网线路运行状况的监控仍是一个盲区。为了更好地掌握配电网的运行状况，资源利用合理化，决定以用采的台区停复电信息为基础，通过模型拓扑原理分析线路运行情况，监控配网线路运行情况。

下面将从故障研判功能的研发思路、方案制定、技术原理等方面对其展示介绍。

1. 研发思路

建设基于用采台区停电信息的中压停电研判功能，实现中压停电故障研判，配变失电信息经过营销统一接口平台、调控云、模型中心等中间系统，传入主配一体化系统一区。系统实时监听配变失电信息，分析时间窗口内所有配变失电信号，并将信号分配到配变表中新增的是否失电（is_poweroff）域。

主站根据配变失电信息，综合分析可能断线的区域，定位中压故障点，获得故障隔离方案和非故障区域恢复供电方案，同时对故障区域进行图形点亮显示。停电信息故障研制功能流程图如图 5-30 所示。

2. 方案制定

根据研发思路，在收到用采停复电信息后，先利用解析的失电信息判断是否为断线故障，再决定是否启动故障研判程序分析故障点，最后将失电信息及故障分析结果展示给配网调度人员。经过对一般性故障的分析结合配变台区的运行模式，制定了程序启动条件，确定故障定位方法和故障分析结果的展示方案。

1）启动条件

根据配网线路及台区的运行方式，制定故障研判程序的启动条件。当停复电文件满足以下两点内容时，系统可判定其为故障停电，并调用故障研判程序进行分析。

（1）配变停复电事件文件中，存在配变失电信号，失电配变数量不小于配置个数；

（2）配变失电台区的所属线路具有完整的拓扑关系，能够拓扑至上游变电站内断路器，并处于带电状态。

2）故障定位方法

跳闸开关的搜索逻辑是利用现有配变失电信号，依托于模型拓扑基本功能，根据拓扑原理寻找上游最近的一个可涵盖所有配变失电信号的开关（断路器、刀闸、熔断器等开断类设备），认为其可能是跳闸开关。

3）判定结果展示

（1）停复电信息上送告警窗：故障研判程序能够将用采停复电消息转换成二次保护信号，与故障研判的判定结果同时上送告警窗口；

（2）配置事故推图功能：系统完成故障研判分析后，可准确推送故障线路单线图，并在图上做出相应标记；

（3）故障研判程序人机交互界面：可通过其了解详细的故障信息，查询历史事故。

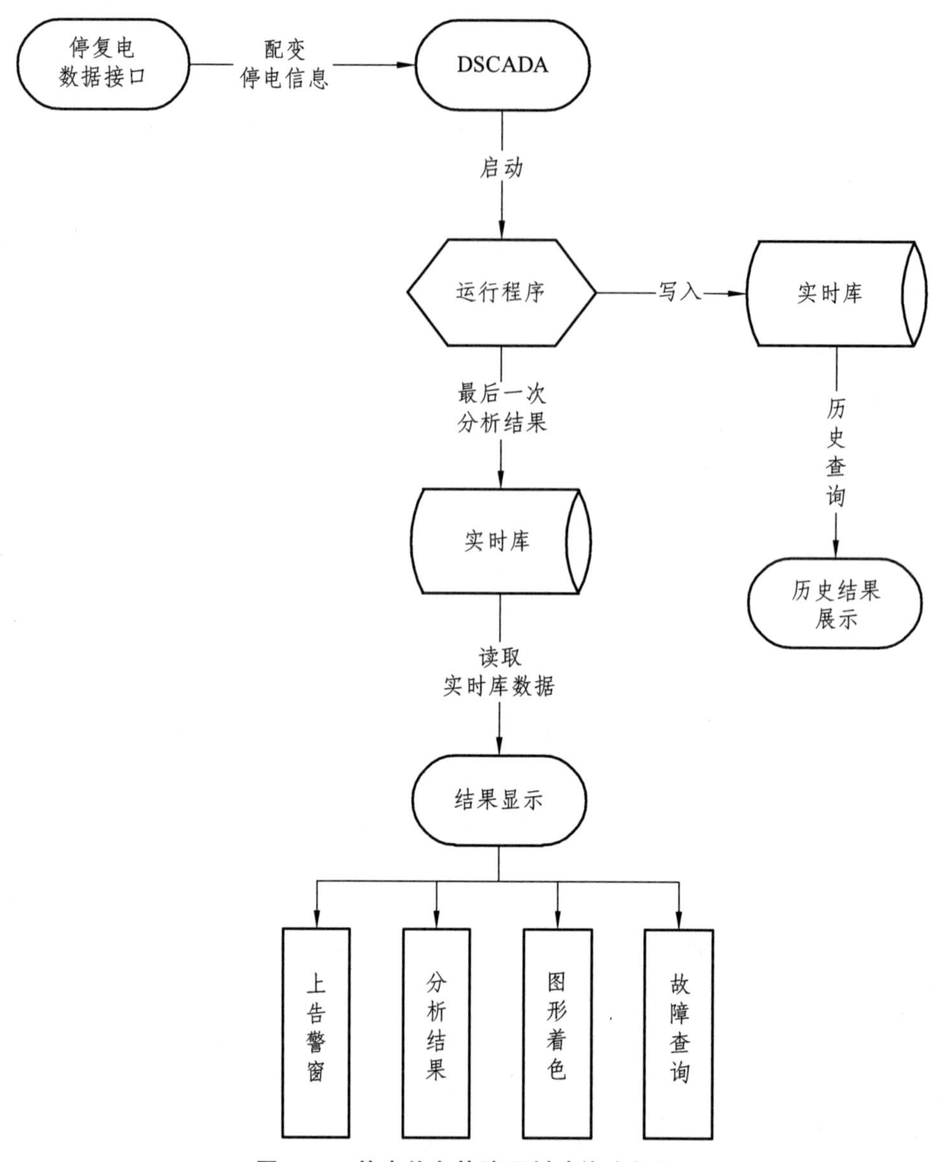

图 5-30　停电信息故障研判功能流程图

3. 技术原理

1）设备模型拓扑结构基本原理

设备模型拓扑结构基本原理是故障研判程序的基础，结合如图 5-57 所示的配网单线图基本结构，进行简要的了解。

（1）设备模型拓扑功能将数据库中的一次设备模型有机联系在一起，在进行一次设备接线图的维护时，保存图形后还需要进行模型节点入库（或模型拼接），以完成此次模型编辑，此时赋予或修改一次设备模型节点号属性。且模型节点号在任意时刻断面，可作为设备模型的一个基本属性。

（2）节点号作为设备模型的基本属性，它拥有以下几个特点：

① 图 5-31 中，小写字母 a，…，h 表示对应此刻设备模型该节点处的节点号，每个模型

根据其连接关系存在 1 个或多个节点号。

② 电气上相连的设备，数据库模型中存在相同的节点号。例如，图 5-31 中，所熟知的 K01 断路器与 D0101 刀闸在电气上是相连的设备，那么设备模型中 K01 的节点号 b 与 D0101 的节点号 c 是相同的，同理节点号 d、e、f 也相同，且在任一正确的模型拓扑网络中，此结论是可逆的。

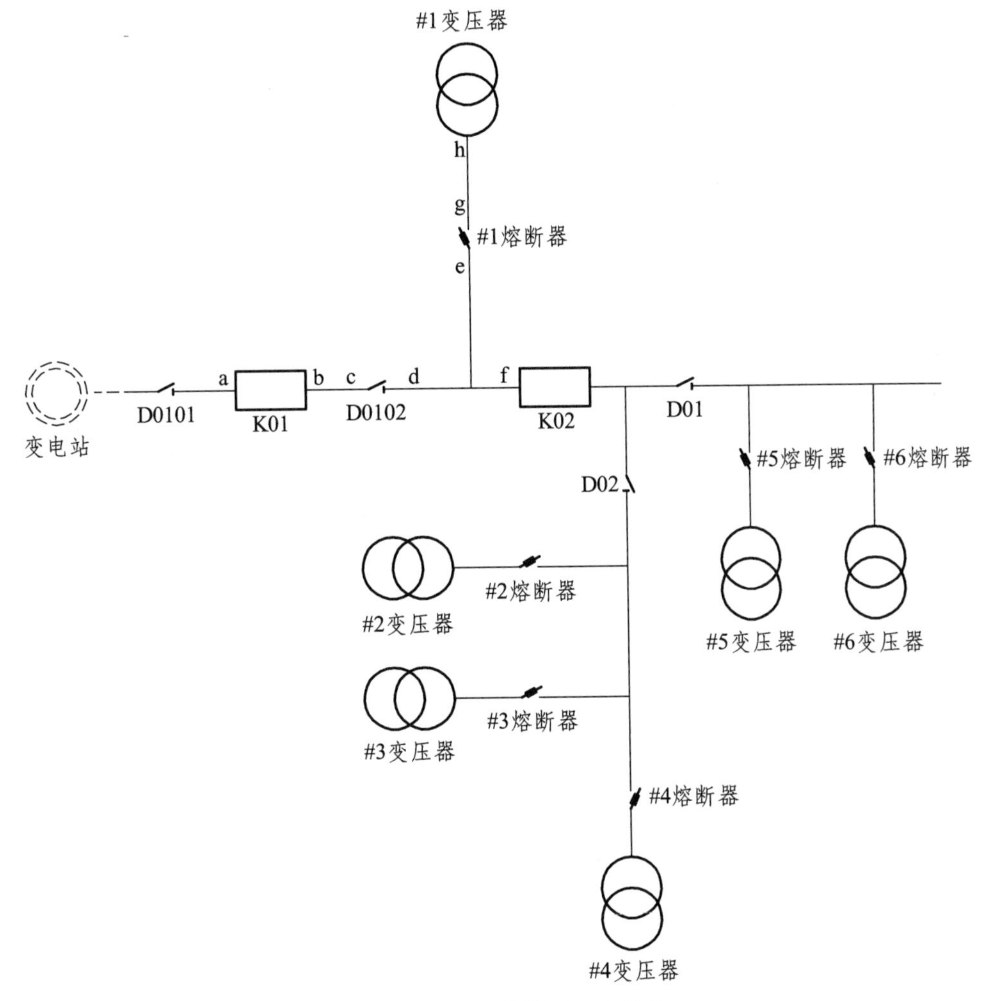

图 5-31　配网单线图基本结构

2）故障定位原理及其辅助程序

（1）扫描传输程序（tfd_monitor）。

扫描传输程序部署在各地调与模型中心相连的前置机上，实时扫描前置机接收停复电信息的文件夹（：/users/xsddd/xx_receive_tfd）是否存在文件，并将文件通过 ftp 传输至配网 DSCADA 服务器。

如果发现该文件夹中有堆积，执行 kp tfd_monitor 重启进程即可。

2）停复电文件解析程序（SG100_FileChgData_Imp_3000）。

停复电事件文件解析程序实时监控解析前置机发送至配网 DSCADA 服务器文件夹

（：/users/ems/open2000e/data/data_path）的停复电信息文件，传送给下一个节点，并将该文件移动到备份文件夹（：/users/ems/open2000e/data/his_path）目录，如图 5-32 所示。

执行 kp SG100_FileChgData_Imp_3000；SG100_FileChgData_Imp_3000 &，重启停复电文件解析程序，可消除文件夹（data_path）堆积的文件。

```
dzdscal-1: /users/ems/open2000e/bin % SC100_FileChgData_Imp_3000
LogInit OK
Current message level = 1
        .
        .
        .
—当前要处理的文件是：/users/ems/open2000e/data/data_path/DZ_TSD_20200522044904.txt
—[1/3]加载文件[/users/ems/open2000e/data/data_path/DZ_TSD_20200522044904.txt]成功！
————[1/1]:pmsId=PD_30200002_632331.on_off_flg=0,time=1970-01-01_00:00:00;
—[2/3]解析文件[/users/ems/open2000e/data/data_path/DZ_TSD_20200522044904.txt]成功！
—E文件中的设备资产ID是：PD_30200002_632331
—匹配到的配变ID是：287015209
bufMsg = -156613072
—[3/3]文件[/users/ems/open2000e/data/data_path/DZ_TSD_20200522044904.txt]发消息成
功，并已将该文件移动到备份文件目录！
```

图 5-32　停复电文件解析程序运行图

（3）遥信处理程序（dms_yx_process）。

部署在 DSCADA 应用下的 dms_yx_process 程序在接收到解析后的停复电信息后，一方面将停复电事件信息写入实时库，提供给后续的程序使用；另一方面，将停复电信息解析成配变动作、复归的二次保护信号上送告警窗，并存入数据库配网遥信变位信息表（dms_yx_bw）bianw，确保告警查询可查询到停复电信息。

（4）监听停复电信息程序（relay_warn）。

relay_warn 程序为后台常驻程序，实时监控由 dms_yx_process 发送来的台区停复电信息，检查文件中的配变动作个数是否满足配置文件中的启动条件，满足启动条件的事件判定为断线故障，随后将文件发送给 daEar 程序处理。

（5）分析定位故障点程序（daEar）。

daEar 实时接收 relay_warn 判定的消息，如果接收到判定为断线故障的消息，则启用 DA 分析流程，调用子程序（fault process）进行故障定位，并生成相应策略写入数据库中，同时 da_client 根据 daEar 查询到的图形名称，弹出该断线故障对应的线路单线图和交互界面 da_assistant，显示故障处理流程，并描述该断线故障影响的范围及影响配变。

3）系统参数配置

（1）基于配变停复电信息启动故障研判功能：通过配置 fault_tr_start 参数进行设置，当值为 1 启动该功能，为 0 不启用该功能，系统默认为 0。

（2）将配变失电信息分析结果记录（打印）在分析结果：通过配置 think_about_trlost 参数进行设置，当值为 1 时记录，为 0 时不记录，系统默认为 0。

（3）判定为断线故障并启动配变停复电故障研判功能：

① 通过配置 judge_tr_num 参数进行设置，当收到配变失电信号的配变个数大于或等于设定值时，则判定为断线故障并启动故障研判功能，小于则不启动；

② 通过配置 judge_tr_percent 参数进行设置，当收到配变失电信号的配变个数，占所属线路配变总数的百分比大于或等于设定值时，则判定为断线故障并启动故障研判功能，反之不启动。

（4）跳闸开关类型的判别功能：通过配置 judge_tr_by_type 参数进行设置，当参数为 1 时启用，即在拓扑寻找可能跳闸或断开的开关时，需要校验配网开关类型，只有负荷开关与线路开关两种类型才符合要求，为 0 时不判断开关类型。

4）辅助功能说明

故障研判功能除了对配变失电信号进行分析之外，还会对已发生的故障进行配变失电信息不全。

在收到配变失电信号时，首先会对已发生过的故障进行搜索，搜索 30 min 内是否有发生过可能导致该配变失电的信号。如果已发生可能导致该配变失电的故障，认为此次收到的配变失电信号是上次故障产生的延时信号，将不会重新分析由配变失电信号产生的故障，而是将该配变失电信号更新至上次故障的判断依据中，从而完成对已发生故障的信息补全功能。如果该配变失电信号已存在于故障信息中，将不进行任何操作，放弃对此配变失电信号的处理。

（二）应用情况

结合研发时设计的方案，根据配网调度及线路运维工作人员的使用习惯和需求，设计故障研判功能应用界面，本着以准确、高效、清晰展示事故为目标的态度，兼顾生产管理实用化设计功能界面和开发功能应用。故障研制程序具有系统故障分析结论及历史事故查询、停复电信息上送告警窗、事故推图动态展示故障信息等四项功能。

1. 界面展示

故障研判程序的人机交互界面，由故障处理辅助决策故障分析结论和历史事故两部分组成。

1）故障处理辅助决策——故障分析结论

故障处理辅助决策——故障分析结论功能界面，包含故障综述基本、故障隔离、负荷转移、处理结束四个功能应用。

2）故障处理辅助决策——历史事故

故障处理辅助决策——历史事故功能界面，包含故障综述、事故反演、故障信息管理三个功能应用。

2. 效益分析及下一步计划

1）效益分析

自应用功能部署以来，给工作提供了不少便利，提高了工作效率：

（1）基础数据来源于用采完善的采集系统，只需要获取数据后利用获取的数据交给研判程序进行故障判定，减少了数据采集的资源投入，提高了资源利用水平。

（2）线路运维人员能根据故障研判系统分析的结果，缩小故障查找的范围，提高工作效率。

2）下一步计划

通过在生产管理应用中对故障研判功能的测试，需进一步完善其功能以保证数据的时效性和准确性：

（1）变压器运行信息为非实时传输，目前采用间隔 15 min 传输一次的方案，降低了操作者对故障情况的感知速度，故需提高其传输频率，以保证运行数据的时效性。

（2）传输节点过多，涉及用采、调控云、模型中心等，当出现文件堆积、丢失等情况，操作者很难及时发现问题，也给故障的查找增加了一定的难度，可考虑适当减少数据传输的步骤。

（3）目前，用采信息采用单通道和无线传输方式，对数据质量的准确性和稳定性均会造成一定的影响，调整传输方式可提高数据质量。

随着配电自动化终端的进一步安装，可通过线路上远动装置实时获取到更多更准确的运行数据，结合它们去优化故障研判程序，以远动装置上送的运行信息为主，逐步取代用采提供的停复电信息，能够更高效、更准确地监控配网线路的运行状况，更好地服务于配网工作、人民和社会。

三、调度智能成票及网络化下令

（一）调度智能成票及网络化下令概述

随着电力建设的迅速发展，调度中心管辖的变电站、输电线路、配网设备的数量越来越多，日益繁忙的工作任务和日益增多的管辖设备及运行方式，使得调度员的工作压力和工作量越来越大。配网调度在进行日常工作时，目前仍以传统的信息化为主，依赖运行人员的经验。因此，为了保障智能配电网的安全稳定，需要采用更为高效和智能的调度运行机制，需要更为先进、可靠、智能化的技术手段，来提高配网调度管理的安全性、规范性和可靠性，现有的管理模式急需由传统的信息化向智能化转变。

同时，在电网安全运行中，电气设备的正确操作是保障电网安全运行的一项十分重要的工作，配网调控运行操作管理目前尚未建立起一套完整的安全防误体系，易出现误调度、误操作的情况。操作安全管理一直也是电力部门关注的焦点，为有效防止配电网运行电气设备误操作引发的人身和重大设备事故，多年来电力企业投入了大量的人力和物力来解决实际问题，避免误操作事故的发生。另外，缺少贯通配网运行的全业务流程和信息共享机制，急需为运行人员建设一套贯通全业务流程和信息共享交互平台，为配网网络化命令交互操作提供技术支撑，在减轻运行人员工作压力的同时提高工作效率，实现配网调度人员和现场操作人员间的跨部门、跨区域业务的数据一体化和业务一体化的交互式、在线化管理，对提高配网调度操作管理的安全性、规范性、可靠性和经济性，具有重要的意义。

（二）调度智能成票及网络化下令技术

1. 图形转换转换技术

1）CIME 模型

CIME 模型是 IEC 61970 协议整体框架的基础。这是一种描述电力系统所有对象逻辑结构和关系的信息模型，为各个应用提供了与平台无关的统一电力系统逻辑描述，尤其是在 EMS 系统领域。它定义了电力工业的标准对象模型，提供了一种表示电力系统对象，包括其属性和相互关系的标准。

从 CIME 文件中，提取如下内容：

① 设备所属厂站；

② 设备电压等级；

③ 设备定义信息；

④ 设备拓扑信息。

2）G 格式文件转换

调度智能成票及网络化下令应用以供电公司调度控制中心 D5000 系统导出模型及电网接线图为主，遵循 IEC61970 标准中的 CIME 模型规范，以 XML 及 G 文件作为数据载体，并将其成功导入第三方图形平台，实现了通过 G 格式图形修复网络拓扑，解决了图形“连接线”无法带电着色问题。

同时调度智能成票及网络化下令应用综合了 CIME 模型和 G 格式图形的数据，既可从 CIME 模型获取拓扑，又可从 G 格式图形中自动生成拓扑，有效解决了因 CIME 模型中没有定义的设备的拓扑及带电着色问题。由于以往的 CIME 模型与图形为分离结构，所以如果在本地图形中切改方式将不能生成拓扑，而调度智能成票及网络化下令应用由于从 G 格式图形中可自动生成拓扑，同时也有效解决了此类的问题。

调度智能成票及网络化下令应用遵循 IEC61970 标准解析 XML 及 G 文件，导入电网数据模型及电网接线图形，构建开放式图形数据平台，实现 EMS 系统图形与本项目图形平台的对接。

2. 智能防误功能的技术原理

把现实中的每一个电气设备作为一个节点，并建立设备之间的拓扑连接关系，形成电网的模型。在拓扑分析的过程中，充分考虑电网的接线方式和运行方式，进行模式识别，建立各种类型的拓扑岛。在图形上模拟操作的同时，分析操作对拓扑关系的影响，重新进行模式识别，结合设备的物理特性，进行安全校核。

3. 调度智能成票及网络化下令架构

基于 EMS 平台，建设一套配网智能操作防误调度智能成票及网络化下令，利用和整合电力公司基础图模数据、配网管理系统、综合数据平台等现有资源，提供调度推理拟票、调度操作安全校核、调度和运维班或者操作队之间的网络化命令交互等功能模块，建立和贯通配网调控命令，由点图生成到实际执行的完整链条。为配网调控防误操作提供技术支撑，在减轻运行人员工作压力的同时，加速事故处理进程，提高工作效率，实现配网运行操作管理的规范化和智能化。

在保障电网安全运行的前提下，调度智能成票及网络化下令，实现操作票的电子化流程管理，可在操作模拟的过程中即时生成相应操作票，以及对各种基本的变电操作进行解析和仿真，且可对操作的正误进行可靠识别，有效保障电网操作的安全性和合理性；可通过图形操作、解析检修申请成票、链接 OMS 等相关管理系统，促进调控专业一体化管理，同时将设备状态回写至配网自动化系统，辅助其完成设备状态置位，促使调度智能成票及网络化下令更加智能化、快捷化和安全化；调度智能成票及网络化下令提供全面的技术手段辅助调控操作工作，有效保证电网的安全稳定运行。

整体功能架构如图 5-33 所示。

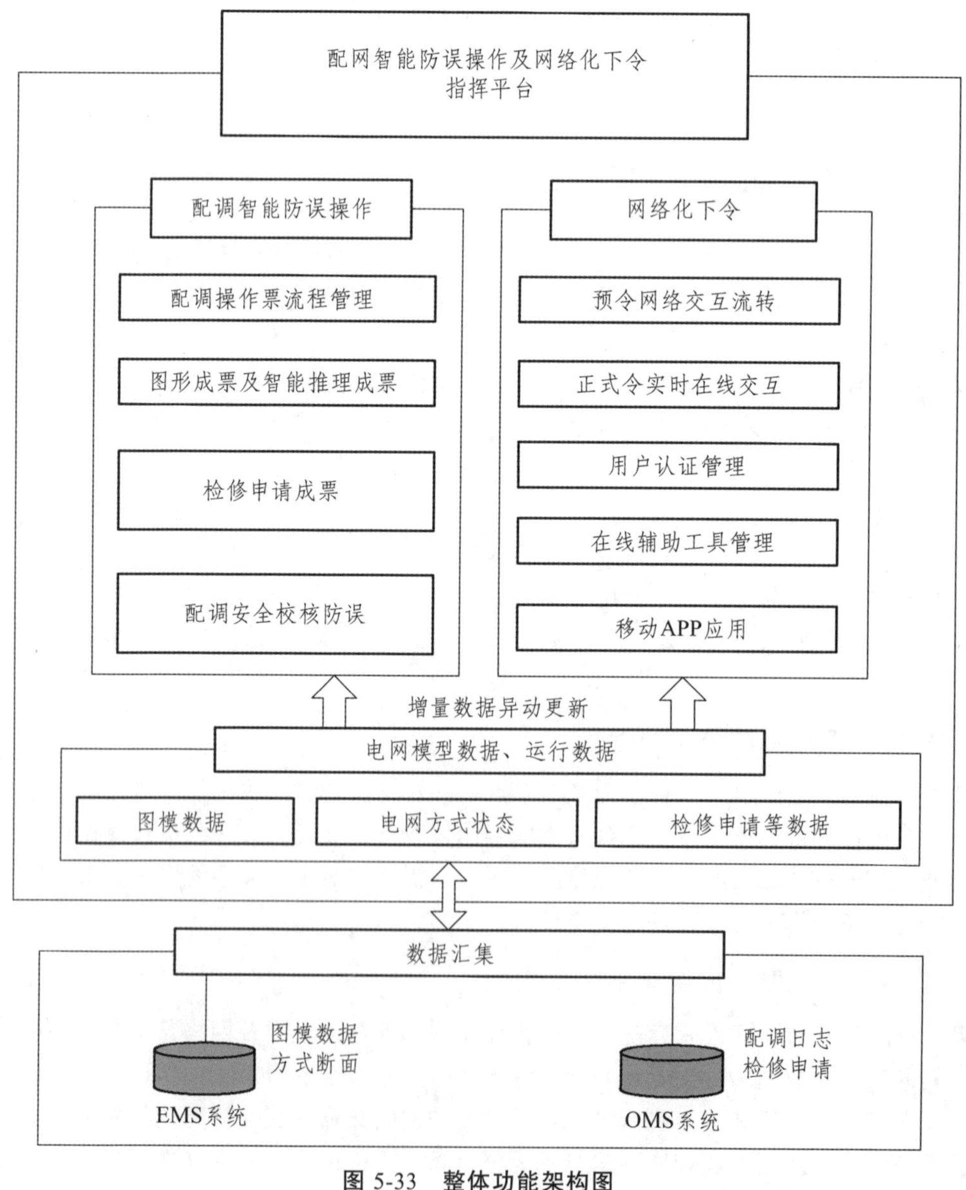

图 5-33　整体功能架构图

调度智能成票及网络化下令在调度安全Ⅲ区进行部署,支撑内网及移动终端的系统应用;

（1）硬件部署：考虑系统安全、高效、稳定运行，项目资源和网络部署采取多服务器、防火墙、隔离装置等安全措施；

（2）系统数据：项目统一的数据库，为跨系统的业务交互建立良好基础；数据统一存储在数据服务器上，系统通过统一的数据库，可进行数据的查询和统计；

（3）系统集成：系统充分考虑与其他系统的互通互联，设立数据接口服务器部署接口服务；系统从 EMS 系统获取图模和实时数据，进行图形平台建模和智能校核防误分析；系统与 OMS 系统进行数据对接交互，互补相互间的基础数据。

系统网络结构如图 5-34 所示。

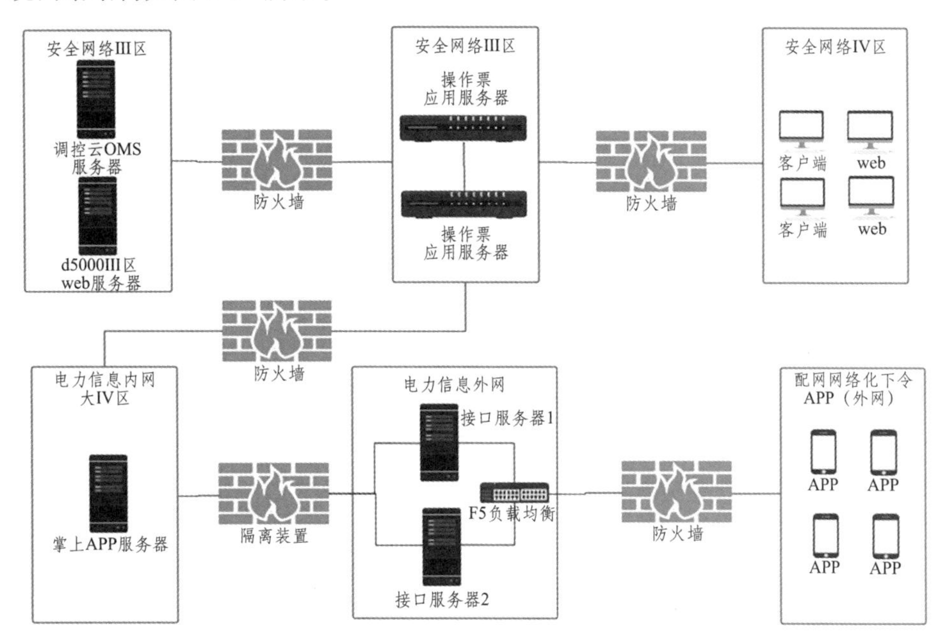

图 5-34 系统网络结构示意图

（三）调度智能成票及网络化下令功能应用

调度智能成票及网络化下令主要包括基础数据管理平台、配调操作票智能生成管理、操作票审批管理、网络化交互管理、安全防误管理、统计分析管理、辅助工具管理等功能模块，实现点图成票、任务推理成票、检修申请成票、命令网络化交互、安全防误校验、移动 APP 应用、身份认证管理等高级应用功能。

1. 基础数据获取与解析

1）与配网自动化系统对接

（1）图形平台对接。调度智能成票及网络化下令通过对接配网自动化系统，获取配网图模数据以及断面文件，建立数据更新机制，每日定时获取所需数据。基于获取数据自动搭建图形平台，源端的图模数据完全无需人工维护和干预。

（2）D5000 设备状态信息实时置位。调度智能成票及网络化下令操作票系统通过解析

D5000 平台图模数据，结合智能推理机技术，运用标准模型自动匹配技术，形成智能成票模式，D5000 系统根据操作票设备状态信息实时置位当前设备状态，将调度业务流程形成闭环。

2）与 OMS 系统对接

检修票模块对接。调度智能成票及网络化下令与 OMS 系统的检修票模块对接，通过接口服务，实时读取检修票信息，通过分析检修申请的主要内容，如检修时间、检修设备、检修工作内容及各处室审批意见，智能解析检修票内容生成操作票。

3）EMS 图模数据解析

调度智能成票及网络化下令支持 EMS 系统信息导入建模，可将原自动化系统主站的线路单线图、系统联络图等专题图导出的 CIM/G、CIM/E 或 CIM/XML、CIM/SVG 导入本平台，调度智能成票及网络化下令自动解析和优化，实现电网网络建模，同时通过调用预留接口，实现自动抓取外部系统的图模信息，自动解析和自动成图。

调度智能成票及网络化下令支持对外部导入图模数据和自建的图模数据进行分析，主要包含以下几点：

（1）支持图形/模型导入文件的 CIM/E、CIM/G、CIM/XML、CIM/SVG 语法级检验；

（2）支持模型文件的对象属性、对象关联完整性验证以及基于馈线的拓扑分析；

（3）支持图形文件的对象完整性分析和与库模型或文件模型的一致性分析；

（4）支持模型库按照馈线或变电站范围的模型校验；

（5）模型图形入库后，可在画面上进行区域电网拓扑校验功能；

EMS 系统数据传输架构如图 5-35 所示。

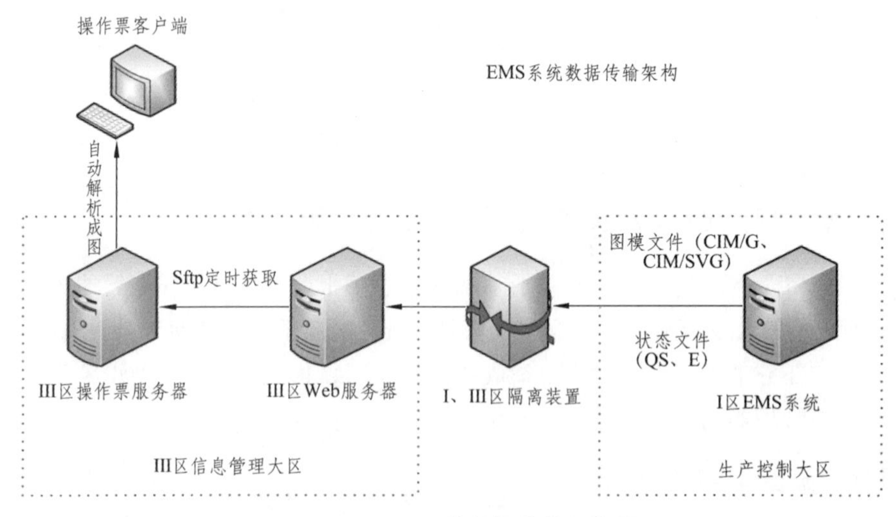

图 5-35　EMS 系统数据传输架构图

（6）单线图分类以及搜索名称的形式查找；

（7）点选需要查找的图形界面快捷键查找图形内单个设备位置信息。

2. 智能成票管理

1）点图出票

通过电网拓扑图形的操作生成相应的操作命令，同时进行安全校核和提醒。调度智能成票及网络化下令实现通过设备列表及选择设备操作，即可完成常见逐项操作、常见综合操作、常见任务操作等。

2）任务推理成票

通过对配网操作票中的历史票及典型票的分析工作，完成典型命令和典型票的梳理工作，基于历史票和典型票进行智能推理分析工作。系统提供通过点选设备及其状态变化要求，按照有关操作规则进行智能推理生成操作票。

其中操作票生成逻辑如下：

（1）停电范围及操作内容：单一开关操作→方式调整→线路（开关）检修→站内设备检修。

（2）接线方式、运行方式：不同操作策略；

（3）开关属性（非智能开关、三遥智能开关、两遥智能开关）：不同操作模式、检查方式和术语要求；

（4）操作方式：合幻倒负荷和停电倒负荷；

（5）其他配置：是否有故障自愈功能？

3）检修申请成票

结合电网拓扑数据，对停电范围设备、申请停电时间、申请工作内容及其他注意事项进行分析，基于聚类分层技术，对检修申请工作进行自动分组，通过分析检修申请单及其状态，对电网中设备的初始状态进行校正，得到检修目的及要求。

检修申请工作自动分组逻辑图如图 5-36 所示。

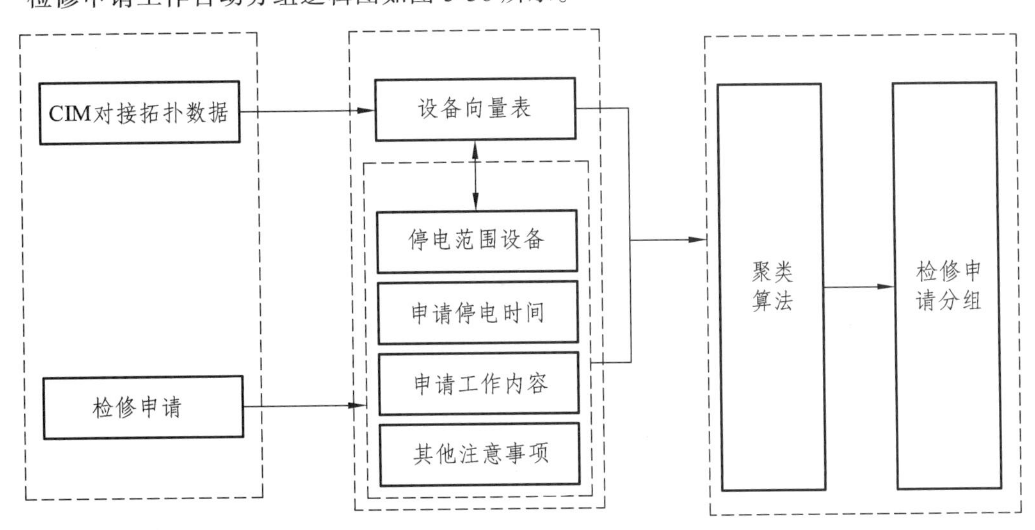

图 5-36 检修申请工作自动分组逻辑图

通过与现有 OMS 系统检修申请对接，实时获取检修申请内容，以查看检修票内容以及检修票打包分组。

同时依据解析后的工作内容、安措方案、申请分组等信息，结合检修工作知识库，获取检修工作的具体步骤；根据电网的接线方式、运行方式以及电网运行规定相关的知识库，基于操作票生成智能推理机，解析生成调度操作命令，辅助调度员进行操作决策。

检修成票逻辑图如图 5-37 所示。

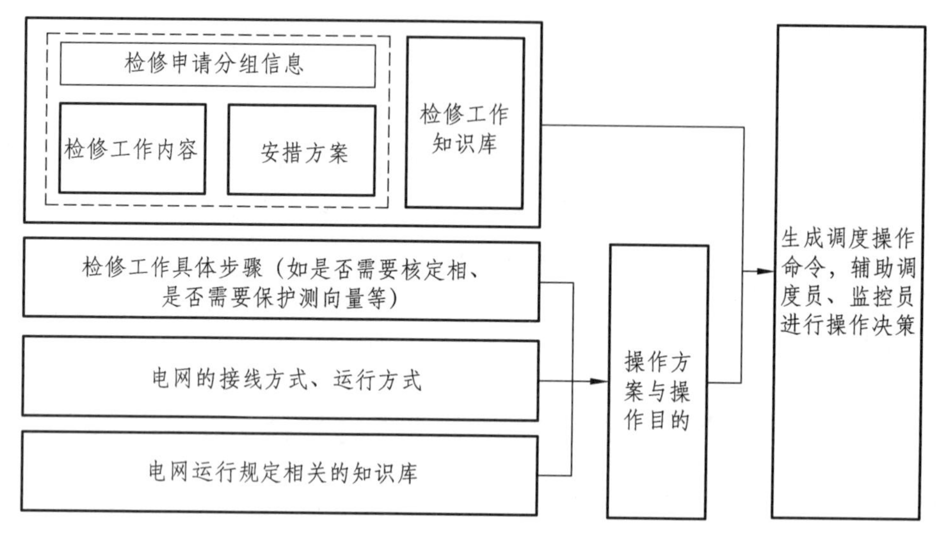

图 5-37　检修成票逻辑图

系统支持检修申请实时解析，对设备关键字进行提取，将操作票系统和图形系统进行关联，完成设备定位。

（1）系统将停电范围纳入操作流程中，通过智能分析将存在关联的线路及元件列出。通过选择“检修智能停电”或“检修智能送电”，由用户自主选择停电范围后成票，使范围最小化，以降低运营成本。

（2）同时通过分析设备名称及设备关键字，后台经过拓扑状态分析自动生成操作票项和核实检查项。

（3）开关停电的同时，系统自动沿着开关两端寻找断开的联络开关进行显示，调度员根据需求选择合并某个联络开关。

4）安全防误管理

在各种成票方式过程中，进行全网的安全防误校核，结合配网运行特点，实现多因素、多维度融合的电网安全防误校核管理，提升配网调度安全管控能力。

其中安全校核主要分为以下几个方面：

（1）潮流分布：主配网设备是否有重载、过载设备；

（2）重要用户、保电用户用电安全：是否已经失电，是否有双电源，供电路径上设备是否健康；

（3）开关操作顺序、刀闸操作顺序、主变中性点地刀操作配合（主网）；

（4）造成电磁环网；

（5）重合闸、备自投状态配合与提醒；

（6）解合环、解并列提醒。

5）拓扑防误校核

在操作过程中，模拟操作对设备状态的改变，进而分析操作对电网状态影响，结合操作设备的物理属性，对一二次设备操作进行安全把关，对各种危险操作、失去快速保护区域进行提醒，增强电网安全性。

五防校验：在点图成票过程中，系统根据用户操作和图形拓扑关系，模拟图形带电逻辑，若存在非正常操作，系统弹出防误提醒。

系统根据网络拓扑关系，并结合电网运行方式，同步校验拟票操作、下令操作，已具备：

（1）防止误分、误合断路器；

（2）防止带负荷分、合隔离开关，防止带电挂（合）接地线（接地开关），防止带地线送电，防止带接地线（接地开关）合断路器（隔离开关）等带电操作；

（3）电网解合环、电机解并列的操作进行实时提醒。

6）设备状态校核

调度智能成票及网络化下令基于自然语言解析及电力基础规则库，对调度操作命令进行操作序列的解析拆分，并与图模设备 ID 信息进行匹配关联，生成调度命令的操作序列，同时系统通过对接获取到设备状态信息，结合操作序列设备 ID，进行设备操作和设备实时状态信息的关联分析。

7）操作顺序校核

调度智能成票及网络化下令在进行下令操作、远程遥控操作时，严格闭锁跨大项操作，回令时间小于下令时间闭锁操作等防误校核。

3. 网络化下令指挥平台

调度智能成票及网络化下令建设网络化命令交互管理功能，兼容电话下令和网络下令两种模式。在网络通畅、人员到位、设备具备操作的情况下，实现调度在线下令，运维在线回令和调度在线收令；调度与运维在执行过程中实现多次“握手”交互确认，详细记录整个操作过程，实现命令票网络化、交互式、闭环的签收管理；同时在命令网络流转过程中，加入各类辅助工具和消息助手，以及安全防误手段，确保网络交互的准确性和安全性。

1）电子预令流转

预令下发。正式操作前，将智能生成的操作票转存为预令票，并将预令票下发至相关受令单位，预令下发后，若操作票回退到审核环节进行修改，则清除相关预令信息并通知受令单位。预令下发过程中，信息由发送方发送至接收方后，系统自动以刷新待办消息的方式向接收方推送操作提醒。

预令回签。预令下发后，受令单位人员签收预令，受令单位对签收情况进行确认。预令签收过程中，信息由发送方发送至接收方后，系统自动以刷新待办消息的方式向接收方推送操作提醒。系统消息即时推送，运维班/供电所登录网络化下令平台（web），实时接收调度下发的预令消息。

接收人员通过人员密码核实，在网络化下令平台或操作票系统进行预令查看与回签。规避由他人误操作的风险。

运维班/操维所通过网络化下令平台进行预令回签，调度实时收到调令所属运维单位签收情况，同时通过预令下发列表，实时查看各单位预令回签情况。

2）正式令网络交互

网络化命令在线交互功能，打通调度和运维之间的调度命令网络化在线流转，实现调度和运维网络化命令在线实时交互，建立调度命令由生成到执行的完整链条，调度和运维之间形成完整的网络化在线流程闭环管理。

网络下令。在正式下令前，支持对调度运行人员及现场操作人员的提前通知和提醒，支持多维度判断网络化下令的前置条件，从安全校核、状态校核、越项情况、人员到岗信息、网络通道等多个维度对是否具备网络发令进行判断和提醒。支持调度间在线实时下令和监护的消息交互，支持单项或者多项下令，下令过程中支持防误校验，实时校验操作是否违反电气防误，若违反，则自动闭锁当前命令流程。系统支持调度员作废命令流程，作废时必须填写作废理由；命令执行过程跨越班次，需要接班的值长二次签名确认后方可继续下令；支持手工设置单条或多条命令不执行或取消。

注：在下令环节兼容电话下令和网络下令两种模式，如因各种因素网络下令有异常时，可以快速无缝切换到电话下令模式，避免了因网络耽误操作或命令执行状态出现混乱与不一致的情况。

在执行阶段，涉及调度与操维所的在线交互。作为网络化下令的发起者，调度人员首先应该知道现场在线人员的情况，所以系统会自动获取当前在线人员以供调度选择下令。

（1）运维复诵。调度命令下发后，受令单位可按照系统提醒完成命令受理，关联命令进行操作复诵。若现场无法及时复诵处理，可向下令单位发送“暂不执行”请求及说明。下令单位调度员确认现场请求后，系统自动收回命令，恢复至下令前状态。系统会将需复诵指令的关键信息提出，如厂站名称、电压等级、设备编号、操作类型等，由运维人员进行选择完成复诵操作，再次确认操作内容及相关核心设备。系统支持当受令方复诵内容错误时系统自动提醒，直到复诵正确后才能提交至发令方。

涉及多个单位操作，下令后，运维班/操维所实时接收调度正式令，对应单位进行复诵和正式令接令流程。（类似主流同时分流，不存在相互作用，复诵确认后，再汇入主流）

（2）复诵命令确认。运维对指令复诵成功后，由调度人员在系统上进行复诵确认，确认运维复诵内容是否有误。正式令接令实时提醒：待变电站/运维班接令后调度收到已接令消息提醒。

（3）运维执行。在调度确认运维复诵无误后，运维开始执行，需在系统上进行记录开始执行信息，包括执行人、开始时间等，同时系统基于设备操作时间清单估算预计用时，智能跟进执行过程，对于超时、超期进行预警提示或提醒，同时对于正常进度智能推送到相应的班组，以便安排操作准备工作。

（4）运维回令及调度确认回令。支持受令方对命令执行情况进行在线回令功能。在回令时进行状态校核和身份校核，保证当受令方汇报内容错误时系统自动提醒，直到汇报内容正确后才可提交至发令方。调度接收下级单位回令：变电站/运维班在操作票系统和网络化下令平台进行正式令回令，状态实时同步至下级相关单位。

（5）运维确认收令。支持受令单位对命令执行完后可进行回令确认功能，正式终结该条命令的操作。运维班回令，调度确认收令后，运维班实时收到确认收令消息提示，告知运维人员调度已确认。

3）历史交互命令统计分析模块

（1）具备网络化交互命令统计模块，可对历史网络化交互的命令进行整体的统计和查看；

（2）具备历史预令票统计模块，可对历史预令票进行统计分析；

（3）具备网络化操作票统计模块，可按年、月、日统计网络化操作票数量；

（4）具备统计分析网络化交互操作票执行率模块，统计下令、接令执行百分比；

（5）相关规程，安规、调规、操作规程等结构化，与设备关联，可一键查看，可设计为检索形式，模糊匹配，可根据设备自动检索提示相关规定。

4）人员到岗管理

（1）具备现场操作人员的到岗签到功能，并在调度值班人员处统一展示人员签到情况，便于调度人员及时获知现场操作人员的到岗情况，及时在线下令；

（2）具备接令单位人员解析模块，对网络化过程中接令的操作单位以及所属该单位的接令人员等信息进行自动解析确认；

（3）具备调控当值人员解析模块，网络化过程中回令交互时进行当值调度人员信息的自动解析确认。

5）通知汇报工作管理

（1）调度向下级单位发送通知公告，通知下发后，下级单位弹出消息提示，各单位收到通知信息后点击签收；

（2）下级单位可发起信息汇报，报送运行信息；受令单位可向调度对象发送提交信息汇报的要求；

（3）支持定时发送信息汇报的功能。

6）受令单位管理

（1）提供对受令单位统一集中管理，具备受令资格的单位可向系统管理员提出单位受令申请，开通单位受令权限；

（2）支持通过 EXCEL 等类型文件批量导入受令单位信息，并具备对受令单位信息批量删除、修改及权限开通、变更等功能；

（3）在网络化交互过程中，对下令、回令的人员信息进行验证，避免无证操作、越权操作情况发生；

（4）调度智能成票及网络化下令支持维护受令人员信息。

7）电子公告牌管理

调度智能成票及网络化下令实现根据业务流程流转环节和计时统计，全过程动态展示业务流转状态和业务超时提醒。展示检修操作、异常处理操作、实现调度操作看板功能。显示每项工作的进度，如待执行、执行中、已完成等，所有展示内容自动生成。同时可向管辖单位发布通知公告或转发上级单位的通知公告，实现对通知或公告管理和发布功能。通知下发后，受令端响铃及弹出消息提示，各单位收到通知信息后应立即签收。

4. 后台管理中心

1）权限管理

（1）支持权限管理，可管理用户分权、登入登出权限；

（2）支持对各类日志进行记录及检索，可供选择的检索条件有名称、操作类型、时间段，检索结果可导出；

（3）对登入人员和复诵人员身份验证；

（4）系统应根据调度值班序列配置调度员值班期间的权限；

（5）禁止非当前值班人员进行任何操作；

（6）操作票防止同一人自拟自审；

（7）可设置禁止审核人进行下令、接令及回令操作；

（8）操作票在审核阶段和执行阶段可由当前处理人作废，作废时必须填写原因。

2）并发会话控制

（1）系统总体接入并发规模不小于500个；

（2）在应用服务器层，支持对系统的并发请求数进行控制，防止超过系统容量的大量访问请求，导致应用服务器负载过高而系统崩溃；

（3）在应用层支持对登录模块的登录用户数进行限制，防止大量用户登入系统。

3）数据安全管理

在对数据信息进行传输时，在风险评估的基础上采用合理的加密技术，选择和应用加密。操作票流转、网络化下令的全过程中，所有数据的传输支持数据加密、完整性保护等安全功能。

4）身份认证管理

调度智能成票及网络化下令采用密码口令、指纹识别及人脸识别等多种方式进行身份认证，提供相关系统接口，并根据需要接入相关硬件设备。

5. 网络化交互平台

通过移动设备下载使用“调度网络发令系统移动作业平台 APP”，可现实与 web 端数据交互，实现移动端网络化命令交互。APP 主要包含预令回签功能、正令接令及回令功能、签到功能、统计查找功能。系统账号支持密码登录或指纹登录，满足相关安全要求。

运维班、供电所及其他操作单位可使用移动设备下载使用“调度网络发令系统移动作业平台 APP”，实现操作票系统与移动端网络化命令交互。目前“调度网络发令系统移动作业平台 APP”已完成安全测评。

APP 主要包含预令待回签、回签、任务领取、任务分配、待执行、正令接令及回令、签到、统计查找等功能。

（四）调度智能成票及网络化下令应用成效

通过调度智能成票及网络化下令的建设，可提升电网异常及事故响应速度和处理效率，减少人工分析工作量，建立电网运行态势分析预警机制，指导调度运行和设备运维决策，达到减少设备故障，降低事故发生率的目的。

四、配网抢修指挥专业深化应用

（一）配网抢修指挥管理要求

1. 故障报修处置工作要求

故障报修业务是指供电服务指挥中心接收国网客服中心故障报修工单，供电服务指挥系统通过营销业务应用系统从95598支持系统中获取客户拨打热线电话申请的故障报修业务，完成故障研判和自动派单，并在配网抢修APP中完成工单现场处理，实现工单处理与过程管控。

1）故障报修类型

故障报修类型分为高压故障、低压故障、电能质量故障、客户内部故障、非电力故障、计量故障和充电设施故障。

（1）高压故障是指电力系统中高压电气设备（电压等级在1 kV以上者）的故障，主要包括高压线路、高压变电设备故障等。

（2）低压故障是指电力系统中低压电气设备（电压等级在1 kV及以下者）的故障，主要包括低压线路、进户装置、低压公共设备等。

（3）电能质量故障是指由于供电电压、频率等方面问题所导致用电设备故障或无法正常工作，主要包括供电电压、频率存在偏差或波动、谐波等。

（4）客户内部故障指产权分界点客户侧的电力设施故障。

（5）非电力故障是指供电企业产权的供电设施损坏但暂不影响运行、非供电企业产权的电力设备设施发生故障、非电力设施发生故障等情况，主要包括客户误报、非供电企业电力设施故障、通信设施故障等。

（6）计量故障是指计量设备及用电采集设备故障，主要包括高压计量设备、低压计量设备、用电信息采集设备故障等。

（7）充电设施故障是指充电设施无法正常使用或存在安全隐患等情况，主要包括充电桩故障、设备损坏等。

2）故障报修分级

根据客户报修故障的重要程度、停电影响范围、危害程度等将故障报修业务分为紧急、一般两个等级。

（1）符合下列情形之一的，为紧急故障报修：可能或已经引发人身伤亡的电力设施安全隐患或故障；可能或已经引发人员密集公共场所秩序混乱的电力设施安全隐患或故障；已经或可能引发严重环境污染的电力设施安全隐患或故障；可能或已经对高危及重要客户造成重大损失或影响安全、可靠供电的电力设施安全隐患或故障；重要活动电力保障期间发生影响安全、可靠供电的电力设施安全隐患或故障；可能或已经在经济上造成较大损失的电力设施安全隐患或故障；可能或已经能引发服务舆情风险的电力设施安全隐患或故障。

（2）一般故障报修：除紧急故障报修外的故障报修。

3）故障报修业务处置要求

（1）工单接收。

① 地市、县公司配网抢修指挥相关班组应在国网客服中心下派工单后3分钟内完成接单或退单，接单后应及时对故障报修工单进行故障研判和抢修派单。对于工单派发错误及信息不全等影响故障研判及抢修派单的情况，要及时将工单回退至派发单位。

② 省电动汽车公司地市分支机构应在接到工单后3分钟内完成接单或退单，接单后进行故障抢修。对于工单派发错误及信息不全等影响故障研判及抢修派单的情况，要及时将工单回退至省电动汽车公司。省电动汽车公司接到回退工单后3分钟内完成重新派单或退单，符合退单条件的工单退回国网客服中心；系统识别错误的工单，应核实后重新派单。

（2）抢修处理。

① 抢修人员接到地市、县公司配网抢修指挥相关班组派单后，对于非本单位职责范围或信息不全影响抢修工作的工单应及时反馈地市、县公司配网抢修指挥相关班组，地市、县公司配网抢修指挥相关班组在工单到达后3分钟内，将工单回退至派发单位，并详细注明退单原因。

② 抢修人员在处理客户故障报修业务时，应及时联系客户，并做好现场与客户的沟通解释工作。

③ 抢修人员到达故障现场时限应符合：城区范围一般为45分钟，农村地区一般为90分钟，特殊边远地区一般为120分钟。抢修到达现场后恢复供电平均时限应符合：城区范围一般为3小时，农村地区一般为4小时。具备远程终端或手持终端的单位采用最终模式，抢修人员到达故障现场后5分钟内将到达现场时间录入系统，抢修完毕后5分钟内抢修人员填单向本单位配网抢修指挥相关班组反馈结果，配网抢修指挥相关班组30分钟内完成工单审核和回复工作；不具备远程终端或手持终端的单位采用过渡模式，抢修人员到达故障现场后5分钟内向本单位配网抢修指挥相关班组反馈，暂由配网抢修指挥相关班组在5分钟内将到达现场时间录入系统，抢修完毕后5分钟内抢修人员向本单位配网抢修指挥相关班组反馈结果，暂由配网抢修指挥相关班组在30分钟内完成填单和回复工作。国网客服中心应在接到回复工单后24小时内回访客户。

④ 充电设施故障抢修人员到达故障现场时限应符合：紧急故障抢修人员到达故障现场时间城区一般为45分钟，高速公路及远郊一般为90分钟，特殊偏远地区一般为2小时，故障处理时间一般为90分钟；一般故障抢修人员到达故障现场时间城区一般为90分钟，高速公路及远郊一般为2小时，特殊偏远地区一般为4小时，故障处理时间一般为180分钟。抢修人员到达故障现场后5分钟内将到达现场时间录入系统，抢修完毕后5分钟内抢修人员向本单位反馈结果，并于30分钟内完成填单和回单工作。国网客服中心应在接到回复工单后24小时内回访客户。

⑤ 抢修人员应按照故障分级，优先处理紧急故障，如实向上级部门汇报抢修进展情况，直至故障处理完毕。预计当日不能修复完毕的紧急故障，应及时向本单位配网抢修指挥相关班组报告；抢修时间超过4小时的，每2小时向本单位配网抢修指挥相关班组报告故障处理进展情况；其余的短时故障抢修，抢修人员汇报预计恢复时间。

⑥ 充电设施故障抢修人员应按照故障分级，优先处理紧急故障，如实向上级部门汇报抢修进展情况，直至故障处理完毕。处理期限内不能修复完毕的，应及时办理停运手续。

⑦ 抢修人员在到达故障现场确认故障点后20分钟内，向本单位配网抢修指挥相关班组

报告预计修复送电时间，并实时更新。影响客户用电的故障未修复（除客户产权外）的工单不得回单。

⑧ 低压单相计量装置类故障（窃电、违约用电等除外），由抢修人员先行换表复电，营销人员事后进行计量加封及电费追补等后续工作。

⑨ 35 kV及以上电压等级故障，按照职责分工转相关单位处理，由抢修单位完成抢修工作，由本单位配网抢修指挥相关班组完成工单回复工作。

⑩ 地市、县公司配网抢修指挥相关班组、省电动汽车公司地市分支机构对现场故障抢修工作处理完毕后还需开展后续工作的应正常回单，并及时联系有关部门开展后续处理工作。

⑪ 对无需到达现场抢修的非故障停电，应及时移交给相关部门处理，并由责任部门在45分钟内与客户联系，并做好与客户的沟通解释工作；对于不需要到达现场即可解决的问题，可在与客户沟通好后回复工单。

2. 主动抢修处置要求

除客户主动报修的故障工单外，系统研判准实时生成各类主动抢修工单后，应参照95598故障报修要求处置，力争做到先于用户报修修复故障。由供电服务指挥中心受理并派发至抢修班组进行接单、到达现场、现场勘察、故障处理（回复），再由供电服务指挥中心进行归档，同时指挥人员对执行情况进行监督和督办。

故障抢修工作的总体要求：

（1）现场抢修服务行为应符合《国家电网公司供电服务规范》要求，抢修指挥、抢修技术标准、安全规范、物资管理等应按照国网设备管理部、国调中心等相关专业管理部门颁布的标准执行。

（2）故障抢修人员到达现场后，应尽快查找故障点和停电原因，消除事故根源，缩小故障停电范围，降低故障损失，防止事故扩大。

（3）因地震、洪灾、台风等不可抗力造成的电力设施故障，按照公司应急预案执行。

（二）停送电信息报送

1. 停送电信息报送渠道

公变及以上的停送电信息，须通过营销业务应用系统、供电服务指挥系统中“停送电信息管理”功能模块报送。

2. 停送电信息报送要求

（1）停送电信息报送管理应遵循“全面完整、真实准确、规范及时、分级负责”原则。

（2）生产类停送电信息和营销类有序用电信息通过营销业务应用系统、供电服务指挥系统或PMS系统报送。

（3）其他营销类停送电信息通过修改系统中的停电标志状态传递信息。

（4）对未及时报送停送电信息的单位，国网客服中心可形成工单发送至相关省营销服务中心进行催报，有关地市、县公司核实后及时报送。

3. 停送电信息报送流程

地市、县公司调控中心、运检部、营销部，按照专业管理职责，开展生产类停送电信息编译工作并录入系统，各专业对编译、录入的停送电信息准确性负责。配网抢修指挥相关班组将汇总的生产类停送电信息录入系统并上报。

4. 生产类停送电信息编译规范

（1）地市、县公司调控中心、运检部根据各自设备管辖范围编译的生产类停送电信息应包含：供电单位、停电类型、停电区域、设备清单、停送电信息状态、停电计划时间、停电原因、现场送电类型、停送电变更时间、现场送电时间等信息。

（2）地市、县公司营销部在配合编译生产类停送电信息时，编译内容应包含：停电范围、影响高危及重要客户说明、客户清单、停送电信息发布渠道等信息。

5. 停送电信息报送规范

1）生产类停送电信息应填写的内容

供电单位、停电类型、停电区域、停电范围、停送电信息状态、停电计划时间、停电原因、现场送电类型、停送电变更时间、现场送电时间、发布渠道、高危及重要用户、客户清单、设备清单等信息。

（1）停电类型：按停电分类进行填写，主要包括计划停电、临时停电、电网故障停限电、超电网供电能力停限电、其他停电。

（2）停电区域：停电涉及的供电设施情况，即停电的供电设施名称、供电设施编号、变压器属性（公变/专变）等信息。

（3）停电范围：停电的地理位置、专变客户、医院、学校、乡镇（街道）、村（社区）、住宅小区等信息。同一停电信息涉及分段送电情况，应报送分段未恢复停电范围等信息。

（4）停送电信息状态：分有效和失效两类。

（5）停电计划时间：包括计划停电、临时停电、超电网供电能力停限电、其他停电开始时间和预计结束时间，故障停电包括故障开始时间和预计故障修复时间。

（6）停电原因：指引发停电或可能引发停电的原因。

（7）现场送电类型：包括全部送电、部分送电及未送电。

（8）停送电变更时间：指变更后的停电计划开始时间及计划送电时间。

（9）现场送电时间：指现场实际恢复送电时间。

（10）发布渠道：停送电信息发布的公共媒体。

（11）设备清单包括设备名称、设备类型、设备标识等。

（12）客户清单包括客户名称、客户编号、设备名称等。

（13）影响高危及重要用户说明是指停电信息影响的高危及重要客户编号和名称等信息。

2）生产类停送电信息报送与审核

（1）计划停送电信息：配网抢修指挥相关班组应提前 7 天向国网客服中心报送计划停送

电信息。

（2）临时停送电信息：配网抢修指挥相关班组应提前24小时向国网客服中心报送停送电信息。

（3）故障停送电信息：配电自动化系统覆盖的设备跳闸停电后，营配信息融合完成的单位，配网抢修指挥相关班组应在15分钟内向国网客服中心报送停电信息；营配信息融合未完成的单位，各部门按照专业管理职责在10分钟内编译停电信息报配网抢修指挥相关班组，配网抢修指挥相关班组应在收到各部门报送的停电信息后10分钟内汇总报国网客服中心。配电自动化系统未覆盖的设备跳闸停电后，应在抢修人员到达现场确认故障点后，各部门按照专业管理职责10分钟内编译停电信息报配网抢修指挥相关班组，配网抢修指挥相关班组应在收到各部门报送的停电信息后10分钟内汇总报国网客服中心。故障停电处理完毕送电后，应在10分钟内填写送电时间。

（4）超电网供电能力停限电信息：超电网供电能力需停电时，原则上应提前报送停限电范围及停送电时间等信息，无法预判的停电拉路应在执行后15分钟内，报送停限电范围及停送电时间。现场送电后，应在10分钟内填写送电时间。

（5）其他停送电信息：配网抢修指挥相关班组应及时向国网客服中心报送停送电信息。

（6）停送电信息内容发生变化后10分钟内，配网抢修指挥相关班组应向国网客服中心报送相关信息，并简述原因；若延迟送电，应提前至少30分钟向国网客服中心报送延迟送电原因及变更后的预计送电时间。

（7）除临时故障停电外，停电原因消除送电后，配网抢修指挥相关班组应在10分钟内向国网客服中心报送现场送电时间。

（8）催报停送电信息：配网抢修指挥相关班组在收到国网客服中心催报工单后10分钟内，按照要求报送停送电信息。

3）营销类停送电信息报送

（1）欠费停复电、窃电、违约用电等需采取停电措施的，地市、县公司营销部门应及时在营销业务应用系统内维护停电标志。

（2）省公司按照省级政府电力运行主管部门的指令启动有序用电方案，提前1天向有关用户发送有序用电指令。同时，以省公司为单位将有序用电执行计划（执行的时间、地区、调控负荷等）报送国网客服中心。

（3）有序用电类停送电信息应包含客户名称、客户编号、用电地址、供电电源、计划错避峰时段、错避峰负荷等信息。

（三）应用情况

1. 故障报修工单全流程智能管理应用

以往在抢修指挥各环节，从故障报修工单接单、派单、催督办到回复审核，均由人工进行，人均日受理工单量仅为30张左右。随着供电服务指挥系统的建设，深入应用智能化机器辅助，将各环节由人工识别处置变成系统自动处置，人工辅助干预，大幅度提高工作效率和质量，人工受理工单量增长 10 倍以上，工单错派、漏派，督办不及时的情况下降超 90%。同时，通过自动报表分析功能，还可快速掌握抢修各环节处置薄弱点，对公司管理提升，起到十分有效的作用。

1）故障工单研判接单

供电服务指挥系统实时获取工单，提取主叫电话、姓名、故障区域、地区关键词、户名、表资产号等工单信息，根据用户编号或主叫号码分析用户类型（基于历史故障报修次数分析用户是否是频繁报修用户，基于历史投诉次数分析用户是否是投诉客户，基于对比用户类型分析用户是否是重要用户，基于匹配系统敏感用户库分析用户是否是敏感用户），基于用户编号定性故障类型(匹配营销系统欠费停电标识或近期存在缴费行为分析用户是否中欠费停电、匹配 OMS 检修计划分析是否因计划停电引起、分析所在台区及线路是否存在故障确定因已知故障引起），分析故障区域所属站-线-变拓扑关系以及所在营销台区信息。

2）自动派单

系统解析用户报修地址，应用历史地址库、APP 地理定位，综合考量车辆人员工器具配置，进行资源统一调配，结合各抢修队伍承载力，实现工单的自动派发；同时，指挥人员会针对同一小区，同一台区的集中报修，进行抢修工单合并，有效减轻一线抢修人员工作压力。

首先，针对故障报修工单类型和分级进行大类识别，由不同处置能力班组进行处置。其次，对于无户号的工单，系统基于故障报修工单故障标准地址调用分词服务生成多级（至少三级）关键地址，在班组地址库中匹配工单多级关键地址，以能匹配到班组的最高级关键地址所对应的班组作为自动派单班组，实现工单的自动派单。匹配得到相似度最高的班组。同时，对于有户号的工单，根据户号定位工单所属台区，通过班组台区地址库匹配相似度最高班组，实现工单的自动派单。以上策略中的班组地址库是基于用户历史派单记录，通过分词服务生成，台区地址库是根据用户提供的线路班组对应关系（抢修网格）生成，两个地址库的数据均需持续完善治理。目前，通过不断优化自动派单规则，可达准确率 90%以上，自动派单研判逻辑图如图 5-38 所示。

3）自动催督办

通过现场人员在抢修 APP 的进程反馈，系统预设警戒值，自动开展工单各环节提醒督办；使得指挥人员工作效率大幅提升。通过梳理故障报修工单超时督办机制，建立“三级督办”体系。15 分钟内未接单，30 分钟未到达现场，短信督办、所长、配网办管理人员、属地生产领导（所有人员每 15 分钟短信督办一次），并电话、短信同时督办抢修班组。若 150 分钟工单未办结，短信督办抢修班组、所长。180 分钟工单未办结，电话督办抢修班组、所长，短信督办配网办管理人员、属地生产领导（所有人员每 15 分钟短信督办一次）。同时各县公司建立抢修工单双确认机制，在每一值抢修人员中明确一名主要接单人员和一名复核人员，有效确保不出现漏单、错单情况的发生。

4）辅助回复审核

对已完成抢修修复的故障报修工单，需抢修人员对处置情况进行回复，通过编制回复模板，提高抢修人员的回复效率和速度。指挥中心人员需要对回复内容进行审核操作，主要针对抢修人员上传的抢修修复信息进行审查并回复国网，如发现没有问题后，单击“提交”按钮，完成提交操作，完成提交时，系统会自动判断对指挥中心人员的派工时间、抢修人员到达现场时间、抢修人员完成抢修修复的时间、抢修现场记录进行判断，如有不符合设定要求的情况，系统会智能提醒修改。

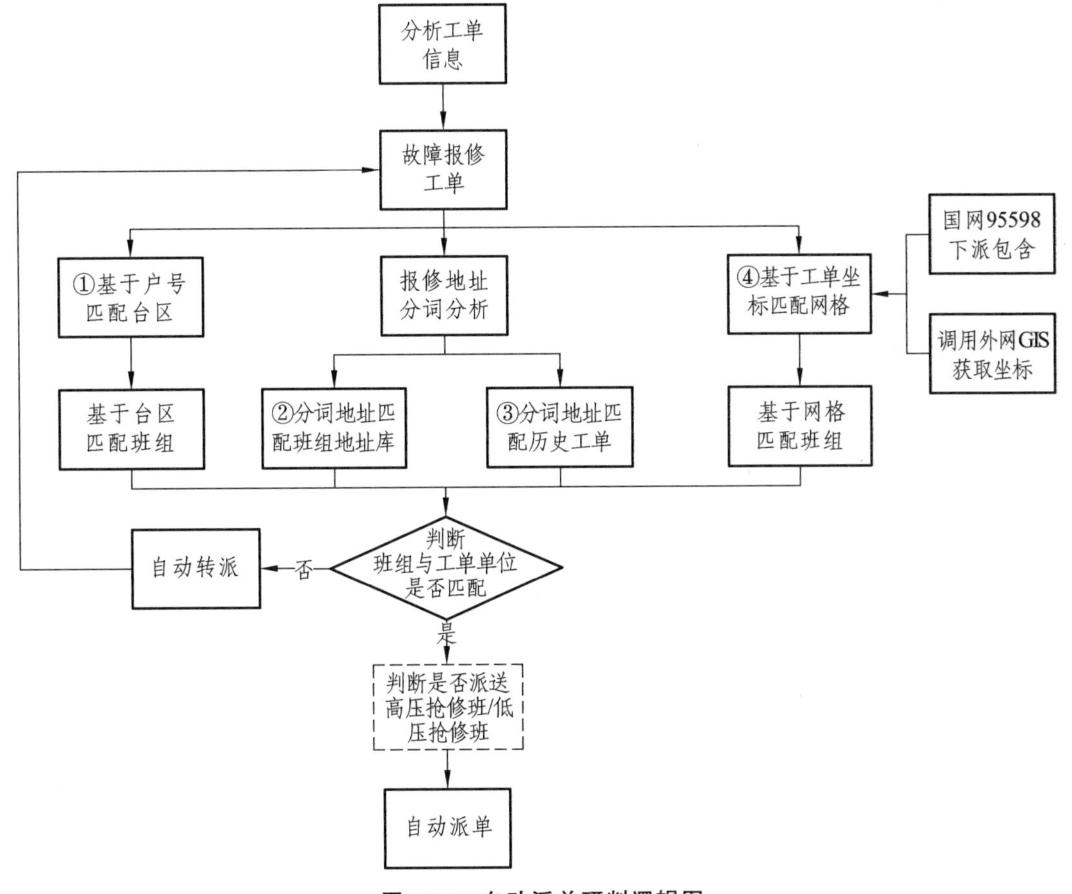

图 5-38　自动派单研判逻辑图

5）抢修质量评价

结合缺陷隐患、气象情况等运行风险指标监视和分析；通过系统自动生成日、周、月报，对不同时段、地域、班组、类型的抢修工单进行质量评价，提出流程优化等合理化建议。

2. 主动抢修应用

从调度自动化、配电自动化、用电信息采集、漏电保护监测等系统实时获取的电网运行数据及 10 kV 主线跳闸、分段（分支）线路跳闸、配变故障停电、线路接地故障、低压户表故障等信息，通过综合主配网生产各系统数据，打通主网到配网乃至用户侧的信息贯通，实时生成各类主动抢修工单，驱动配电网故障的主动抢修，及时处理故障，降低客户报修工单数量。通过工单的发起、执行、跟踪和闭环，实现抢修业务的数字化、透明化、流程化及痕迹化管控，有效提升配网精益管理和供电服务水平。

1）主线故障抢修工单

配网线路发生故障跳闸后，巡视和抢修人员线下收集配网拓扑图形、设备台账、继电保护等信息，一定程度上影响了巡视和抢修效率。通过识别 D5000 主线故障信号，向下对三台及以上配变停电信号进行比对，研判主线故障，在工单中实时传递线路故障描述、配网拓扑图形、现场巡视结果等信息，提高抢修信息传递的快速性和便捷性，可视化展示故障处置流程，助力抢修提速。主线故障逻辑图如图 5-39 所示。

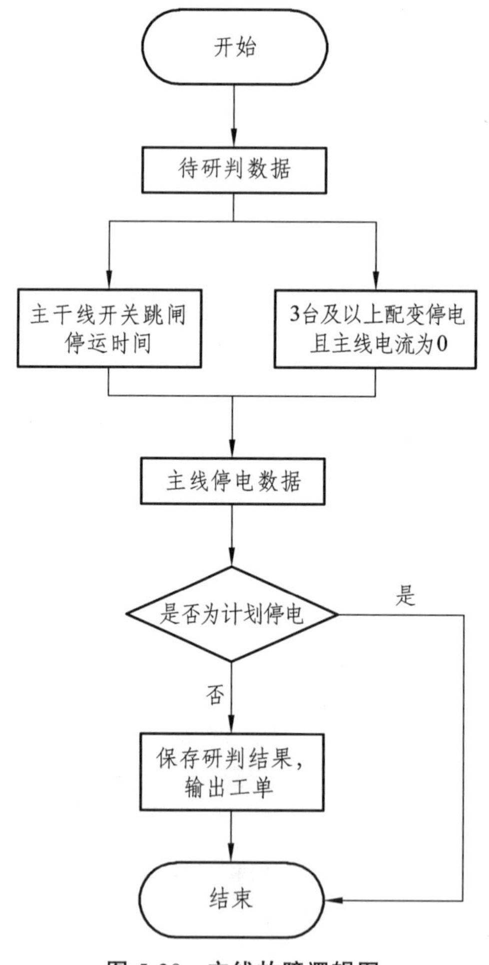

图 5-39　主线故障逻辑图

2）支线故障抢修工单

综合考虑有关计划停电、上级电网故障的情况，通过分支线故障信息直采，支线下属配变停电，进行电源点溯源到公共分支线开关，对于主线开关电流不为 0 的故障派发支线故障。将支线故障工单派发至相应班组处置。支线故障逻辑图如图 5-40 所示。

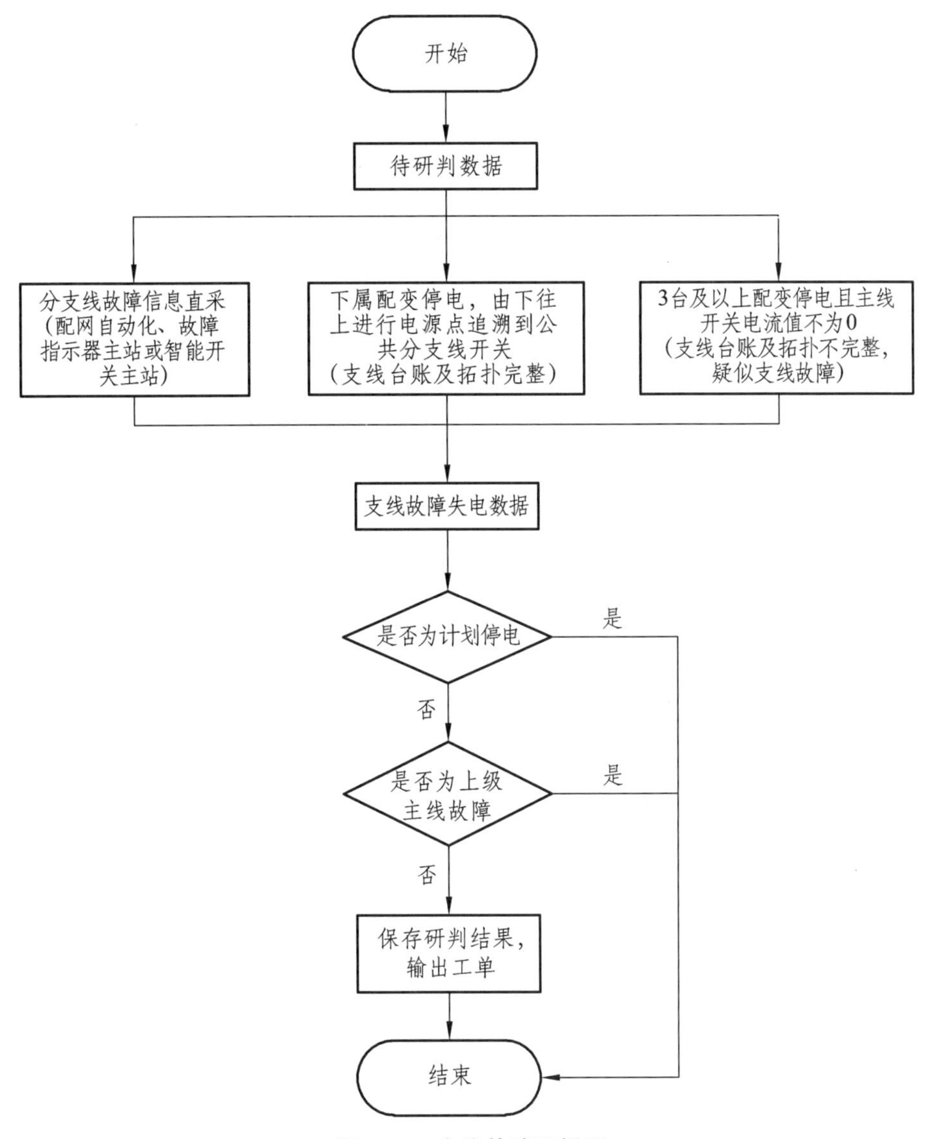

图 5-40　支线故障逻辑图

3）台区故障抢修工单

台区停电监测配变台区点多面广，发生停电后难以快速感知和定位。供服系统基于智能融合终端、漏电保护、配电自动化、用电信息采集等多系统实时监测信息，对台区停电进行综合智能研判，确认台区故障停电后自动生成台区主动抢修工单。台区故障逻辑图如图 5-41 所示。

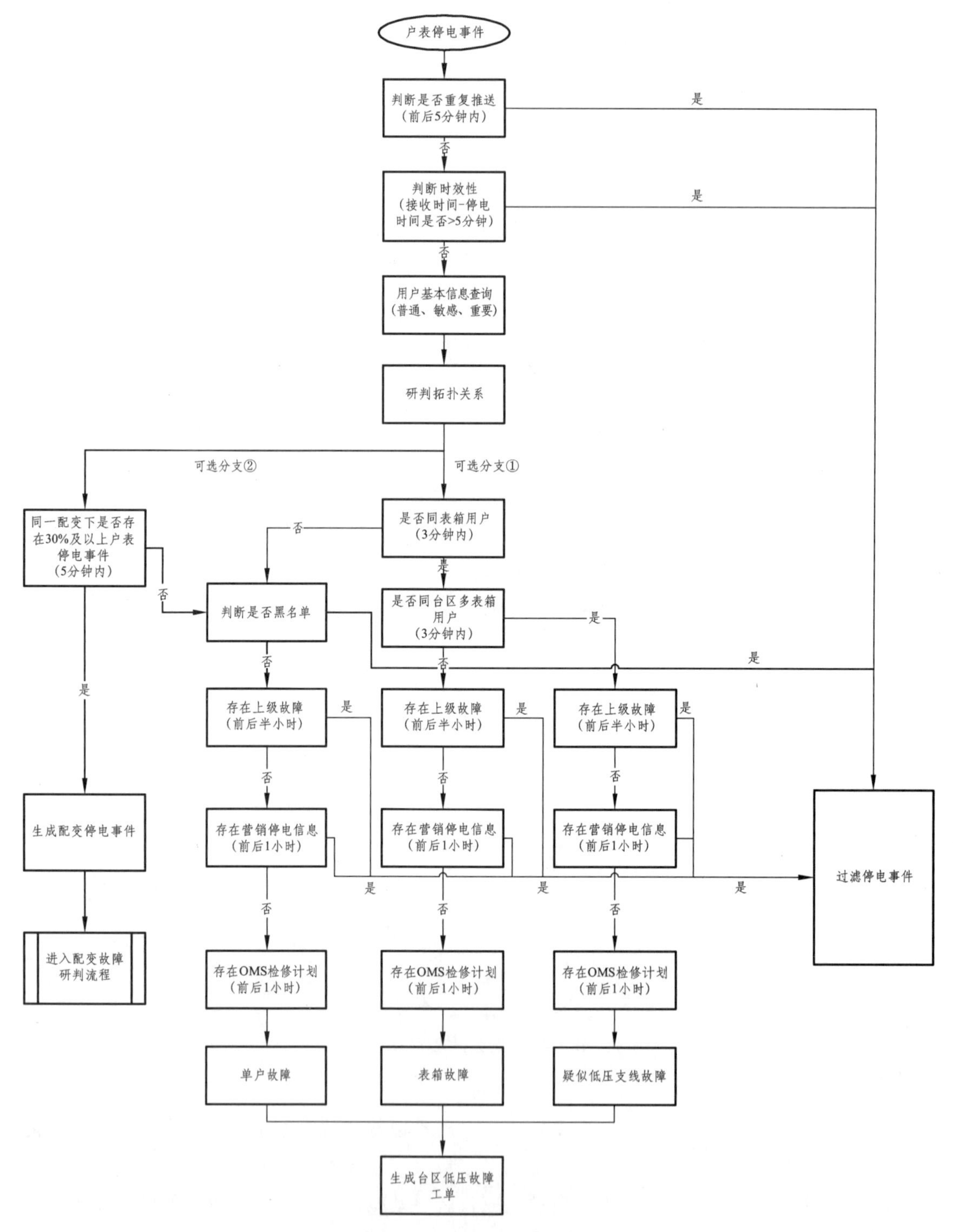

图 5-41 台区故障逻辑图

3. 停送电信息发布应用

在停送电信息发布方面，通过编制结构化停送电信息池，将计划、故障停电信息自动编译，实现停送电信息的及时发布；通过关联设备与台区经理，利用微信公众号、网上国网 APP 等渠道，助力停送电信息的精准到户。同时，为公司客户经理“网格化”服务提供大数据支撑。

五、调度日志应用

本小节介绍了系统建设背景，说明调度术语规范化、调度日志结构化的重要性，详细分析了当前地区日志中的调度日志、监控日志、配网日志现状与结构化改造的必要性，最后总结了调控运行过程管理系统的主要作用。

（一）技术路线

1. 系统架构

系统基于调控云与 PI6000 平台构建，整体采用前后端分离的架构，前端采用 Vue 框架实现各业务页面展示，通过 Restful 接口调用后台服务获取数据，数据采用 Json 格式。后台服务利用平台提供的基础框架和公共服务，均基于 Spring 框架构建，利用 Spring Boot 框架进行开发，简化了系统设置。

系统架构分为三层：持久层、服务层和展现层，如图 5-42 所示。

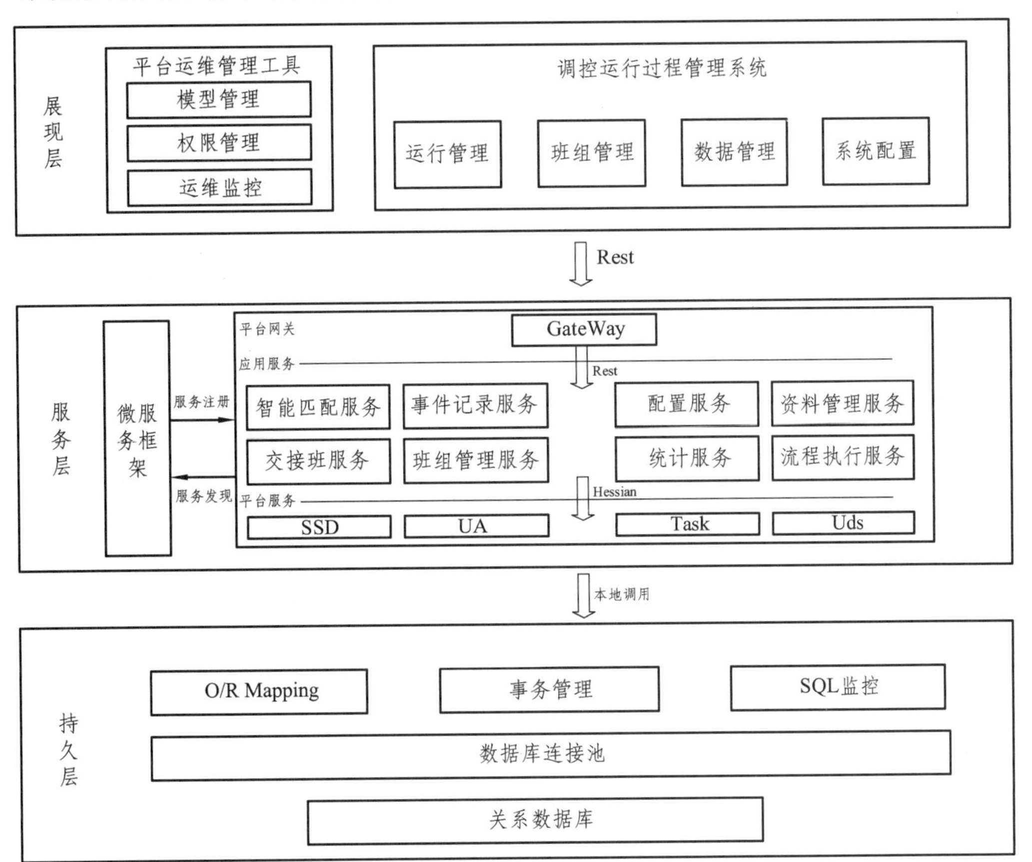

图 5-42　系统架构图

（1）持久层：平台提供了持久化访问组件，可实现对传统关系型数据库的高性能可靠访问；服务层的应用服务通过调用持久化访问组件实现对业务数据的访问。

（2）服务层：包含了平台提供的公共服务以及业务应用服务，结构化改造后的各类调度日志服务均通过平台统一的微服务框架，实现服务的注册和发现；应用服务对外统一提供Restful 接口，各服务之间则通过 RPC 调用。前端均通过平台提供的网关访问应用服务。

（3）展现层：主要通过前端页面访问业务，RESTful 方式交互，数据格式为 JSON。展现层所实现的业务功能包括运行管理、班组管理、数据管理、系统设置、模型管理、权限管理和运维监控。

2. 业务架构

调控运行过程管理系统业务包括配置类服务、业务类服务和数据查询服务，为运行管理、班组管理、数据管理和系统管理提供业务支撑。系统通过日志服务与 OMS 系统交互，后续可支持获取 EMS、调度指令票等系统相关数据。业务架构如图 5-43 所示。

配置类服务实现了系统功能的可配置性，主要包括：班组管理服务、台账维护服务、运行记录模块配置服务、流程执行日志配置服务、交接班记录簿配置服务、模板配置服务及权限维护服务。

业务类服务是支撑系统功能运行的主体部分，主要包括：排班计划、班组人员、设备台账、术语信息、模板信息、文件资料、角色权限等，及事件记录服务、交接班服务、日志统计服务、口令流程服务、智能匹配服务、模板服务、文件服务、鉴权服务、订阅推送服务等。

数据查询服务提供了系统数据查询及分析结果的服务，主要包括事件及日志、交接班记录簿和统计报表。

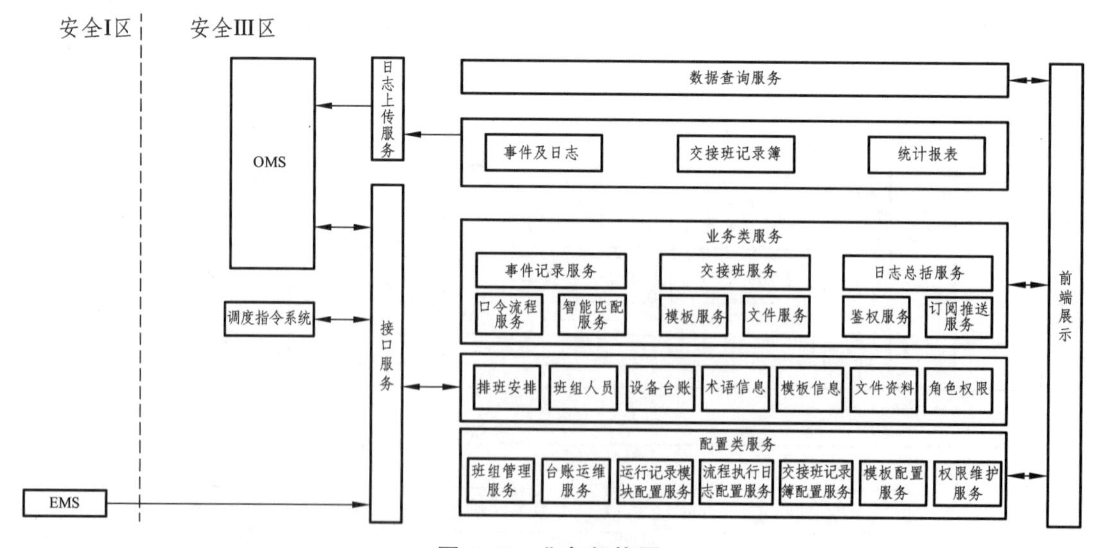

图 5-43　业务架构图

3. 技术特点

系统完整地实现了运行管理、班组管理、数据管理和系统管理四部分功能，满足日常调控运行中相关日志记录需求。主要技术特点包括：

1）事件化

对所有运行记录采用打包的方式进行事件化处理。将同一事件的工作记录打包在一起，方便对整个工作过程的查看，同时对于跨班事件可快速知晓事件的前因后果。

2）结构化

对调控运行日志进行结构化改造，规范日志记录内容与分解结构，便于统一全网日志标准，有利于后续日志内容分析。

3）模块化

系统采用模块化设计，便于功能模块的扩充与调整，同时将运行方式管理、电网故障管理、电网缺陷管理等各模块的公共技术提炼形成公共服务。

4）数据共享

针对多个班组共同关注的调控数据，可使用推送和订阅的方式，在不同班组之间进行共享，减少不同班组之间对同一事件的重复记录，同时保证数据源头一致。

5）自动报表

基于结构化记录的运行数据，自动生成需要的报表，无需二次填写报表，随时可通过查询方式生成。

6）操作便捷

使用现有 OMS 的设备台账，直接通过点选，无需手动录入。如果出现设备的台账不全，可手动录入。

7）流程联动

现有 OMS 系统已具备检修申请、带电作业申请、新投申请、异动申请、方式更改单及保护定值单等功能，在本系统中记录调度日志时，涉及上述申请流程时，可实现自动联动查询相关的申请单无需再单独登录 OMS 中进行申请。

（二）应用情况

1. 功能总体介绍

系统的主要功能包括运行管理、班组管理、数据管理及系统管理四部分。

2. 电网运行管理

1）日常运行常用功能

（1）草稿箱。

（2）调度任务提醒。

2）交接班功能

（1）交接班方式。

（2）交接班管理。

当用户完成接班，具有当值权限之后，即可对系统中的数据进行创建、修改和删除操作，详细流程如图 5-44 所示。不具有当值权限的用户只能查看系统中记录的数据。

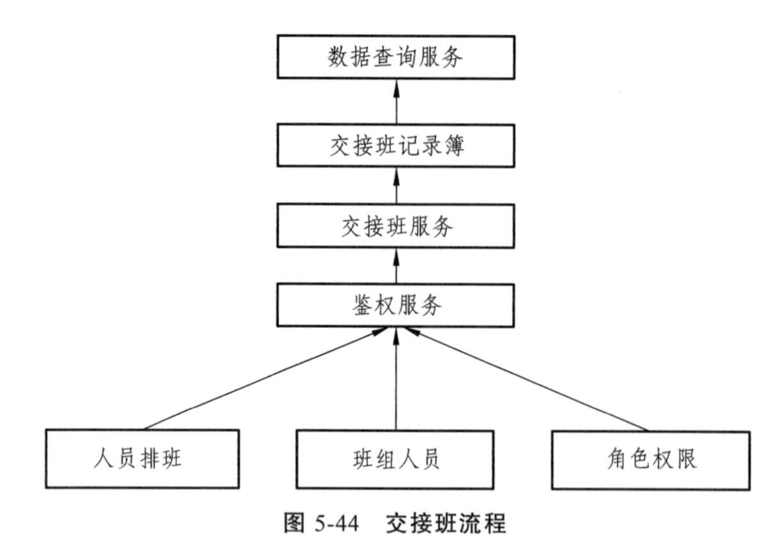

图 5-44　交接班流程

① 交接班服务：根据交接班逻辑，调用鉴权服务判断用户是否具备接班条件，接班后生成交接班记录；

② 鉴权服务：判断用户权限，具有当值权限用户可对系统中的数据进行创建、修改和删除操作，不具有当值权限的用户只能查看系统中记录的数据；

③ 数据查询服务：提供事件的查询功能，支持交接班列表、交接班记录簿、运行日志汇总和单项口令汇总信息查询。

（3）交接班记录簿。

交班后可自动汇总形成交接班记录簿，形成在值期间的所有电网运行过程记录的一览表。

（4）值班列表。

值班列表汇总各值值班情况，可选择某值查看当值期间的交接班记录本、运行日志、单项口令等。

3）调控申请关联查询

调控运行过程管理系统可以关联查询 OMS 系统中的检修申请、带电作业申请、新投申请、异动申请、方式更改单及保护定值单等。

申请单的关联查询，可以辅助当前事件记录时更加准确地记录 OMS 系统的关联设备或单据，全面精确记录当前电网的作业安排、电网运行的多项变动情况等。

4）运行事件申请记录

（1）变电缺陷记录。

变电站设备缺陷的事件记录，对设备缺陷等级、设备名称和缺陷描述进行记录，包含变电站内的各类设备，当值未处理完毕的缺陷，可移交至下一值。

（2）线路缺陷记录。

线路设备缺陷的事件记录，便于及时发现和消除线路缺陷，保障线路安全运行，主要对线路缺陷等级、线路名称和缺陷描述进行记录，当值未处理完毕的缺陷，可移交至下一值。

（3）临时检修记录。

临时检修记录，主要记录计划检修单之外的临时操作，包括电网设备、线路临时消缺或故障处置等停电检修工作。

临时检修记录包括设备名称、临时工作名称、申请开工时间及简报内容，并在日志中记录相关检修过程。

（4）临时特殊方式调整记录。

临时特殊方式调整，是在正常方式变更之外的电网运行方式修改，记录特殊方式的具体调整结果。

（5）临时保护调整记录。

临时保护调整记录，主要记录不在保护定值单范围内所需要临时调整的事件，主要包括临时调整依据、保护调整情况、实际开始与结束时间。

5）电网运行情况记录

（1）变电跳闸。

故障跳闸是电网运行过程中值班员重点关注的事件，电网变电跳闸的日志记录包括故障出现时的保护动作情况、重合闸情况、故障类型及事件恢复等。故障跳闸事件详细记录设备情况、故障信息、故障处置、负荷损失及简报内容等日志，尤其在故障信息中详细记录故障相别、重合闸情况及保护动作情况，故障处置中对处置情况、故障原因、恢复时间等进行准确记录，对电网跳闸相关情况进行全面的日志记录。

（2）用户跳闸。

用户在使用电气设备时，出现因过载、短路等情况导致的跳闸事件，值班员需对跳闸进行跟踪记录。与电网跳闸相比，其电压等级较低，影响程度相对较小。用户跳闸的日志记录和电网跳闸类似，主要记录其跳闸过程中的相关情况、恢复时间等。

（3）线路跳闸。

因线路过载、短路或自然环境、人为因素导致的输、配电线路跳闸，在线路发生跳闸事件后，需要重点记录线路故障的相关信息，包括设备情况、故障信息、故障处置、负荷损失、其他信息及简报内容，与上述电网跳闸日志记录类似。

（4）线路接地。

线路接地记录故障情况下的线路接地情况，包括接地线路、故障相别、故障原因等。

（5）重载设备监视。

电网运行中的重载设备对电网安全运行影响非常大，地区电网的重载设备主要为主变、线路及配变，重载设备监视日志主要记录其设备、运行信息及处置情况，如果设备超重载或长时间重载，需进行相关负荷控制操作。

6）其他

（1）保电任务。

主网及配网在保电期间，需对相关设备重点监视，辅以保电方案，对重点区域进行保供电。保电任务调度日志，主要记录相关保电内容，便于各值重点监控。

（2）调度联系记录。

调度联系记录主要是联系相关单位的流水记录。

（3）电网运行注意事项。

电网运行注意事项可供各值监控员重点监视，关注当前电网的薄弱环节，以及应对正常、异常情况时应重点关注的设备、方式等。

（4）待办事项。

待办事项作为值班监控的备忘录，提醒相关待办人员完成设备操作。

（5）事件智能联想输入。

通过智能联想输入以及模板等技术手段，实现快速地事件记录、日志生成以及口令流转，支撑电网调度相关班组的日常运行过程记录管理工作。数据服务之间的关系如图 5-45 所示。

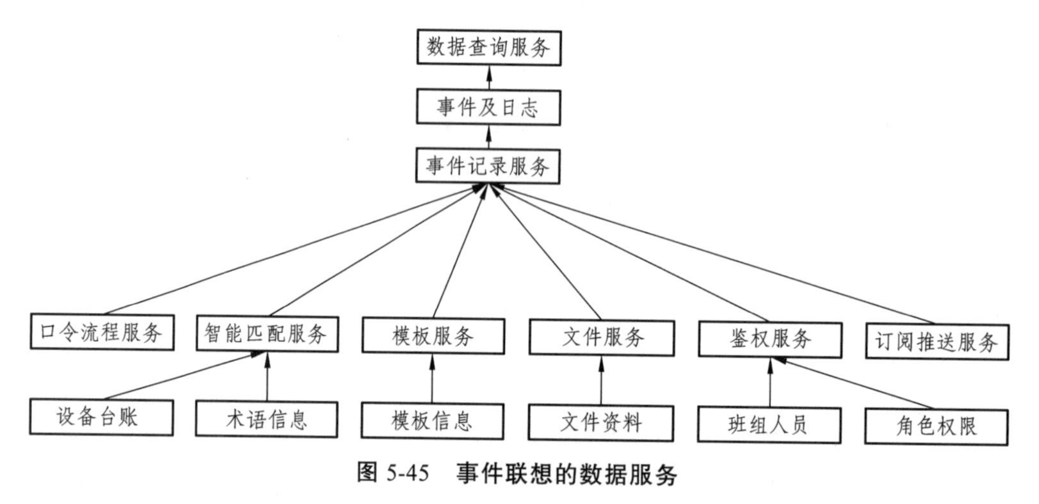

图 5-45 事件联想的数据服务

3. 班组与数据管理

1）值班排班

班组成员包括值长、正值、副值、实习调度员等，值班安排时考虑休假、连续轮值情况等，以满足月度排班的基本需求。

2）运行统计

针对各类运行记录模块中不同的事件属性可进行分类统计，包括停电情况统计、事故情况统计、缺陷情况统计等。

4. 系统配置管理

1）设备台账配置

电网设备台账从 OMS 系统获取数据，根据登录用户的主网或配网角色属性，同步获取不同的数据结果。设备台账同步的设备数据与 OMS 系统完全一致，便于后续日志结果的交互分析。

2）用户管理

用户管理功能主要实现用户信息与班组信息的新增、修改删除以及相关角色权限配置，并支持统一权限的单点登录验证功能，保持与 OMS 系统一致的用户访问。

3）系统菜单管理

系统通过统一的菜单管理功能对各项功能菜单和权限定义进行配置，实现菜单的启用、停用和使用权限管理。

系统还包括术语配置和模块配置功能，术语配置用于规范调度日志的记录用语；模块配置则可根据不同班组属性提供所需的功能模块。

六、检修计划全闭环智能管控系统

（一）技术路线

1. 总体建设思路

根据现有检修计划存在的问题根源，提出“事前平衡-事中管控-事后评价”的总体建设思路，如图 5-46 所示，建立检修计划全闭环智能管控系统，推动设备停电计划安排关口前移，实现检修计划事前智能平衡、事中可视化管控和事后全过程评估。

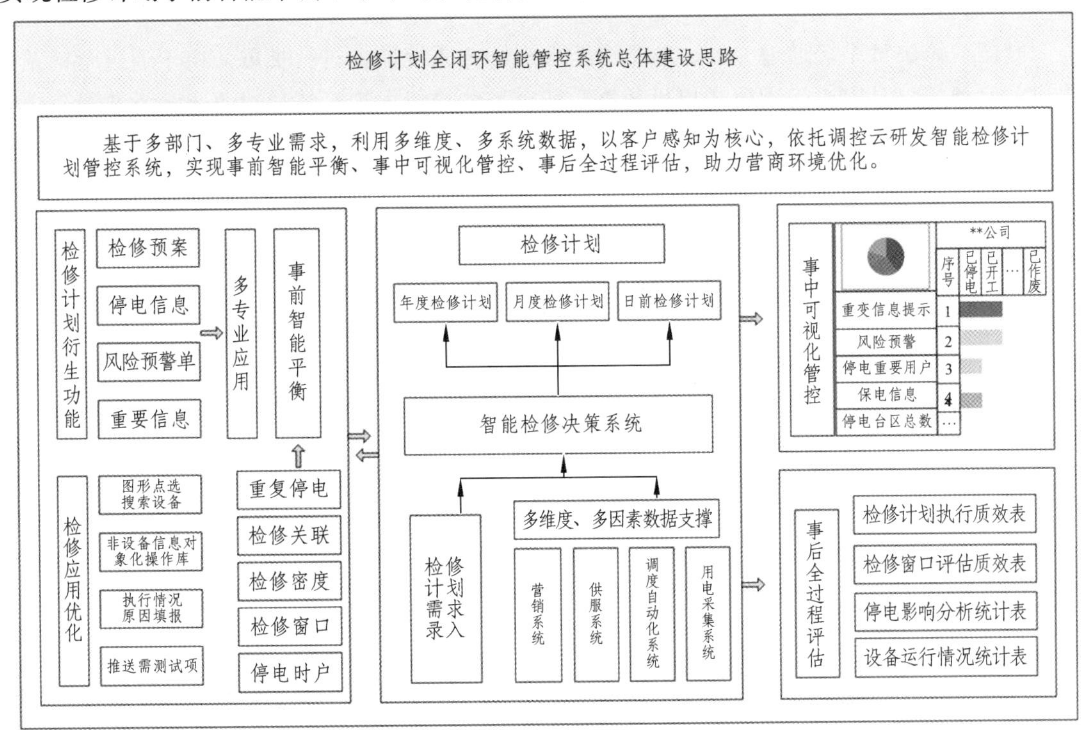

图 5-46 检修计划全闭环智能管控系统的总体建设思路

2. 多元数据融合分析技术

智能检修决策系统基于调控云进行系统部署，通过数据调用技术实现基础资源共享（如图 5-47 所示）。依托调控云的平台服务层、应用服务层与数据云平台的建设成果，直接调用云端数据资源，打通各专业系统壁垒，有机整合多部门、多系统数据，建立开放性数据平台，实现数据的交互、集成、协同、共享。

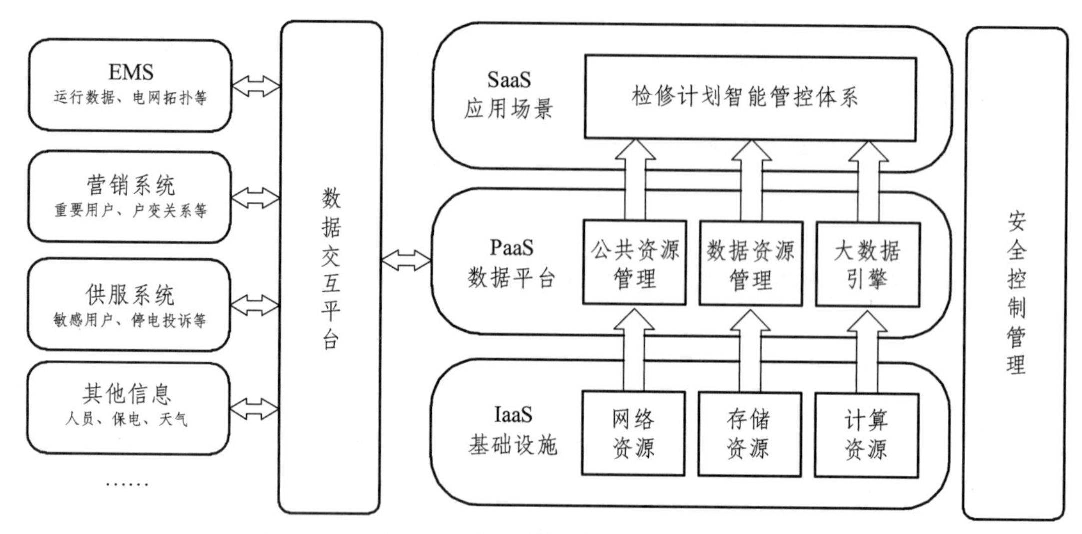

图 5-47 多元数据融合分析技术

1）与营销系统接口

智能检修决策系统通过 kettle 方式对营销 SG186 系统数据进行抽取。由于通过营销系统提供的对外接口是以中间库形式提供数据，所以智能检修决策系统通过 kettle 方式对营销系统数据库的中间表进行数据抽取，获取重要用户的相关信息，包括重要等级、接入配变名称、联系方式等，用来判断设备停电的电网风险等级、影响到的重要用户等。

2）与供服系统接口

智能检修决策系统通过 Webservers 接口方式实现与供服系统的数据交互。获取户变关系，通过停电设备分析所影响到的用户数及时户数，对检修计划进行时户数精益化管控。获取敏感用户和投诉相关信息，用来判断设备停电所影响到的敏感用户及是否为高投诉风险，做好优质服务管控。

3）与调度自动化系统接口

智能检修决策系统通过 e 文件传输的方式与调度自动化系统进行数据交互。检修人员提出申请，选择断开点设备后，生成检修信息的 XML 文件，将 XML 文件发送至调度自动化系统的三区 Web 服务器，系统将文件移至一区进行停电范围分析，将停电范围分析结果返回至智能检修决策应用。智能检修决策应用接受文件后进行解析，然后进行停电范围结果展示以及重复停电计算。智能检修决策应用将生成的停电设备、转供方案、停电时间等信息，传送给调度自动化系统分析受影响配变，返回预停电配变列表。

4）与用电信息采集系统接口

智能检修决策系统通过配网模型、拓扑数据的融入，检修计划结构化在检修设备结构化的基础上，通过拓扑分析实现依据检修开关设备自动计算停电范围内相关设备。系统依托用采系统历史停复电信息与目前检修数据进行比对，相同工作情况下是否存在私自扩大停电范围、延长检修工期、延时送电等不合理情况。

3. 检修计划停电范围分析技术

1）拓扑分析技术

网络拓扑分析基于一体化模型，通过拓扑搜索，自动生成设备（用户）的供电路径图，显示某设备（用户）的上级供电网络情况，即在设备（用户）上进行图形操作，快速实现该设备上级电源点的逐级追溯，直至找到 220 kV 以上高压环网为止，以自动成图的方式更加直观、动态地反映出该设备的供电安全性。

系统接收并解析“已批复”的检修计划申请单，根据当前系统模型、断面，结合 OMS 检修单的停电（断开）设备、检修设备、转供设备、恢复供电设备、白停夜送等信息，分析出该检修计划影响的停电范围，生成计划停电及其影响配变信息。

2）检修单信息交互

检修单信息交互流程图如图 5-48 所示。调度自动化系统从 OMS 系统文件中读取申请单后，自动解析并导入检修单的停复电时间、检修内容以及检修设备、停电设备等信息。并通过设备资产 ID、设备名称等字段与自动化系统中的设备进行自行匹配。经过后台分析后生成运方安排及停电范围，自动生成运方批复文件可供 OMS 系统调阅，停电用户列表文件可供供服系统调阅。

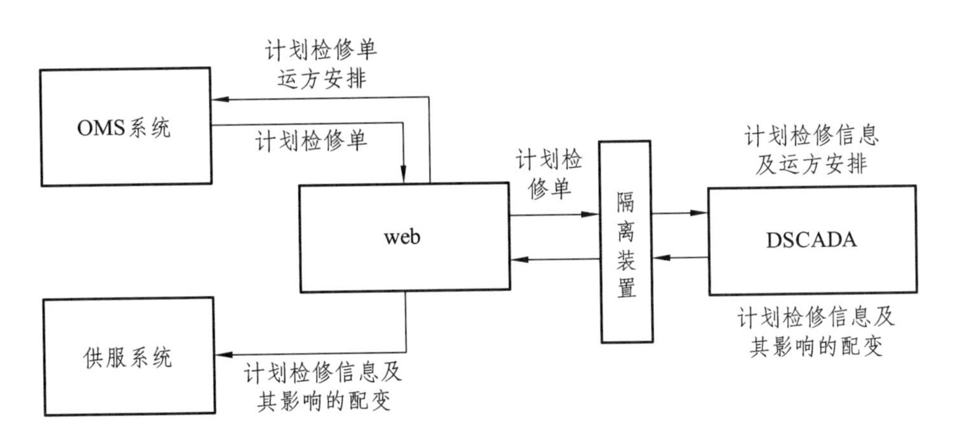

图 5-48　检修单信息交互流程图

4. 智能检修决策分析技术

1）检修计划智能平衡技术

检修计划智能平衡决策分析技术，通过重复停电平衡、检修关联平衡、检修密度平衡、检修窗口平衡、停电时户平衡，提示人员承载力、重复停电、电网风险等信息，推动资源优化配置利用，释放人员产值，助力降本增效。

（1）重复停电平衡。

以配变为判别单元，针对已停电的情况（已完成停电操作的检修工作和电网故障造成的故障停电）以及与已审批待执行的检修计划工作存在城网半年、农网三个月内出现三次及以上的重复停电情况检查。

① 年度检修计划重复停电规则。

系统自动审核年度检修计划，判断检修计划停电中配变是否存在城网半年、农网三个月内出现三次及以上的重复停电。

② 月度检修计划重复停电规则。

当录入第 N 月的月度检修计划时，重复停电次数计算规则：第（$N-2$）月日前检修计划停电 + 第（$N-1$）月月度检修计划停电 + 第 N 月月度检修计划停电 + 第（$N-2$）月故障停电 + 第（$N-1$）月故障停电；若日前停电计划关联月计划，这种情况不属于重复停电范围。

日前检修计划停电：指已执行的计划停电。

月度检修计划停电：指待执行的计划停电。

故障数据来源于两个系统：一是调度自动化系统的跳闸和接地数据，二是来源于供服系统的临停处缺数据。

（2）检修关联平衡。

根据电网设备检修“一停多用”原则以及停电范围分析结果，设定同时检修约束、互斥检修约束和顺序检修约束，并赋予“检修类别权重”，实现主配关联、一二次关联、基建与检修间关联等。

① 同时约束。

在一个系统中，一次停电可以解决的问题要全面解决，不允许因考虑不周而发生重复停电的问题发生。因此，有些设备必须同时检修。当月所有检修中，凡是使同一条线路、相同节点失电的检修，都认为是重复停电检修，在进行检修计划时间编排时，将重复停电检修安排在相同的时间段内，即在此检修计划执行过程中只允许停电一次。

② 互斥约束。

检修互斥约束是针对不可同停设备进行分析，如双电源用户的两套电源同时停电、需进行负荷转供时对侧线路停电的情况进行分析，识别检修工作中的冲突。

为了避免负荷点在检修时停电，有些设备不能同时检修，因此不能将其安排在相同的时间段内检修。

$$x_j > x_i + D_i + 1$$

式中，x_j 表示第 j 个设备开始检修时间；x_i 表示第 i 个设备开始检修时间；D_i 表示第 i 个设备检修持续的天数。

如图 5-49 所示，为避免造成未检修区域（即图中转供范围）停电，馈线 A 与馈线 B 不能同时停电检修。

③ 顺序约束。

根据检修人员填报检修计划中的停电设备，进行顺序约束平衡后，考虑检修人员检修路线的合理性，尽量按地理位置就近安排检修顺序。

优化目标包括：尽可能达到最小的失电负荷量，以降低因检修停电造成的售电损失；尽可能缩短检修持续的总时长，保证电力系统的可靠性；尽可能缩短人员的总工作量，并满足检修工区上报的期望检修时间，以节约人力成本；尽可能减少开关操作次数，避免用户的重复停电，尽量选择较好的负荷转移路径，降低系统网损。

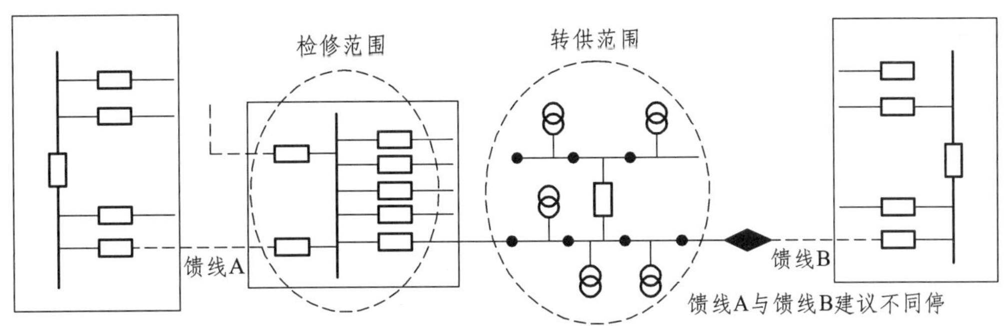

图 5-49　互斥约束

约束条件包括：网络拓扑约束：保证电网呈辐射状运行；系统潮流约束：保证负荷转移过程中始终满足系统潮流约束；节点电压约束：保证节点电压不越限。设备容量约束：保证故障设备的检修不引起电网中其他设备过负荷。

④ 检修类别权重。

在检修计划模块录入全部检修计划，系统按照“统筹大修技改、农网工程、市政工程、业扩工程、设备缺陷、检修预试等工作”，做到主配网、一二次设备、发输变电工作的优化配合；在平衡时针对不同类型（基建、业扩、政府、农网等）的检修工作赋予权重，根据权重进行排序，方便进行优先级调整检修计划时间。

目前各权重系数为：基建权重系数为 $m=1$，业扩权重系数为 $m=0.8$，市政权重系数为 $m=0.8$，用户权重系数为 $m=0.6$，消缺权重系数为 $m=0.6$，检修权重系数为 $m=0.5$。

（3）检修密度平衡。

通过 OMS 系统对预安排检修计划密度的感知，根据检修计划涉及的施工单位和运行班组（含调控、运维），综合考虑检修人员和检修设备的能力，建立检修资源约束，量化人员承载力，进行合理安排，均衡操作人员、检修人员及调控人员的工作量，安全生产过程更可控，实现月、日检修密度精准平衡。

① 检修物资资源约束。

主要包括：按专业、所属子公司、地理位置等划分为若干组的可用检修资源约束；属于特定组别检修范围内的电力设备不能安排同时检修；检修及调试设备、工作、特殊设备、备品备件等同时检修的容量约束。

② 检修人员承载力分析。

检修人员承载力分析通过建立省、地、县三级检修班组业务承载力模型，将检修工作划分为调度停、送电阶段和检修班组现场检修操作阶段，将其操作时间和检修时间量化为每小时的负载量，通过基尼系数评价方法分别计算各检修班组和调度班组的工作负载平衡指数，得出现有人员与业务的匹配程度，识别高负载时间段，通过调整进行承载力均衡，从检修安排源头提升防误能力。

（4）检修窗口平衡。

检修智能决策系统根据电网断面季节性运行特点、负荷特性变化、重要保电期、重要用户和敏感用户用电需求，实现检修窗口精准平衡。针对特殊时段，如节假期保电、负荷高峰期不应安排停电检修工作；针对商业用户，周末不应安排停电检修工作；针对办公用户，工作日不应安排停电检修工作；保证清洁能源输送通道，不应安排停电检修工作；分布式电源窗口期期间，不应安排停电检修工作。

（5）停电时户平衡。

采用“预算式”停电计划管理方法，根据年度可用总停电时户数，设定年度、月度停电时户数约束，实现停电时户平衡，有效控制停电频次和范围。

① 年度停电时户数约束，主要包括：根据省设备部年度可靠性指标计算年度可用总停电时户数；根据近三年历史计划和故障停电时户数比例，确定年度计划、故障分别可用停电时户数；剩余计划停电可用时户数按照“调控预留一半、运维单位自主安排一半”原则分配，调控预留时户数主要用于“城网 6 个月、农网 3 个月”平衡会的再分配，以及主网非计划停电等特殊原因造成的停电时户数补偿调剂。运维自主时户数主要用于业扩接入、设备消缺、用户停电等停电。运维自主时户数按照“与运维体量成正比、与用户重要性质成反比”原则分配至各运维班组。

② 月度停电时户数约束，主要包括：根据“计划可用停电时户数”以及年度停电计划，将“年度计划可用停电时户数”分解为“月度计划可用停电时户数”；按照“预留 20%、运维设备数量及用户性质占 20%、年度计划占 60%”原则，对各月停电计划可用时户数进行分配；系统自动审核各单位停电时户数，判断是否超过月度计划值。

- 若未超出月度计划值，可以执行；
- 若超出月度计划值，超出时户数≤前几月剩余计划时户数（月计划时户数 - 实际消耗时户数），可以执行。
- 若超出月度计划值，超出时户数 > 前几月剩余计划时户数，原则上应予以删减；若因特殊原因无法删除，在当月或前几月剩余时户数中予以调剂。

2）数据交互可视化技术

建立数字化模拟系统，有效处理大规模、多类型和快速变化的数据，采取图形化交互式分析方法，利用图形图表可视化展示年度、月度、日前检修计划执行情况，对检修计划涉及停电项痕迹化记录、分析、建议和提醒。同时，分检修类别、检修单位和工作进度可视化展示电网检修事中管理全面概况。

3）检修质效评估技术

事后全过程智能评价检修计划工作涉及的所有事项，分析评估专业管理水平和检修计划执行质效，针对性提出工作改进建议。数据结果用于评估年计划合理性、报表展示、可视化展示等，同时将数据分析结果推送至运检、营销、供服等相关专业系统，做到数据共享。

通过量化过程管控数据形成评价指标，引入正反双重评价模式，建立检修计划执行质效评估体系（如图 5-50 所示），以推进智能检修决策应用在检修计划工作中的应用，加强配电网精益管控，提升配网运行管理水平和优质服务能力。

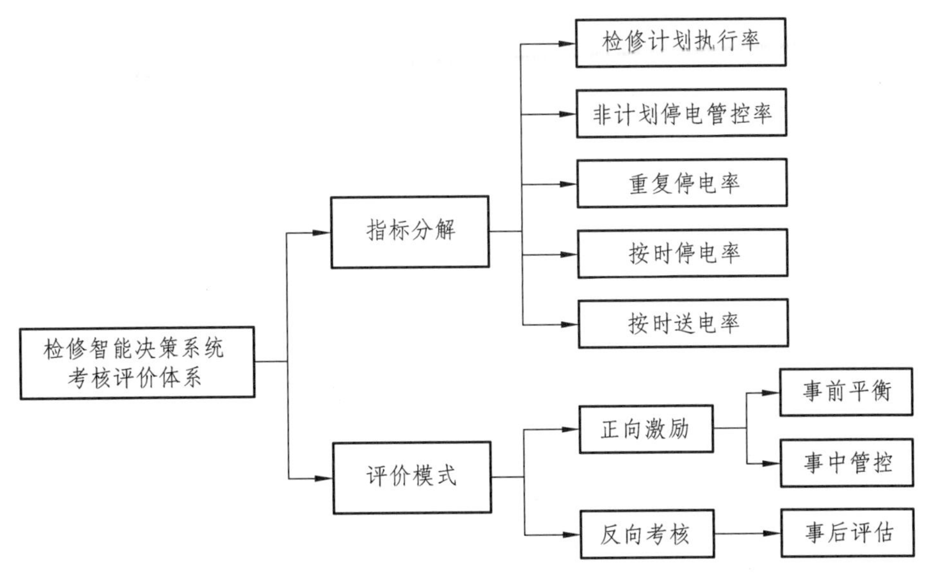

图 5-50 检修计划执行质效评估体系

（二）应用情况

1. 系统框架

基于输配协同的智能检修决策系统，通过采集调控、运检、营销、供服等专业信息，有机整合多部门、多系统数据，构建检修计划“事前平衡-事中管控-事后评估”智能管控体系，科学搭建检修计划全闭环智能管控系统框架（如图 5-51 所示），实现检修计划事前智能平衡、事中可视化管控和事后全过程评估，加强电网停电精益管控，显著提高供电可靠性，减少重复停电，降低停电时长，减轻用户停电感知。

2. 工作流程

为确保智能检修决策系统高效有序的应用于停电检修计划工作，对系统各模块工作流程进行梳理总结，形成检修计划智能管控系统工作流程（如图 5-52 所示），包括事前年度、月度检修计划平衡，事中日前检修计划、日任务书全过程管控，事后检修计划执行质效评估。

3. 应用效果

1）事前平衡

按照专业管理要求，建立检修智能平衡模式，通过分析重复停电、检修关联、检修密度、检修窗口期、停电时户数等情况，实现年度、月度检修计划的智能平衡，同时能够自动识别并提示电网风险。

（1）年度检修计划平衡。

各专业、各单位“背靠背”提报年度检修计划，系统实现自动平衡。根据各停电计划优先等级和重复停电要求实现重复停电平衡；通过配网拓扑关系分析，实现检修关联平衡；根据检修计划涉及的施工单位、运行班组（含调控、运维）开展检修密度平衡；根据电网断面季节性运行特点，以及负荷特性变化和重要敏感用户时间要求等，主动编制检修窗口期。

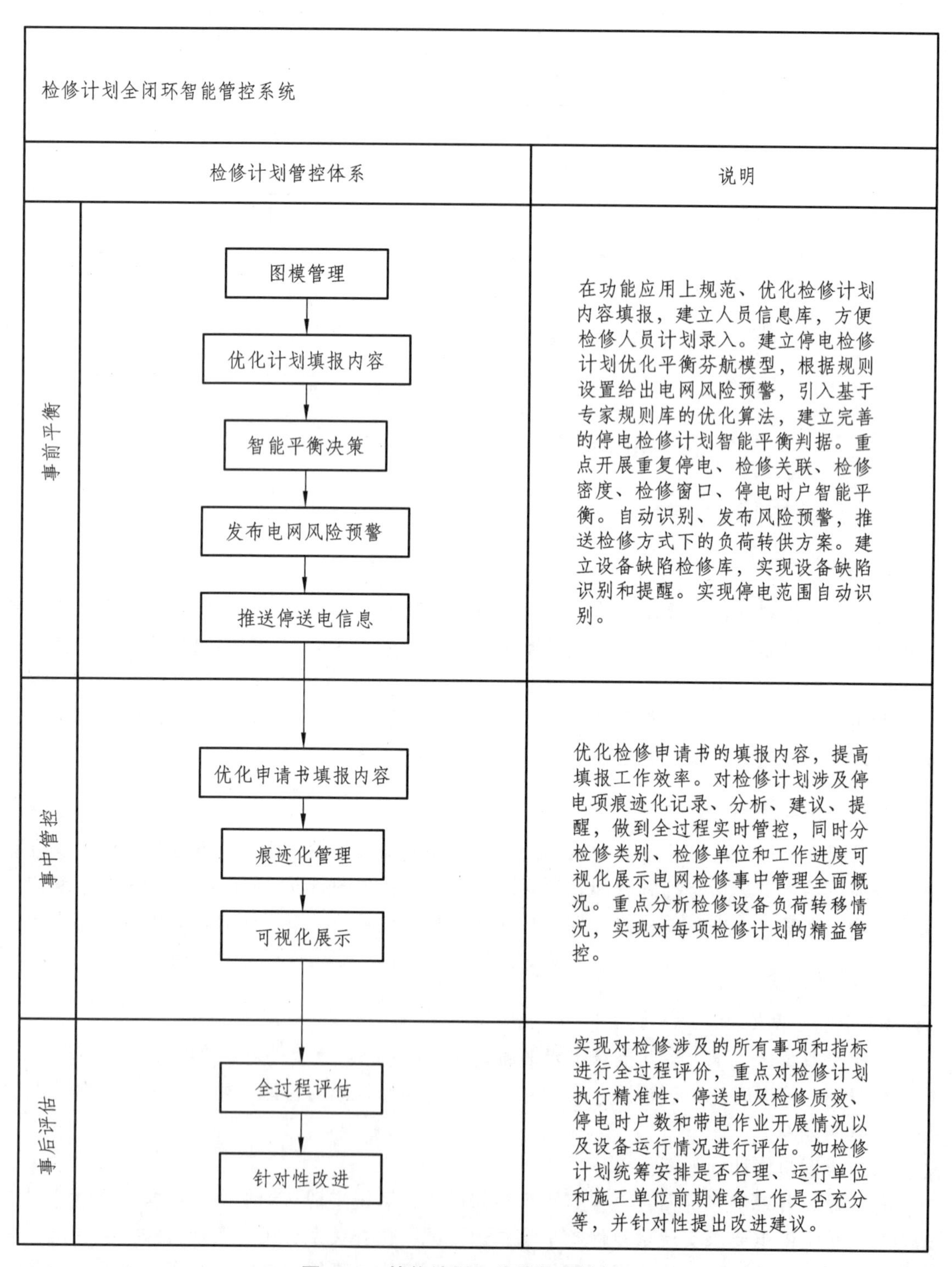

图 5-51　检修计划智能管控系统框架

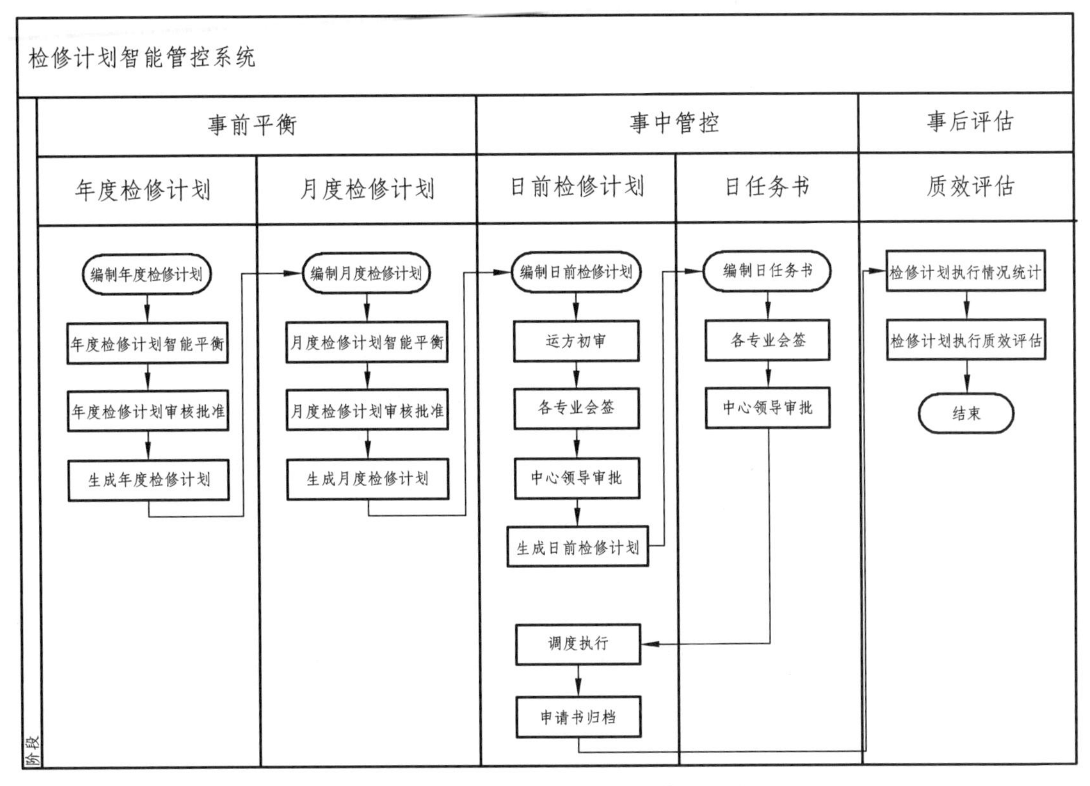

图 5-52　检修计划智能管控系统工作流程

系统将优化后的年度检修计划用柱状图和甘特图分别进行显示，甘特图显示可直接通过鼠标操作调整检修计划的时间，柱状图随之变化。

（2）月度检修计划平衡。

月度检修计划平衡重点开展重复停电、检修密度、检修窗口、检修工期、操作时间、停电时户平衡和信息推送，实现检修计划的精益管控。

根据年度检修计划和已停电设备情况（兼顾计划停电和故障停电）开展重复停电平衡；根据检修计划涉及的施工单位、运行班组开展检修密度平衡；根据重要用户、敏感用户用电特征和保电情况开展检修窗口期停电时段平衡；根据历史同类型工作用时、典型检修标准工时规范等开展检修工期和操作时间平衡；根据月停电计划可用时户数和已停电时户数开展停电时户平衡。

推送电网风险预警、停电信息，提示关注重要信息（重要敏感用户、电网风险、检修工期、操作时间是否合理等）。

2）事中管控

智能检修决策系统通过应用数据交互可视化技术，实现对检修计划管理工作全过程可视化管控，动态跟踪检修计划执行进度；实现痕迹化记录、分析、建议、提醒等功能；实现检修计划执行质效的“横向比对、纵向管控”。

（1）日前检修计划。

① 编制日前检修计划时，点选关联对应的月度检修计划编号，自动读取月计划的检修内容（停电设备、停电范围设备断开点、工作内容、停电时间等）。

② 自动识别当前运行方式以及保电管理要求，判断能否办理停电检修申请书。

③ 增加保电模块，录入保电信息，将保电函作为附件上传。闭锁检修申请书办理以及相应的新投异动流程，作为检修计划未执行的免考依据。

④ 建立具备相应资质的人员信息库。根据登录人信息、选择相应申请人、工作负责人和停送电联系人，并读取相应的联系方式。

⑤ 办理检修申请书时，申请人员可对关联月计划后自动同步过来的检修内容和检修范围进行手动更改，并备注变更原因，系统将自动记录变动内容。

⑥ 办理检修申请书时，申请人员可对停电范围影响的配变数查看是否存在重复停电，是否涉及重要用户，是否涉及敏感用户。

⑦ 根据停电检修计划分析最优转供方案并提供给系统，系统根据转供方案进行分析，并将转供可能导致的配变临时停电信息推送给调控云和供服系统。

⑧ 动态跟踪日内检修计划执行进度，对于关键时间节点给提前告警提示相关工作人员。

⑨ 当调度执行发生异常，如延时停电、延时送电、计划变更等情况发生时，申请书执行归档前会自动弹出对话框要求填写原因，方可执行归档。

（2）日任务书。

根据已批准的日前检修计划编制日任务书，可自动生成明日待开工和继续工作列表，并自动汇总所涉及的日前申请计划中的各专业意见。

① 编制日任务书时，在“日任务书”中点选“检修归属”会自动根据编制时间，弹出“明日待开工”和“继续工作”。

② 为应对特殊情况，在明日待开工和继续工作下方增设“新增”按钮，可进行手动增加和删除。

③ 根据具体情况进行“明日待开工、继续工作”选择，填写完成后，根据实际情况发送到方式会签、继保会签、自动化会签或调控会签进行会签。

（3）可视化管控。

系统将检修计划执行情况直观展示出来，管理者和调控人员可实时查看某单位年度、月度、当日检修计划执行情况，实现检修计划横向对比和纵向管控。

在检修计划执行过程中，可通过可视化全景鸟瞰，向应用者更直观地展示电网检修计划执行情况以及检修事中管理的全面概况，如当临近计划送电时间 30 min 以内时，会进行高亮提醒。

3）事后评估

智能检修决策管理采用定量和定性分析相结合的评估方法，形成后评价报告，定性分析专业管理预期目标是否达到，公正客观地确定管理者和执行者的工作业绩和存在的问题；定量统计分析计划停电完成率、检修计划申报合格率、检修计划申报及时率、上级设备检修配合完成率、本级检修协同比率、设备重复停电次数指标的实现水平，以及联电网安全、经济等方面的技术指标的进步幅度。

（1）检修计划相关数据统计。

系统自动统计检修计划执行情况、月检修计划数据、带电作业数据等，并形成报表痕迹化保存，为后期统计及评估工作奠定数据基础。

① 检修计划执行情况统计。

检修计划执行情况统计报表：系统自动统计检修计划、非计划、未执行、延时停电、延时送电和重复停电总数。

② 月检修计划数据统计。

月度检修计划数据统计报表：停电范围分析到户，自动统计当月及累计停电台区数、停电时长、停电户数、停电时户数和停电时配变数。

③ 带电作业数据。

带电作业数据统计报表：自动统计带电作业数、带电作业率、业扩带电作业率，评估带电作业管控质效，有计划地逐步增加带电作业比例。

（2）检修计划执行质效评估。

① 检修计划执行情况指标汇总。

检修计划执行指标汇总：对检修计划关键性管理指标停电计划执行率、临时停电计划率、按时完成率、停电执行合格率及重复停电率开展立体化、全过程分析评估，针对性提升检修计划管控质效。

② 检修计划执行异常分析。

针对检修计划未执行、非计划、延时停电、延时送电、计划变更等异常执行情况，在检修申请执行归档前，需填报检修执行异常原因，系统自动统计分析形成检修执行异常报表，可根据时间、类别在菜单栏选择某年份某月执行异常报表，同时提供导出报表功能。

③ 评估运行单位统筹安排质效。

通过比对年度、月度检修计划及日前检修计划的实际执行情况，评估运行单位统筹安排质效。

④ 评估检修前期准备质量。

通过比对月度检修计划，根据检修计划事项变更情况，评估运行单位、施工单位前期准备质量，有效管控部分单位盲目填报的情况。

4. 效益分析

基于主配协同的全流程检修计划智能决策系统，通过采集调控、运检、营销、供服等专业信息，基于多维度、多系统（OMS、OPEN3000、PMS、GIS、SG186、用采系统、供服系统等）广泛数据，实现检修计划事前自动平衡、事中可视化实时管控、事后全过程智能评价等功能。针对性解决当前配电网停电检修计划管理存在的人工平衡工作量大、流程不够优化、缺乏全过程管控质效评估手段等问题，实现检修计划科学智能平衡、全过程可视化管控，显著提高供电可靠性、减少重复停电、降低停电时长、提升用户电力获得感，加强电网停电精益管控，对内提高电网运行水平和优质服务能力，对外提升企业品牌形象，取得了良好的经济和社会效益。

1）经济效益

检修计划的精准平衡既能给电网企业带来增值服务，又能带来经济效益，形成多方共赢的局面。

2）社会效益

建立“状态全息感知，服务全面支撑”标准体系，结合配电网供用电特征，以客户感知为核心，满足客户用电需求，实现以停电时户数为单位的精准化配网调度管控，显著减少计划停电频次，缩短停电时长，并合理安排负荷低估区检修窗口，满足用户用电的个性化需求，大幅度提升客户满意度。

七、可开放容量在线计算

（一）技术路线

为提升可开放容量计算范围，需实现站内开关、变压器的设备及数据与站外线路、配变的设备线路的匹配，建立主配电网之间的设备连接关系，根据主网模型与配网模型的特点，寻找主配网边界，进而通过配电网图模以及主网的图模相拼接，形成同时包含主网、配电网的“电网一张图”，实现主配网协同，扩大计算范围，使可开放容量计算精确到配网变压器。

为加强可开放容量计算数字化管理，依托调控云，利用调控云计算模块，基于图计算理论，快速调用“电网一张图”模型，实现供电路径的快速计算，并根据供电路径，自动获取路径中电气设备的运行数据，并结合基于供电路径计算设备的可开放容量，在扩大了计算范围的情况下，提升计算效率，缩短计算时间。

1. 主配网协同建设

1）主网设备

主网设备为电压等级 10 kV 以上的输变电设备以及 10 kV 的站内设备。输电网拓扑是网状建设、网状运行，变电站内设备则是并列结构，站内 10 kV 负荷作为边界节点。为满足电网调度自动化系统运行要求，电网的主网模型应为物理连接模型。单一变电站内，常见主网的拓扑结构如图 5-53 所示。

厂站之间的拓扑关系如图 5-54 所示。

2）配网设备

配网设备包括变电站站外线路、10 kV 以上的输变电设备以及 10 kV 的站内设备。参考 IEC61970/61968 标准，与主网设备建模方式不同，配电网建模主要分为容器类、设备类两类对象的建模，容器类对象包含了设备类对象，配网模型描述了设备与容器的层级关系、设备与设备间的拓扑关系。常见配电网拓扑结构如图 5-55 所示。

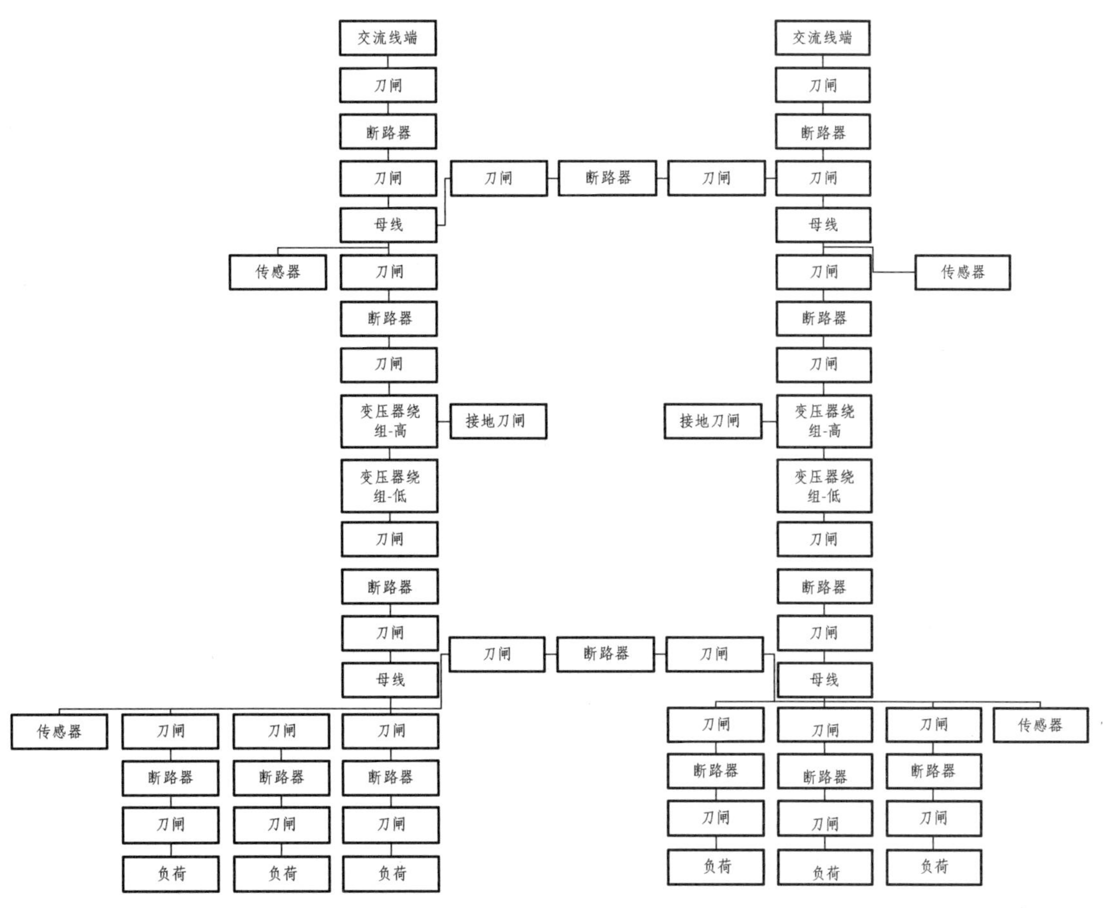

图 5-53 变电站内主网设备拓扑结构

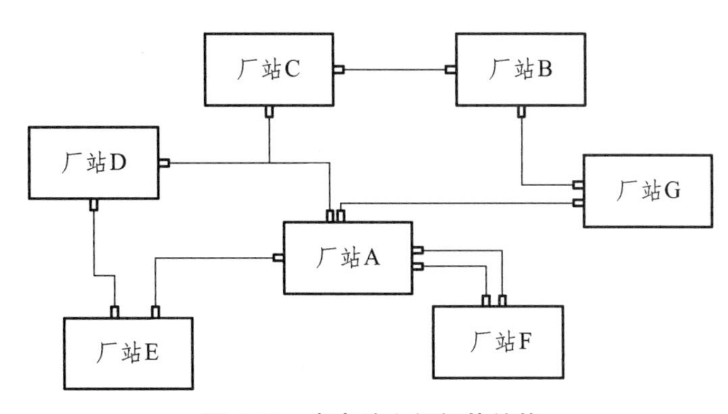

图 5-54 变电站之间拓扑结构

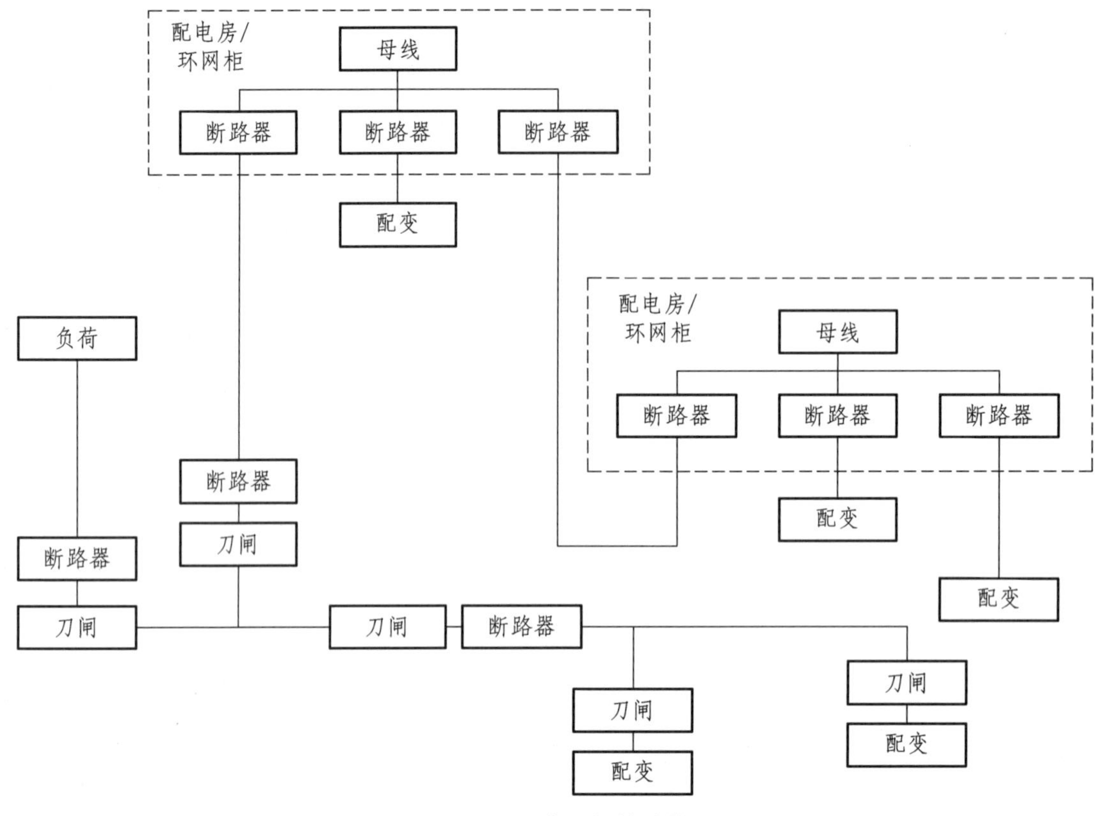

图 5-55　配电网拓扑结构

3）主配网拼接

要实现主配网协同建设，首先需要进行主配网的设备模型关联，才能生成相关的主配网图形数据，进一步利用主配网运行数据进行数据分析。因此，需要在主配网共同的边界进行主配网模型拼接，使之成为一个整体。对于主配网之间边界的定义，电力系统内有较为统一的认识，即主配网模型以变电站 10 kV 出线负荷为分界点，EMS 负责主网设备建模，配网导入 PMS、GIS 维护的配网模型时，负责将主配网模型进行拼接，构成高、中压完整网络模型，以主配网模型为基础，支撑可开发容量相关的计算、分析以及高级应用。

在主配网设备模型拼接时，系统以边界设备为基础对配网设备建模。分别对主网的设备模型、配网的设备模型进行拓扑分析，将变电站 10 kV 出线间隔中负荷用配网的大馈线模型进行替换，即电压等级 10 kV 以上的站外设备及变电站站内设备以主网设备模型为基准，电压等级 10 kV 以下的站外设备以配网设备模型为基准，从而构成主配网协同设备模型，如图 5-56 所示。

4）模型更新

电网并不是一成不变的，主配网模型拼接完成后，当主网设备或配网设备发生改变时，需要对主配网模型进行更新，在系统中对主网模型维护完成后，通过搜索与之相匹配的配网模型边界设备，如果发现该边界设备，表明有需要与当前厂站模型拼接的配网设备，标记与之匹配的配网模型，更新与边界设备相连接的配网设备一端节点号；如果没有发现边界设备，则表明系统中无配网模型需要与之拼接。另一方面，当配网设备发生改变时，在对配网模型维护完成后，以边界设备为基础重新建模，从而确保主配网模型的正确性。

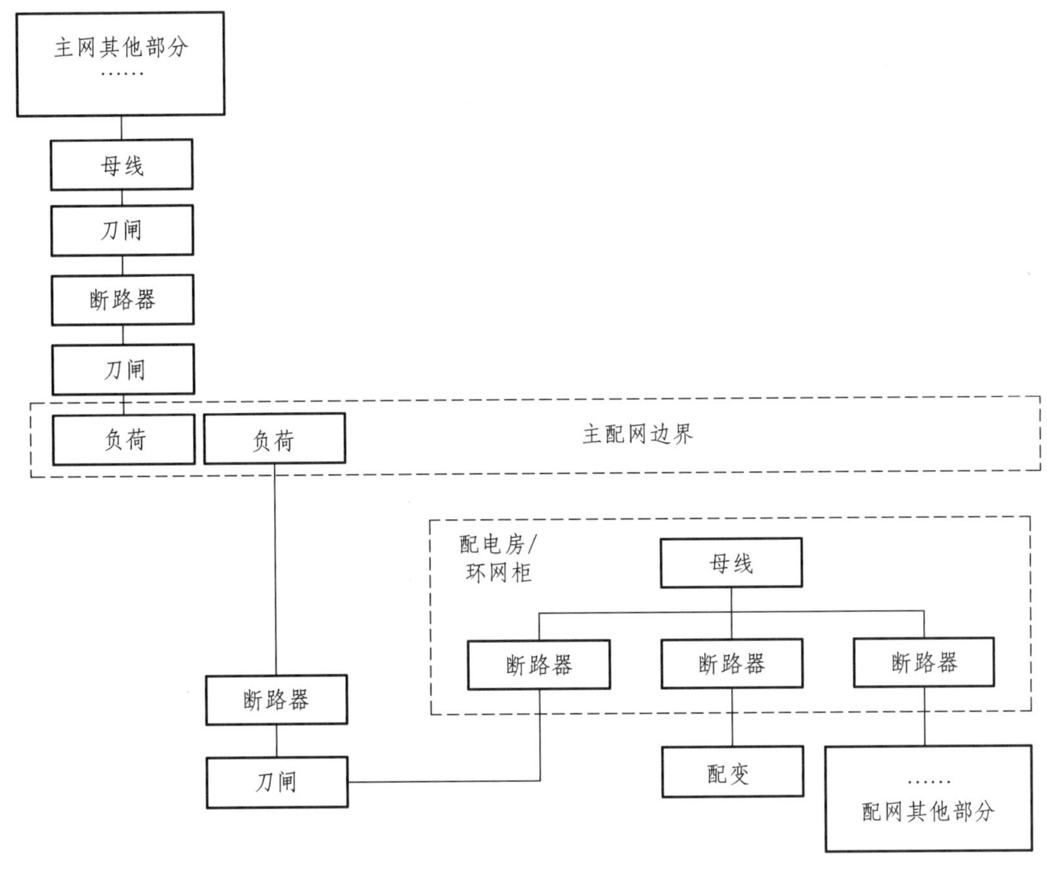

图 5-56　主配网协同设备模型

2. 调控云技术

1）电网一张图

基于调控云输配电一体化模型构建的电网一张图，大规模图拓扑供电路径搜索针对每个负荷点和关键设备（配变），可计算出该负荷和设备的所有可行供电路径，并根据路径所包含的设备数和途径的厂站数最少的筛选条件进行路径排序，依据供电路径上每个物理设备的物理运行限值，以及历史上出现的最大历史负荷，可计算出每个物理设备的剩余容量，每条路径上所有物理设备剩余容量的最小值即为该条供电路径的剩余容量。基于供电负荷的剩余容量可为电网的分析规划提供精准定量分析指标。

供电路径搜索方法主要基于电网全路径的搜索方法和基于母线分段的搜索方法，其搜索规则依据广度优先搜索算法（BFS），其目标函数如式（5-87）所示：

$$\min f(x,y)=\sum x_i+\sum y_v \tag{5-87}$$

其中，x 为供电路径中所包含的设备数，i 代表不同的设备类型，y 为供电路径所经过的厂站，v 代表厂站不同的电压等级。每类设备节点与馈线节点均存在从属关系，同时每类设备节点又与拓扑连接节点关联，然后连接至馈线节点，因此，在基于图数据库的供电路径搜索过程中，既可以生成馈线以及厂站包含设备的列表，又可以生成该馈线上设备的拓扑连接关系。

利用调控云电网一张图技术将电网输、变、配电相关节点连接起来，构建电网一张图数据管理系统，通过电网的拓扑连接关系，实现供电路径“导航”，得到从主网 220 kV 主变压器到配电网 10 kV 配变的供电路径，以 10 kV 配电网变压器为起点，220 kV 或 110 kV 变压器为终点，搜索供电路径沿途设备，考虑不同供电路径下差异化设备的额定容量以及历史运行数据，以此为约束，可计算得到不同的配网变压器可开放容量，进而优化各线路的可开放容量。

2）供电路径搜索

供电路径搜索以调控云中地理信息系统提供的电网拓扑结构作为支撑，结合基于图数据库搜索生成的电源路径列表，确定该拓扑结构中的最短供电路径。由于在该路径搜索算法中默认低于 220 kV 的厂站之间支持同级传递，因此，供电路径搜索以负荷点或某一设备作为起始点，搜索在网络中所有电压等级高于或等于该起始点的拓扑连接点，以此确定供电的电源路径。由于高于 220 kV 的主网拓扑结构存在大量环路，无法精准确定供电厂站，因此，供电路径的搜索过程在首次出现 220 kV 的厂站时结束，并以此厂站作为输电网供电厂站。在一些主配网连接关系中，110 kV 的厂站可能直接与 500 kV 的厂站相连而并未经过 220 kV 的厂站，在该情况下，首次出现的 500 kV 厂站即为主网供电厂站。

以配变节点作为起始点，根据如图 5-57 所示的基于图数据库的供电路径搜索算法，考虑路径中所涉及最少设备数与厂站数，可以生成最优的供电路径。

3. 营配调数据贯通

可开放容量计算涉及主配网运行数据。在调度系统内，主网的运行数据齐全准确，但配网部分大多运行数据并未通过遥测采集，这部分数据使用营销用采系统的数据，结合采集的遥测进行状态估计，以获得配网部分的运行数据。

1）主网运行数据

主网的关键节点运行数据主要包括主变、输电线路、负荷开关的相关电流、有功等数据，在 EMS 系统中已有较为齐全的采集与保存，调控云中已包含需要的主网设备的运行数据，通过计算模块可直接调用。

2）配网运行数据

对于可开放容量的计算，涉及配网变压器有功功率的数据，由于 EMS 系统中存在大量未进行实时量测采集的点，存在历史运行数据缺失的情况，对于数据不齐全的配变设备，结合用采数据，采用插值法进行配变的最大负荷估算，用于可开放容量计算，相关方法已在第三章第六节——“配网运行状态精准估计”中给出。